T0297939

Beatrix Tappeser
Alexandra Baier
Birgit Dette
Hanne Tügel

Die_blaue_Paprika

*Globale Nahrungsmittelproduktion
auf dem Prüfstand*

Birkhäuser Verlag
Basel · Boston · Berlin

Die Deutsche Bibliothek – CIP-Einheitsaufnahme

Die **blaue Paprika** : globale Nahrungsmittelproduktion auf dem
Prüfstand / Beatrix Tappeser ... – Basel ; Boston ; Berlin : Birkhäuser,
1999
ISBN 3-7643-6066-6

© 1999 Birkhäuser Verlag, Postfach 133, CH-4010 Basel
Umschlaggestaltung: WSP Design, D-69120 Heidelberg
Gedruckt auf säurefreiem Papier, hergestellt aus chlorfrei gebleichtem
Zellstoff. ∞
Printed in Germany
ISBN 3-7643-6066-6

9 8 7 6 5 4 3 2 1

Inhalt

Einleitung

Der Einkaufswagen gleitet durch ein Reich der Delikatessen, vorbei an exotischen Früchten und Gemüsen, entlang an der Käsetheke mit internationalen Spezialitäten, am neuen Stand mit Ökoquark und Biofleisch, an Knabbereien und Pralinen, an der üppig gefüllten Kühltruhe mit den Speiseeiskreationen. Nie zuvor war die Auswahl so groß, so appetitlich, so verführerisch. Sanft säuselt eine Melodie aus dem Lautsprecher. In diesem Ambiente scheint sich eine Frage zu verbieten: Geht es eigentlich mit rechten Dingen zu, daß in so unendlich vielen Läden jederzeit all diese verlockenden und halbwegs erschwinglichen Leckerbissen aus aller Welt auf uns warten?

Wir ahnen und fürchten die Antwort. Nein, es geht nicht mit rechten Dingen zu. Der Lebensweg der Waren, die so harmlos und hygienisch in den Regalen locken, verstößt allzu oft gegen das Leitbild einer nachhaltigen Entwicklung, die auch den nächsten Generationen Lebenschancen erhält. Drastischer ausgedrückt: Für ihr überreichliches Warenarsenal führt die westliche Welt Krieg gegen die Natur, gegen die weniger privilegierten Länder, gegen die Zukunft – und letztlich gegen sich selbst. Sie führt ihn mit schweren Maschinen, mit chemischen und neuerdings auch mit biotechnischen Waffen.

Was auf den Feldern der fünf Kontinente wächst und blüht, bestimmen zunehmend Industrieunternehmen: Da gibt es die Tomate, die elf Kilogramm Druck aushält und mit dem Mähdrescher geerntet werden kann. Mangos, Bananen und Papayas werden so ge-

8

Die Sojabohne, Glycine soja, wird als Futterpflanze und zur Fett- und Eiweißgewinnung angebaut. Sie ist vor allem in Ostasien ein sehr wichtiges Nahrungsmittel; das aus den Samen gewonnene Öl wird als Speiseöl und zur Margarineherstellung verwendet. Die Sojabohne gehörte in China schon 280 v. u. Z. zu den fünf heiligen Nahrungspflanzen.

Fachlexikon ABC Biologie, 1986, Verlag Harri Deutsch

züchtet, daß sie, unreif in Übersee gepflückt, die Reise um die halbe Welt problemlos überstehen, um dann einer künstlichen Nachreifung ausgesetzt zu werden. Weizensorten sind von vornherein auf spezifische Backanforderungen programmiert. Und Soja, die geschmacklose preisgünstige Allzweckwaffe der Lebensmitteltechniker, deren Bestandteile inzwischen in mehr als 10 000 verschiedenen Nahrungsmitteln zu finden ist, erobert die Äcker der Welt nun mit Nachhilfe aus den Genlabors.

Food-Designer kultivieren die Kunst, Billigrohstoffe so zu kombinieren, daß im Nu Gerichte entstehen, die man in dieser Zeit und zu diesem Preis nie hätte selbst zubereiten können: Ein wenig rotes Pulver mit Wasser mischen – kurz aufkochen lassen, schon ist die „Tomatensuppe Toscana" bereit. Ein wenig braunes Pulver anrühren, fertig ist die Mousse au chocolat. Pulver in Gelb ergibt Klöße, roh, gekocht oder „halb und halb". Es schmeckt. Die Lebensmittelchemiker der Konzerne verstehen ihr Geschäft – 10 000 Aromen helfen.

Das „Greenpeace-Magazin" hat den Wandel in der Nahrungsproduktion an der Karriere des täglichen Brots illustriert: 6000 Jahre lang reichten Mehl, Wasser, Salz, Hefe aus, um Brot zu backen. Heute machen Emulgatoren Teige voluminös, Enzyme unterstützen die Hefe und bewirken Elastizität, Phosphate steuern die Porengröße, Färbemittel verleihen ein Vollkornimage, Ascorbinsäure verkürzt die Teiggärung, Bräunungsmittel sorgen für knusprige Kruste ... Das Getreide stammt aus Hochleistungssaatgut, das auf Ackergifte und Wachstumsregulatoren angewiesen ist und eine halbe Tonne Kunstdünger pro Hektar braucht. Solches Mehl können die Weiterverarbeiter für 23 Pfennig pro Kilo erwerben, die ökologische Alternative kostet 45 Pfennig.

Schlagzeilen prangern Skandale wie den Rinderwahnsinn oder den belgischen Dioxinfall an. Sondermüll ins Hühnerfutter zu mischen ist selbst im Zeitalter der Legebatterien eine kaum zu überbietende Perversion der Agri„kultur". Daß für das Ziel der Kostenersparnis Umwelt, Qualität und Gesundheit geopfert werden, gilt allerdings auch für streng nach Recht und Gesetz hergestellte Lebensmittel. Sie sind deshalb so billig, weil wir sie an anderer Stelle bezahlen. Nicht nur mit Zivilisationskrankheiten und Artenverlust, auch in Mark und Pfennig: 350 Mark Steuergeld zahlen jeder Deutscher und jede Deutsche ungefragt jährlich für Agrarsubventionen. Der Begriff ist trügerisch. Denn die 27,9 Milliarden aus den Subventionstöpfen fließen über den kurzen Umweg der Bauernhöfe in andere Kassen: Konventionelle Höfe hängen am Tropf der Konzerne, die Dünger, Unkrautkiller, Futtermittel und „Leistungsverstärker" für die Viehzucht liefern. Sie sind abhängig von Maschinenbaufirmen, die all die hochtechnisierten Geräte erfunden haben, die moderne Landwirte für Monokulturen, Legebatterien und High-Tech-Kuhställe brauchen, wenn sie nicht kapitulieren wollen.

Geschickt suggeriert die Industrie den Verbrauchern ein Gefühl von Hilflosigkeit und Ohnmacht. Die Bürokratisierung und Anonymisierung der Politik verstärkt die Gleichgültigkeit: Kaum einer blickt noch durch, was letztlich herausgekommen ist beim Streit um *Novel food* und um Hormonfleisch. Wie soll ein Mensch mit dem Einkaufswagen Einfluß nehmen auf geheimnisvolle Gremien wie die Welthandelsorganisation *(World Trade Organization,* WTO*)* oder die *Codex Alimentarius Kommission*? Wie kann er verhindern, daß diese fernen Instanzen Normen und Standards diktieren, die Verbraucher- und Gesundheitsschutz auf kaltem Weg aushebeln? Können die VerbraucherInnen Autonomie zurückgewinnen? Wie können sie es bewirken, daß Lebensmittel nachhaltig erzeugt werden? Und welche Grenzen sind ihnen in einer globalisierten Welt gesetzt?

Schon der Begriff *Verbraucher* wirkt unfreiwillig komisch und entlarvend – als bestünde die Aufgabe darin, wahllos und kritiklos zu verbrauchen, was gerade „im Angebot" ist. Wir müssen uns von diesem passiven Verbraucherbild emanzipieren. Denn machtlos

Die WTO, World Trade Organization, wurde 1994 gegründet. Als Institution soll sie die rechtliche Harmonisierung des Welthandels vorantreiben sowie die Umsetzung der Bestimmungen des allgemeinen Zoll- und Handelsabkommens GATT begleiten und notfalls durchsetzen. Der WTO gehören 134 Mitgliedstaaten an.

10

sind KundInnen keineswegs. Was sie nicht kaufen, verschwindet aus den Regalen.

Die mächtigen und vielfach vernetzten Großunternehmen aus der Saatgutbranche, der Agrochemie und dem Food-Busineß sind in ihrer eigenen Logik gefangen. Das gegenwärtige Wirtschaftssystem setzt Sachzwänge. Es orientiert sich an Aktienkursen und belohnt kurzfristige Profite statt Rohstoffschonung und Schutz der Lebensgrundlagen. Ohne eine breite Bewegung von unten kann der Teufelskreis aus Intensivierung, Rationalisierung, Umweltzerstörung nicht durchbrochen werden.

Dennoch gibt es Hoffnung. Nichtregierungsorganisationen und regionale Netzwerke gewinnen an Einfluß. Ungezählte Initiativen fordern und fördern neue Weichenstellungen. Und immer mehr VerbraucherInnen wählen den unbequemen Weg, Lebensmittel vor dem Verzehr zu prüfen und dabei die Meßlatte der Nachhaltigkeit anzulegen. „Abstimmung mit dem Einkaufskorb" heißt die Strategie, Verbraucherinteressen durchzusetzen und diejenigen Produzenten zu bevorzugen, die nachhaltiger wirtschaften als andere. Voraussetzung für verantwortungsbewußten Einkauf ist Transparenz. Hier setzt das Projekt „Globalisierung der Speisekammer" des Öko-Instituts an, das die Grundlage für dieses Buch geliefert hat. SpenderInnen haben es den Freiburger WissenschaftlerInnen ermöglicht, die gesamte Nahrungskette vom Saatgut bis zum Supermarkt kritisch unter die Lupe zu nehmen – und die Spielräume für Alternativen auszuloten.

Im ersten Teil liefert das Buch eine Bestandsaufnahme der ökonomischen, ökologischen und juristischen Bedingungen der Ernährung in der globalisierten Welt: Es beschreibt die Zusammenhänge zwischen Mangel und Überfluß. Es zeigt die Mechanismen, die auf der einen Seite Wellness-Bewegung und *Functional food* hervorbringen und auf der anderen Seite Übergewicht und Rinderwahnsinn. Es gibt Einblicke in die schöne neue Welt der Food-Designer: die angeblich

Nichtregierungsorganisationen (NRO, englisch NGO) ist ein Sammelbegriff für Umwelt-, Verbraucher- oder Bürgerorganisationen, die national oder international bestimmte öffentliche Interessen vertreten und z.B. als Beobachter an UN-Konferenzen teilnehmen.

gesundheitsfördernde Komponenten zusammenstellen – Gen-Food à la carte.

Der zweite Teil ist eine Aufforderung zum Widerstand. Wir müssen nicht essen, was uns Industrieköche, selbsternannte Ernährungsexperten und Lobbyisten auftischen. Eine Fülle von Initiativen formiert sich an allen Schlüsselstellen der Nahrungskette gegen eine Ökonomie, deren einziger Maßstab kurzfristiger Profit ist. Die multinationalen Unternehmen mögen Macht und Einfluß besitzen – die Ökobauern, Naturkosthändler und Dritte-Welt-Initiativen haben die Moral auf ihrer Seite. Und sie verbreiten eine brisante Botschaft: Der Krieg auf den Äckern der Welt ist überflüssig. Jede/r einzelne kann dazu beitragen, daß statt blauer Paprikas und gelb-grün gestreifter Möhren gesunde umwelt-, mitwelt- und zukunftsschonende Kost angeboten und gekauft wird.

An diesem Buch haben viele mitgearbeitet, nicht nur die Buchautorinnen. Danken möchten wir an dieser Stelle vor allem Manuela Jäger, die wichtige Zuarbeiten für den ersten Teil des Buches geleistet hat. Danken möchten wir auch Ralf Jülich, Frank Ebinger, Ulrike Eberle, Claudia Dammbacher und Wille Loose, die bei der Bearbeitung des Projekts mitgewirkt haben. Hermann Graf Hatzfeldt, Monique von Helmstatt, Raymond Becker und Christoph Ewen haben das Projekt inhaltlich begleitet. Auch dafür möchten wir an dieser Stelle ein Dankeschön sagen. Markus Beuchert und Yuki Kolder haben unermüdlich Literatur besorgt und Marginalien getippt. Dafür waren wir gerade in Streßzeiten sehr dankbar. Der größte Dank aber gebührt unseren Spenderinnen und Spendern, die durch ihren finanziellen Beitrag das Projekt „Globalisierung in der Speisekammer. Auf der Suche nach einer nachhaltigen Ernährung" erst ermöglicht haben und damit auch die Erarbeitung dieses Buches.

Schlemmerservice
Agrobusineß oder Nachhaltigkeit

Ernährung an der Schwelle zur zweiten „grünen Revolution"

Aus Sicht der Statistik erscheint die Industrielandwirtschaft als Erfolgsstory. 1960 gab es drei Milliarden Menschen auf der Erde, jedem standen rein rechnerisch täglich 2300 Kilokalorien zur Verfügung. 1992 war die Weltbevölkerung auf 5,2 Milliarden gewachsen und die statistische Kalorienmenge pro Kopf auf 2700 Kilokalorien.

Ohne Pestizide, Kunstdünger, Hochertragssaatgut, Monokulturen und Massentierhaltung wäre das nicht möglich gewesen, sagen die Vertreter des Agrobusineß. Sie feiern die „grüne Revolution", mit der sie die industrielle Arbeitsweise ins Freiland exportiert haben, und buchen Artensterben, Grundwasserverseuchung, Pestizidopfer als bedauerliche, aber notwendige Kosten des Fortschritts ab.

In der „grünen Revolution" wurden unter UN-Patenschaft traditionelle lokale Pflanzen- und Tierzüchtungen in Entwicklungsländern durch importierte Sorten und Züchtungen ersetzt. Als Vater der Revolution gilt der amerikanische Agronom (und Friedensnobelpreisträger des Jahres 1970) Norman Borlaug. Er wollte die Ernährung der wachsenden Weltbevölkerung sichern. Das ursprüngliche Konzept sah vor, örtliche Behörden zu unterstützen und die Infrastruktur (Regierungssysteme, Gesetzgebung, Bildung, Transport, Kommunikation, Eigentumsverhältnisse) zu verbessern. Jede Region sollte eine eigene, an die jeweili-

„Der Niedergang von Arten betrifft jeden, denn die Artenvielfalt ist, gleichgültig wo und wie wir leben, die Grundlage unserer Existenz. Der Artenreichtum der Erde versorgt die Menschheit mit Nahrung, Kleidung (Pflanzenfasern) und vielen anderen Produkten und ‚natürlichen Dienstleistungen', für die es einfach keinen Ersatz gibt."
John Tuxill und Chris Bright, Worldwatch Institute Report 1998

gen Bedingungen angepaßte Nahrungsmittelproduktion entwickeln. Dieser Teil des Konzepts aber mißlang. Trotzdem verbesserten sich die Ernten. Doch die Landwirtschaft in den armen Ländern geriet in verhängnisvolle Abhängigkeit von Agrochemiemultis. Die Besitzverhältnisse an Grund und Boden wurden selten angetastet, und statt der Landbevölkerung profitierten Großgrundbesitzer.

Die Ertragssteigerungen auf konventionellem Weg sind mittlerweile ausgereizt, die „Erfolge" der „grünen Revolution" haben die Überlebensgrundlagen der Menschen ruiniert. Doch auch das erschüttert die Branche nicht. Denn eine neue Patentlösung scheint bereits geboren. Die Agrobusineßmanager, die ihr Tätigkeitsfeld nun „Life Science" nennen, propagieren eine zweite „grüne Revolution". Sie versprechen, die Fehler von gestern zu vermeiden und nun „nachhaltig" zu wirtschaften. Ihr Joker ist die Gentechnik. Sie soll die Landwirtschaft ökologischer und die Nahrungsmittel besser, effizienter und gesünder machen. Das neue Zeitalter soll den Konzernen weit mehr Einfluß sichern als das vergangene. Sie sind angetreten, nicht nur die Landwirtschaft zu revolutionieren, sondern die ganze Nahrungskette – von der Saat bis ins Supermarktregal.

Doch das Mißtrauen gegen vermeintliche Patentrezepte wächst. Der biologische Landbau gewinnt zunehmend an Boden – im übertragenen und im buchstäblichen Sinn. Das Konzept ist diametral entgegengesetzt: Biobauern halten es für vermessen, die Natur künstlich verbessern zu wollen. Ihnen erscheint es sinnvoller, von Jahrmillionen der Evolution zu lernen. Sie wollen Pflanzenanbau und Tierhaltung nach natürlichen Vorgaben weiterentwickeln.

Geschickt schüren die Vertreter der industriellen Landwirtschaft das Vorurteil, ökologischer Landbau sei eine teure Nischenproduktion für die Reichen und Satten, nie und nimmer imstande, eine wachsende Weltbevölkerung zu versorgen. Neue Studien, die dem Biolandbau ähnlich hohe Erträge bescheinigen

Life Sciences
„Diese neue Branche vereint die Landwirtschaft, die Lebensmittelindustrie, die Agrochemie und die Pharmazie. Schon bald werden Landwirte aus einem ‚Katalog' Kulturpflanzen mit maßgeschneidertem Erbgut auswählen können."
Sarah Landals, Strategieanalytikerin beim Institut SRI Consulting, das weltweit Wirtschaft, Industrie und Regierungen berät.

14

wie dem konventionellen, bleiben weitgehend unbeachtet.

Wir stehen an einer Wegscheide.

Guten Gewissens genießen: Weichenstellung für Nachhaltigkeit

„Sustainable Development" – mit diesem Schlagwort hat der Brundtland-Report 1987 erstmalig das Leitbild einer „nachhaltigen" oder „zukunftsfähigen" Entwicklung entworfen. Eine von der norwegischen Politikerin Gro Harlem Brundtland geleitete internationale Kommission verknüpfte erstmals wirtschaftliche, soziale und ökologische Dimensionen menschlichen Handelns. Ziel ist es, die Bedürfnisse der heute lebenden Menschen zu befriedigen, ohne die Chancen künftiger Generationen auf ein menschenwürdiges Leben zu verschlechtern.

Der Umweltgipfel von Rio (1992) hat darauf aufbauend die Agenda 21 verabschiedet und nachhaltige Entwicklung als international konsensfähiges Leitbild festgeschrieben. Die vierzig Kapitel der Agenda 21 bieten allerdings keine konkrete Handlungsanleitung, sondern sind eine Absichtserklärung. Sooft der Begriff der Nachhaltigkeit mittlerweile auch benutzt werden mag – über Konkretisierung und Umsetzung gibt es nach wie vor unterschiedliche Vorstellungen.

Denn das Konzept ist gleichzeitig faszinierend und schwer faßbar. Versuche, nachhaltiges Verhalten detaillierter einzugrenzen, haben zu einer Fülle von Kriterien geführt, die von der Erhaltung der Artenvielfalt über die effiziente Nutzung von Ressourcen oder die Verhinderung von Kartellen bis hin zur zwischengeschlechtlichen Chancengleichheit reichen. Aber wie kann der einzelne seinen „Respekt vor der ökologischen Integrität und dem Erbe der menschengemachten Umwelt" im eigenen Konsumstil verwirklichen? Was bedeutet „interregionale Chancengleichheit" für den täglichen Einkauf? Ist die Ökotomate aus Spanien

Auf der Konferenz der Vereinten Nationen zu Umwelt und Entwicklung, bekannt als der Rio-Gipfel, wurde 1992 die Agenda 21 - ein Handlungsprogramm für eine nachhaltige Entwicklung - von 178 Staaten verabschiedet. Auf dem gleichen Gipfel wurden auch die Konvention zur biologischen Vielfalt und die Klimakonvention verabschiedet.

nachhaltiger als die konventionelle aus dem eigenen Land? Einfache Antworten auf einfache Fragen liefert das abstrakte Konzept nicht.

Nachhaltigkeit ist eine „regulative Idee" wie Gesundheit oder Freiheit, die je nach Lage neu interpretiert werden muß. Das bedeutet: Es kann nur eine relative Annäherung geben, zum Beispiel die Entscheidung, ob eine Lösung nachhaltiger ist als eine andere. Es läßt sich dennoch mitunter eindeutig ableiten, was *nicht* nachhaltig ist oder sein kann – wie die folgenden Beispiele zeigen.

Beispiel: effiziente Nutzung von Ressourcen

Wasser ist das wichtigste Nahrungsmittel überhaupt. Aber nicht nur das: Ohne ausreichende Wasserzufuhr ist auch keine Landwirtschaft denkbar. Wenn Landwirtschaft mehr Grundwasser entnimmt, als neu erzeugt wird, lebt die heutige Generation auf Kosten künftiger Generationen. Nicht angepaßte Bewässerungstechniken und nicht angepaßte Kulturen führen zu gigantischer Wasserverschwendung. Allein 55 Prozent gehen nach Schätzungen der UN-Welternährungsrganisation (*Food and Agriculture Organization*, FAO) schon auf dem Weg zum Feld verloren. Nach einer Studie könnten in Kalifornien vier von zehn Litern Wasser gespart werden, wenn der Anbau besonders wasserintensiver Nutzpflanzen unterbliebe. Eine nachhaltige Landwirtschaft achtet darauf, Wasser nicht zu vergeuden.

Beispiel: Erhaltung und Entwicklung von Lebensräumen und Artenvielfalt

Ein Lehrstück für die eindimensionale Ausrichtung der Landwirtschaft nach westlichem Muster ist die Zerstörung der 2000 Jahre alten Tradition der Fischhaltung in Reisfeldern Südostasiens. Dort wurden Hochleistungsreissorten eingeführt, die nur mit großen Mengen von Pestiziden überleben können. Bald hatte das Gift die Fische in den Reisfeldern ausgerottet.

„Eines der am stärksten unterschätzten Probleme der Welt an der Schwelle des dritten Jahrtausends ist die sich ausweitende Wasserknappheit ... Auf jedem Kontinent sinken die Grundwasserspiegel: in den USA im Süden der Great Plains und im Südwesten, in Südeuropa, in Nordafrika, im Nahen Osten, in Zentralasien, im Süden Afrikas, auf dem indischen Subkontinent sowie in Zentral- und Nordchina. Für viele Regierungen ein Grund zu wachsender Sorge, wird Wasserknappheit oft isoliert von Nahrungsmittelknappheit betrachtet. Aber 70% des aus dem Boden oder aus Flüssen entnommenen Wassers wird zur Bewässerung von Feldern verwendet. Wenn wir also in Zukunft mit Wasserknappheit rechnen müssen, so bedeutet das, daß wir auch mit Nahrungsmittelknappheit rechnen müssen." *Lester R. Brown, Worldwatch Institute Report 1998*

Die weltweite Aquakultur-Produktion hat sich im Zeitraum von 1984 bis 1995 mehr als verdoppelt (10,4 Millionen Tonnen gegenüber 27,8 Millionen Tonnen), und der Produktionswert verdreifachte sich (von 13,1 Milliarden US$ auf 42,3 Milliarden US$). 1995 lieferte die Aquakultur (ohne Seegras und Algen) 18,5% der Weltfischereiproduktion (Fisch-, Schalen- und Krustentiere, ohne Pflanzen: 112,9 Mio. t). Karnivore, also fleischfressende Aquakulturorganismen wie Lachs, Shrimp, Aal, Seeforelle usw., vertilgten 11% der Fischmehl-Weltproduktion (1993: 6,2 Mio. t).

Fischzucht in nicht intensiv bewirtschafteten Reisfeldern kann die Bevölkerung mit billigen und hochwertigen Proteinen versorgen. Der Dung erhöht die Reisernte um bis zu zehn Prozent. In den Bewässerungsgräben können Enten gehalten werden; an den schmalen Deichen gedeiht Gemüse. Nach der Reisernte lassen sich auf derselben Fläche andere Feldfrüchte wie Weizen, Gerste und Zuckerrohr anbauen, womit die Grundlage für eine abwechslungsreiche Ernährung geschaffen wird. Inzwischen plant man vielerorts, die alte Fischzuchtkultur wiedereinzuführen. Sie stellt ein Musterbeispiel für Nachhaltigkeit dar.

Das krasse Gegenbeispiel sind moderne Formen der Aquakultur, so etwa Shrimpsfarmen. Shrimps sind als teures Edelprodukt in den Industrieländern sehr gefragt. Gezüchtet werden sie vor allem in tropischen Brackgewässern in riesigen Farmen, die Kleinfischern häufig den Zugang zum Meer verwehren. Die Massenproduktion belastet viele küstennahe Regionen Asiens und Südamerikas durch Exkremente, Antibiotika und Desinfektionsmittel.

Trotz des Chemieeinsatzes breiten sich häufig Infektionen aus. Dann wechseln die Farmen den Standort und hinterlassen der ansässigen Bevölkerung verseuchtes Gelände. Wesentliche Ernährungsgrundlagen sind bedroht, denn der Abfall verunreinigt Grundwasser und Brunnen dauerhaft, und die Böden sind vielerorts so versalzen, daß anschließend kein Reisanbau mehr möglich ist.

Die Folgen der Massentierhaltung unter Wasser sind komplex. In Ecuador ging durch Krabbenfarmen beispielsweise die Hälfte der artenreichen Mangrovenwälder verloren, die vielen Fischarten Brutstätten bieten. Die Folge ist Nahrungsknappheit. Außerdem steigt die Sturmflutgefahr in ufernahen Regionen, weil die Mangrovenwälder fehlen, die das Land zuvor vor Erosion geschützt hatten.

Dabei ginge es auch anders. Bauern und Fischer haben von jeher in Indien Shrimps in überfluteten Reisfeldern der Küstenregionen gezüchtet, aber exten-

siv, also ohne zusätzliche Fütterung und chemische
Keule.

Beispiel: Vielfalt von ökonomischen Strukturen
Nachhaltige Landwirtschaft hat in Burkina Faso oder
Bangladesch andere Schwerpunkte als in Deutschland
oder England. In den armen Ländern des Südens geht
es um Ernährungssicherung. Wichtig ist dabei, der
Landbevölkerung das (Über-)Leben auf dem Land dauerhaft zu ermöglichen. Voraussetzung dafür ist eine
gerechte Bodenverteilung und der Erhalt der Subsi-
stenzwirtschaft, also des Anbaus von Grundnahrungsmitteln nicht für den Markt, sondern für die eigene
Versorgung. In den EU-Ländern mit ihrer agrarischen
Überflußproduktion geht es darum, eine bäuerlich geprägte Landwirtschaft zu erhalten und „das Feld"
nicht der Agrarindustrie und den Massentierhaltern zu
überlassen. Auf beiden Kontinenten sind kleine Anbieter und Verarbeiter der Schlüssel zur Nachhaltigkeit.
Welthandelsvereinbarungen und EU-Politik sind deshalb daraufhin zu überprüfen, ob sie die Monopolisie-
rung vorantreiben oder ob sie Spielräume für ökonomische Strukturen lassen, die lokale und regionale
Netzwerke stärken.

Beispiel: Partizipation
Beteiligung an Entscheidungsprozessen und Information sind Bedingungen für einen Auftritt als mündiger
Verbraucher. Ein Instrument ist der Zugang zu Gremien, die Weichen für weltweite Produkt- und Gesundheitsstandards stellen. Ein anderes ist die Produkt-
kennzeichnung, bei der alle Inhaltsstoffe und, wenn
gewünscht, auch die Produktionstechniken deklariert
werden. Welthandelsinstitutionen, die den Begriff der
Nachhaltigkeit ernst nehmen, müssen sich von Kritikern kontrollieren lassen und die Voraussetzungen dafür schaffen, daß auf dem Etikett einer Ware Herkunft
und „Lebenslauf" zu erkennen sind.

„Kleinbauern und vor allem Kleinbäuerinnen aus Ent-wicklungsländern werden die Ernährung für die sechs bis acht Milliarden Men-schen sichern, die in den nächsten Jahrzehnten die Welt bevölkern werden. Die-se Einschätzung vertrat Weltbank-Vizepräsident Ismail Serageldin beim 1. Forum für Internationale Landwirtschaft in Zürich. Die internationale Agrarfor-schung und Agrarpolitik müsse sich daher vor allem auf diese kleinbäuerlichen Betriebe ausrichten. Vor dem Hintergrund weltweit schrumpfender Land- und Wasserreserven besäßen ge-rade sie die Potentiale, unter Schonung der Umwelt mehr Nahrungsmittel zu produzie-ren als Großbetriebe." *@grar.de Aktuell vom 31. März 1999*

Beispiel: kleinräumige Stoffströme
Jahrhundertelang waren Warenströme auf Lebensmittel beschränkt, die über längere Zeit haltbar blieben. Kühlung und Luftfracht haben diese Bedingungen weitgehend aufgehoben. Nun landen auch Fisch und leichtverderbliche Früchte aus aller Herren Länder in den Regalen. Kein Weg scheint zu weit, um Leckerbissen für die heranzuschaffen, die sie sich leisten können. Für die Umwelt sind Transporte mit Kühlbedarf besonders schädlich: wegen der Emission von Schadstoffen und Kohlendioxid (CO_2). Die Kühlung verschlingt nicht nur Energie; es werden weiterhin auch klimaschädliche Treibhausgase eingesetzt. Doch Treibstoff ist so billig, daß er als Kostenfaktor kaum zählt. Und eine Kerosinsteuer gibt es nicht.

Nachhaltigkeit politisch durchsetzen – ein heißes Eisen

Ein oft geforderter und naheliegender Schritt in Richtung Nachhaltigkeit bestünde darin, alle ökologischen

---

Neuer Service für die Schlemmer

32 000 Tonnen Nahrungsmittel kamen nach einer aktuellen Studie des Wuppertal-Instituts im Jahr 1995 per Flugzeug nach Deutschland: hauptsächlich Fisch, Obst und Gemüse. Hauptumschlagplatz für leichtverderbliche Luftfrachtimporte nach Deutschland ist der Flughafen Frankfurt am Main. Hier wurde im Juni 1995 das 25 Millionen Mark teure *Perishable Center* eingeweiht, ein riesiger Kühlhauskomplex, dessen Warendurchsatz um bis zu vierzehn Prozent jährlich steigen soll. Die eingeflogene Ware wird von dort mit einer Lastwagenflotte weiter in Deutschland und den Nachbarländern verteilt. Damit macht zum Beispiel die Firma Rungis-Express gute Geschäfte: Der Feinschmecker-Catering-Service versorgt Spitzenköche von Flensburg bis Niederbayern. 140 Kühllastwagen beliefern zweimal die Woche 6000 Restaurants, Hotels und Feinkostläden mit verderblicher Luxusware. Aus fünf Kontinenten und siebzig Ländern werden zweimal pro Woche jeweils 100 Tonnen Fleisch, 80 Tonnen Fisch, 5 Tonnen Hummer und Langusten und 20 Tonnen Obst und Gemüse ausgeliefert, die alle Tausende von Flugkilometern zurückgelegt haben. Höchstens vier Prozent der Waren von Rungis-Express stammen aus Deutschland.

Kosten, die mit einer Produktion verbunden sind, den Verursachern aufzuerlegen. Beim legendären Umweltgipfel in Rio wurde dieses Prinzip sogar offiziell verkündet – und dann schnell vergessen. Denn in die Praxis umgesetzt, fordert es heftigen Widerstand starker Lobbies heraus: Die Landwirtschaft müßte die Kosten der Wasserwerke für die Aufbereitung nitrat- und pestizidbelasteten Grundwassers bezahlen; die Hersteller von Pflanzenschutzmitteln müßten Pestizidopfer entschädigen; CO_2-Emissionen durch Energieverbrauch und Transporte würden in die Agrarpreise einfließen; intensiver Chemieeinsatz und weite Transportwege würden bestraft; ökologische und regionale Produktion würde belohnt.

Ökosteuern sind ein erster zaghafter Schritt in dieser Richtung. Einen anderen Weg sehen Ökologen darin, Strafabgaben auf Produkte zu erheben, deren Produktion viel Ressourcen verbraucht, wie zum Beispiel Fleisch. Viehzucht gilt in puncto Nachhaltigkeit als besonders schädlich. Knapp die Hälfte der jährlich erzeugten Getreideernte wird nach Angaben der FAO an Vieh verfüttert. Eine gewaltige Vergeudung, denn Fleisch enthält nur noch fünfzehn Prozent der Kalorienmenge, die im pflanzlichen Futter enthalten war. Steaks und Koteletts tragen zur Ernährungssicherung wenig bei; sie landen zum großen Teil auf den Tellern der Reichen. So ißt jeder Deutsche im Durchschnitt 82 Kilogramm Fleisch im Jahr, ein Einwohner von Sierra Leone 5 Kilogramm.

Der Brite Daniel Goodland plädiert deshalb dafür, einen Ernährungsstil zu belohnen, der Lebensmittel am Anfang der Nahrungskette bevorzugt. Das heißt: Pflanzliche Produkte sollen Vorrang vor tierischen haben. Und bei Produkten tierischen Ursprungs könnten diejenigen bevorzugt werden, bei denen der Aufwand für Nahrungsenergie niedrig ist: Um ein Kilogramm Fleisch zu erhalten, sind bei Fischen 1,6 Kilogramm Futter nötig, bei Hühnern 2,1 Kilogramm, bei Schweinen 4, bei Putern 5,2, bei Schafen 8,8 und bei Rindern 9 Kilogramm. Goodland fordert eine *food conversion*

Die FAO, Food and Agriculture Organization der Vereinten Nationen, die Welternährungsorganisation wurde 1945 gegründet mit dem Ziel, den Welthunger zu bekämpfen, den allgemeinen Lebensstandard zu steigern und die Lebensbedingungen der ländlichen Bevölkerung zu verbessern. Der FAO gehören 175 Mitgliedstaaten und die EU an.

efficiency tax, um dieses Ziel zu erreichen. Diese Nahrungseffizienzsteuer wäre nach dem Verhältnis von Energieinput und -output gestaffelt: Getreide für menschliche Ernährung soll nicht besteuert werden, wohingegen Getreide für Industrie- und Tierproduktion mit entsprechenden Abgaben belegt würde. Das würde gleichzeitig die Weichen für eine gesündere Ernährung stellen. Denn weniger Fleisch und mehr Getreide hieße auch: weniger Fett sowie mehr Ballaststoffe und mehr sekundäre Pflanzenstoffe.

Solange die Strukturen der Weltwirtschaft solchen Lösungen entgegenstehen, bleiben immer noch Spielräume auf individueller, kommunaler, nationaler Ebene: die Ausweitung des ökologischen Landbaus, die Regionalisierung der Agrarmärkte, die Abkehr von hochverarbeiteten zugunsten von naturbelassenen frischen Lebensmitteln und die Verringerung des Fleischkonsums. Eigeninitiative ist dringend notwendig, denn die globalen Trends steuern immer tiefer in die Sackgasse.

Powerplay
Verlierer und Gewinner im weltweiten Lebensmittelmarkt

Herrscher über das Angebot – die Nahrungsmittelindustrie

Pulverpüree statt Kartoffeln, Dosenapfelmus statt Kompott, Schokotrunk statt Frischmilch – was auf den Tisch kommt, servieren nicht mehr die Bauern, sondern die *global players* aus Agrobusineß, Lebensmittelindustrie und Handel. Rund achtzig Prozent der Nahrungsmittel werden be- oder verarbeitet. Die Nahrungsmittelindustrie gehört mit rund 5000 Unternehmen, deren Umsatz 1996 insgesamt 224 Milliarden Mark erreichte, zu den größten Wirtschaftszweigen in Deutschland.

Kurze Wege mit wenig Stationen zwischen Erzeuger und Verbraucher wären anzustreben. Der Trend ist jedoch gegenläufig. Die Studie „Nachhaltiges Deutschland" des Umweltbundesamts belegt: Die Lebensmittelbranche weist einen hohen Technisierungsgrad auf, sie konzentriert sich auf wenige zentrale Produktionsstätten und benötigt weite Transportwege für Rohstoffanlieferungen und Produktverteilung.

Die Preise in den Supermärkten sind niedrig wie nie zuvor. Zahlen müssen die Verbraucher für die Billigproduktion an anderer Stelle – dort, wo sie sich nicht wehren können: Mit ihren Steuern finanzieren sie die Subventionen der Landwirtschaft und die Folgekosten der Lebensmittelskandale (siehe Seite 28ff.). Selbst die wirtschaftlich gesunde Nahrungsmittelindustrie unter-

„Die wirtschaftliche Integration und die sinkenden Transportkosten fördern ökologisch unsinnige Transportwege. Die größte Joghurtfabrik der EU befindet sich beispielsweise in Griechenland. Die Milch wird unter anderem aus Deutschland herangekarrt - in Lastwagen, die pro Fahrt 200 Liter Diesel verbrauchen und fünf Tonnen CO_2 ausstoßen. Verkauft wird das Joghurt unter anderem in England. Das Basler Prognos-Institut berechnete, daß der Güterverkehr und der Energieverbrauch aufgrund der GATT-Verträge doppelt so rasch wachsen werden wie die Wirtschaft. Die Luftfracht verdoppelte sich 1988-1997 weltweit von knapp 50 auf fast 100 Millionen Tonnenkilometer - mit weiterhin ungebremsten Wachstumsraten. Die Globalisierung ist ökologisch nicht verkraftbar."
Erklärung von Bern

22

stützen wir durch großzügige „Beihilfen".
So weist bei-
spielsweise der EU-Haushaltsplan umgerechnet 247
Millionen Mark für Firmen aus, die aus Kartoffeln Kar-
toffelstärke produzieren; 732 Millionen Mark für Betriebe, die Tomaten in Tomatenmark verwandeln;
1,345 Milliarden gehen an Unternehmen, die Mager-
milch verwenden. Auch die Chemieindustrie profitiert.
So wurden 1991 beispielsweise 131 Millionen Mark als
Beihilfen für die Verwendung von Zucker in der Che-
miebranche vergeben – mehr als im sogenannten
LIFE-Programm für den Natur- und Umweltschutz zur
Verfügung stehen.
    Verlierer ist die Landwirtschaft. Der wirtschaftliche
Bedeutungsverlust in Deutschland drückt sich drastisch im Anteil am Bruttoinlandsprodukt aus, der sich
auf die Ein-Prozent-Marke zubewegt. Die Werbewirt-
schaft erzielt inzwischen einen höheren Umsatz als die
Landwirtschaft.

Die zehn weltweit führenden Nahrungsmittelkonzerne

Firma	Land	Nahrungsmittelumsatz (1997 in Mio. US$)	Nahrungsmittelumsatz-anteil am Gesamtumsatz
1. Nestlé S.A.	Schweiz	45.380	95%
2. Phillipp Morris Inc.	USA	31.890	44%
3. Unilever PLC/NV	NL/UK	24.170	50%
4. Con Agra Inc.	USA	24.000	100%
5. Cargill Inc.	USA	21.000	38%
6. PepsiCo Inc.	USA	20.910	100%
7. Coca-Cola Co.	USA	18.860	100%
8. Diageo Guiness + Grand Metropolitan	UK	18.770	93%
9. Mars Inc.	USA	13.500	100%
10. Danone	Frankreich	13.970	94%

RAFI, 1999.

Köder für die Schnäppchenjäger –
Handelskonzerne

„10 Eier 99 Pfennige!" „1 kg Schweinenacken 5,55 DM!" „Jacobs Meisterröstung 500 g 6,66 DM", „Schokolade JA! Zartbitter, Vollmilch, Vollmilch-Nuß: 100 g je 0,49 DM". Im Universum der „Tiefpreis-Rucks" und „Dauerniedrigpreise" stellt sich die Frage, wer an den betreffenden Produkten eigentlich noch verdienen kann. Die Zutaten stammen von mehreren Kontinenten, irgend jemand muß die Kaffeebohnen geerntet, die Haselnüsse geröstet, die Schweine gemästet und geschlachtet haben. Transport, Verpackung, Lagerung sind nicht umsonst, Druckkosten für die Werbezettel, die Miete für den Laden, die Verkäufer, Kassierer fallen an ...

Tatsächlich sind die Lockangebote oft Köder, bei denen die Einnahmen die Kosten nicht decken. Doch auch bei regulärer Ware sind die Gewinnspannen im Lebensmittelhandel extrem niedrig. Das hängt mit der Macht der Handelsketten zusammen. Fein für den Verbraucher? Nur auf den ersten Blick.

Der Handel zwingt die Lebensmittelindustrie zu Niedrigpreisen. Die können Hersteller nur leisten, wenn sie alle Rationalisierungsreserven ausschöpfen, minderwertige Rohstoffe verwenden und den Druck ihrerseits weitergeben. Den Schwarzen Peter haben die Lieferanten, die Landwirte. Sie zwingt das Preisdiktat zu Produktionsbedingungen, die jeglichen Gedanken an Umweltschonung und artgerechte Tierhaltung als unrealistische Utopie erscheinen lassen. Die Schnäppchendiktatur fördert die Konzentration bei Herstellern und in der Landwirtschaft.

Gewinner sind die Handelsunternehmen. Sie kassieren inzwischen knapp 25 Prozent des gesamten statistisch erfaßten Lebensmittel- und Agrarumsatzes. Drei der zehn weltweit größten Handelsriesen sind deutsche Konzerne. In Deutschland teilen sich die zehn größten Handelsunternehmen fast vier Fünftel des Markts.

„Jeder Verbraucher entscheidet durch Ort und Auswahl der eingekauften Lebensmittel indirekt mit

- wie stark Luft, Böden und Wasser belastet werden

- welche Transportwege ein Lebensmittel zurückgelegt hat

- wieviel und welche Art von Verpackungsabfall entsteht

- wie groß der Energie- und Rohstoffverbrauch bei der Lebensmittelproduktion, Verarbeitung und Lagerung ist."

Landwirtschaftsministerium Baden-Württemberg

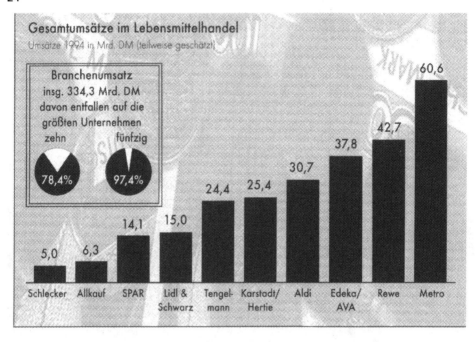

Gesamtumsätze im Lebensmittelhandel

Umsätze 1994 in Mrd. DM (teilweise geschätzt)

Branchenumsatz insg. 334,3 Mrd. DM davon entfallen auf die größten Unternehmen zehn 78,4% fünfzig 97,4%

Schlecker 5,0 · Allkauf 6,3 · SPAR 14,1 · Lidl & Schwarz 15,0 · Tengelmann 24,4 · Karstadt/Hertie 25,4 · Aldi 30,7 · Edeka/AVA 37,8 · Rewe 42,7 · Metro 60,6

Handelsunternehmen bestimmen, ob Produkte eine Chance haben – indem sie Platz in ihren Supermarktregalen schaffen oder verweigern. Wie sehr sie dabei ihre Marktmacht ausnutzen und ihre Lieferanten unter Druck setzen, zeigt eine Studie des Saarbrücker Hochschullehrers Joachim Zentes, wonach sich neunzig Prozent der Markenartikelproduzenten über die Methoden der Handelsketten beschweren: Diese diktierten Preise und Konditionen und übten sich so eifrig in „Schnorrerei", daß selbst die zurückhaltende „Wirtschaftswoche" von „Wildwestmanier" spricht: Regalplätze würden meistbietend versteigert, für die Listung neuer Produkte sei fast immer eine saftige Bearbeitungsgebühr fällig.

Die Händler halten die Hand auf, wenn sie ein Firmenjubiläum oder ein Sommerfest feiern, erwarten bei Fusionen einen „Hochzeitsrabatt" und kleiden ihre

Wünsche nach Vergünstigungen in Begriffe wie „Auslistungsverhinderungsabschlag" oder „Verkaufsförderungsprämie". Für die großen Konzerne sind die zusätzlich verlangten Rabatte noch bezahlbar; Mittelständler können sie in den Ruin treiben. Wer nicht gefügig ist, dessen Produkte verstauben in einer Ecke; wer sich beschwert, fliegt aus den Bestellisten.

So fatal die Marktmacht der Handelsketten ist – sie eröffnet auch Chancen. Durch die „Abstimmung mit dem Einkaufskorb" lassen sich Ansprüche an das Produktspektrum und den Herstellungsprozeß durchsetzen – so geschehen im Zusammenhang mit gentechnisch hergestellten Lebensmitteln. Die englische Supermarktkette Iceland hatte schon sehr früh erklärt, in ihren Produkten keine gentechnisch hergestellten Zutaten einzusetzen. Viele andere große europäische Handelskonzerne haben sich inzwischen angeschlossen und zugesagt, bei ihren Eigenmarken auf Gentechnik zu verzichten (siehe Seite 159). In diesem Fall ist es von Vorteil, daß die Konzerne ihren Lieferanten Bedingungen diktieren können. Sie werden ihre Marktmacht nutzen, um sicherzustellen, daß auch in Zukunft gentechnikfreie Ware im Markt erhältlich bleibt.

„Wir haben fürchterliche Feindseligkeit vom Rest der Industrie zu spüren bekommen. Wir haben unseren Standpunkt aus Prinzip vertreten, aber zweifellos hat er sich als kommerziell vorteilhaft erwiesen und Icelands Attraktivität für die Kunden verstärkt."
Malcolm Walker, Chef von Iceland

Kein Ende des Mangels

Ein Blick auf die andere Seite des Globus zeigt die Kehrseite der Marktmacht. Bauern auf den Plantagen der Dritten Welt arbeiten zu Bedingungen, die das Wort „Hungerlöhne" treffend charakterisiert. In mehr als siebzig Ländern ist das Pro-Kopf-Einkommen in den letzten zwanzig Jahren gesunken. Drei Milliarden Menschen – die Hälfte der Menschheit – müssen mit weniger als umgerechnet eineinhalb US-Dollar pro Tag auskommen. Für viele reicht das kaum oder gar nicht zum Leben: 30 Millionen Menschen verhungern jährlich, 800 Millionen sind chronisch unterernährt. Dabei würde es genügen, wenn die 225 reichsten Menschen der Welt gerade mal vier Prozent ihres Vermö-

Der Internationale Währungsfonds (IWF) wurde nach dem Zweiten Weltkrieg aufgrund des Abkommens von Bretton Woods geschaffen. Es hatte zum Ziel, den Wiederaufbau der Wirtschaft durch eine Neuordnung des internationalen Währungssystems zu erleichtern und einseitige Handels- und Zahlungsrestriktionen zu vermeiden. Der IWF will mit gezielten finanz- und währungspolitischen Maßnahmen zu einer ausgeglichenen Entwicklung der Weltwirtschaft beitragen. Ihm gehören heute 182 Mitgliedstaaten an.

gens abträten, um den weltweiten Grundbedarf an Nahrung, Trinkwasser, Bildung und Gesundheit zu sichern: 13 Milliarden Dollar würde die Grundsicherung für die Ärmsten der Armen kosten, so der Bericht von 1998 zur menschlichen Entwicklung des United Nations Development Programme (UNDP).

Nie zuvor, so stellt derselbe Bericht fest, waren Lebensmittel in solchem Überfluß vorhanden. Jeder der fast sechs Milliarden Menschen könnte rechnerisch mit 2700 Kilokalorien täglich versorgt werden. Daß das nicht passiert, hat die Politik der mächtigen G7-Länder zumindest mitzuverantworten. Deutschland ist drittgrößter Weltmarktakteur hinter den USA und Japan. Deutsche Politiker und Lobbyisten haben massiven Einfluß auf die weltpolitischen Spielregeln, nach denen andere sich zu verhalten haben, um am internationalen Handel und Austausch teilnehmen zu können. Im Rahmen der Welthandelsvereinbarungen üben die reichen Staaten zunehmend Druck auf die armen aus, ihre Wirtschaft zu „liberalisieren". Wenn ein „Entwicklungsland" seine Zinsschulden an die Industriestaaten nicht mehr bezahlen kann, verordnet der Internationale Währungsfonds (IWF) in der Regel eine Kur, um die Ökonomie auf einen streng marktwirtschaftlichen Kurs zu trimmen. Häufig gehört zu dieser Kur das Verbot, Lebensmittelpreise zu subventionieren, obwohl oft nur so der Bevölkerung der Zugang zu Grundnahrungsmitteln gesichert werden kann. Auch Finanzhilfen für die eigene Landwirtschaft, die in Europa bekanntlich reichlich fließen, sind bei Schuldnerländern nicht erwünscht.

Die IWF-Kur soll – sagt die Theorie – zu Wirtschaftswachstum führen und es letztlich ermöglichen, daß sich alle irgendwann genug zu essen kaufen können. Die Realität sieht vielfach anders aus: Selbst dort, wo rechnerisch das Pro-Kopf-Einkommen und die zur Verfügung stehenden Nahrungsmittelmengen steigen, nehmen Armut und Unterernährung zu. Die Armen haben kein Geld, um sich Lebensmittel zu kaufen.

Strukturanpassung

„Obwohl Nicaragua ein Agrarland ist, sind Nahrungsmittel knapp und teuer: Eine Folge der Strukturanpassungsprogramme von Internationalem Währungsfonds und Weltbank, denen sich die wirtschaftsliberalen Regierungen von Violeta Chamorro und Arnoldo Alemán seit 1991 unterworfen haben. Mittlerweile dürfen Grundnahrungsmittel nicht mehr subventioniert werden. Die Devise heißt, Export um jeden Preis, der Schulden wegen. In den vergangenen sieben Jahren gingen bis zu 82 Prozent (1994) der Exporterlöse an internationale Geldgeber."

Quelle: „Badische Zeitung" vom 4. Januar 1999

Das Verhältnis zwischen dem Einkommen armer und reicher Nationen ist ein Maßstab, wie nachhaltig sich die Welt entwickelt. In den letzten Jahrzehnten hat es sich dramatisch verschlechtert. So stellt der bereits zitierte UNDP-Bericht fest: „1960 verfügten die 20 Prozent der Weltbevölkerung, die in den reichsten Ländern lebten, über ein 30mal höheres Einkommen als die ärmsten 20 Prozent; 1995 war ihr Einkommen bereits 280mal höher." Die drei reichsten Menschen der Welt besitzen zusammen mehr als das Bruttoinlandsprodukt der 48 ärmsten Länder des Erdballs zusammen.

Selbst die guten Nachrichten geben kaum zu Hoffnung Anlaß. Nach Angaben der FAO waren 1990 weltweit nicht mehr 47 von 100 Kindern unterernährt, sondern „nur" noch 40. In absoluten Zahlen relativiert sich selbst dieser kleine Fortschritt: In Afrika stieg die Zahl der unterernährten Kinder im selben Zeitraum von 19,7 auf 27,4 Millionen.

Überfluß und Überernährung

Die Welt der Satten charakterisiert ein gigantischer Nahrungsmittelüberfluß, aber nicht blühende Gesundheit. Der Lebensstil der industrialisierten und globalisierten Welt hat neue Ernährungsrisiken heraufbeschworen: Lebensmittelallergien oder -intoleranzen,

„Prinzipiell ist Fett eine geniale Erfindung der Evolution. Die Triglyceride, die Fettmoleküle, speichern auf geringstem Raum viel Energie. Wer gut Speck ansetzt, hat in Mangelzeiten einen Überlebensvorteil. Doch bei dem allgegenwärtigen Nahrungsüberfluß in den Industrienationen hat sich dieser Vorteil ins Gegenteil verkehrt."
GEO 6/99

Hans G. Creutzfeld entdeckte 1921 die erste Variante einer Spongiformen Enzephalopathie (SE) beim Menschen, benannt als Creutzfeld-Jacob Krankheit (CJK). CJK ist eine Krankheit mit fortschreitender Demenz, welche charakteristischerweise im Alter von 50 bis 75 Jahren ausbricht. Die unheilbare Krankheit dauert weniger als ein Jahr und endet tödlich.

neue Infektions- und Zivilisationskrankheiten durch zuviel fettes Essen.

Die Deutsche Welthungerhilfe konstatiert ein Paradoxon: Die Menschen in den reichen Ländern werden zwar immer älter – aber die gestiegene Lebenserwartung ist mit einem zunehmenden Zeitanteil verknüpft, in dem viele chronisch krank und erwerbsunfähig sind. Die einen hungern und werden krank, die anderen sind übersatt und werden krank. „Nachhaltig" ist beides nicht.

Die eindringlichste Warnung, welche Folgen billige Massenproduktion haben kann, ist die BSE-Katastrophe. Es lohnt sich, Ursachen und Wirkungen dieses Dramas noch einmal Revue passieren zu lassen.

1984 wurde ein Tierarzt im englischen Sussex mit einer Szenerie wie aus einem Horrorfilm konfrontiert. Rinder auf der Weide brachen mit Schaum vor dem Maul zusammen. Innerhalb von drei Monaten verendeten zehn Tiere. Bewegungsstörungen, Lähmung und Blindheit blieben die Begleiterscheinung der rätselhaften Tierseuche, die sich rasant auf Herden in anderen Regionen ausdehnte. Als sich die Fälle häuften, fand der Volksmund für die neue Krankheit die treffende Bezeichnung *Mad Cow Disease* (Rinderwahnsinn); die Wissenschaftler nannten sie *Bovine Spongiforme Encephalopathie* (BSE). Grund für diesen Namen war das Bild, das die Autopsien ergaben; das Gehirn der Tiere hatte begonnen sich aufzulösen, die Hirnrinde war durchlöchert und ähnelte einem Schwamm (englisch *sponge*). Alle diese Anzeichen erinnerten stark an die Schafskrankheit Scrapie.

Bis zu diesem Zeitpunkt war offizielle Lehrmeinung, Scrapie sei nicht auf Rinder übertragbar. Allerdings hatte niemand in Betracht gezogen, daß die Verfütterung großer Mengen Tiermehl an Pflanzenfresser einen neuen Infektionsweg öffnete. Als fatal erwies sich, daß das Tiermehl aus Kostengründen nicht mehr stark genug erhitzt worden war, um die Scrapieerreger in den zermahlenen Schafskadavern abzutöten. Erst 1988 – als sich die Einzelfälle zur Epidemie ausweiteten – verbot die britische Regierung, Fleischmehl an Wiederkäuer zu verfüttern. Parallel dazu verdoppelte sich der Export von Tiermehl aus Großbritannien auf den Kontinent; das zuwenig erhitzte Kadavermehl wurde nun an kontinentaleuropäische Rinder verfüttert. Erst 1994 verbot die EU diese Praxis – allerdings nur für Rinder. Schweine, Hühner und anderes Vieh dürfen bis heute mit dem Mehl toter Tiere gefüttert werden.

Die Kosten der „Rationalisierung": Bis August 1998 waren weltweit 176 000 BSE-kranke Rinder gemeldet. Allein zwischen April 1996 und September 1997 wurden rund drei Millionen Rinder aus BSE-infizierten Herden in Großbritannien notgeschlachtet. Das hat die EU-Bürger mehr als vierzig Millionen Mark gekostet, denn die Entschädigung erfolgte im wesentlichen aus Steuergeldern.

BSE hat aber nicht nur tierische und finanzielle Opfer gefordert. Mittlerweile gilt es als weitgehend gesichert, daß der Genuß von infiziertem Rindfleisch eine neue Variante der Creutzfeld-Jakob-Krankheit verursachen kann, die ähnliche Hirnveränderungen hervorruft wie Scrapie oder BSE. Dreißig Menschen sind bisher daran gestorben. Eine Unterstützung während der Krankheitszeit oder eine Entschädigung nach dem Tod haben die Angehörigen nicht erhalten. Nur die *Human BSE-Foundation*, die Angehörige in England gegründet haben, ist einmalig mit 57 000 Mark aus der EU-Kasse gefördert worden. Die Tiermehlhersteller, die ihre Produktion auf niedrigere Temperaturen umstellten, um Geld zu sparen, sind für ihr „fehlerhaftes Produkt" nicht haftbar.

Der Fall BSE zeigt besonders drastisch: Die Massenproduktion und das Marktdiktat, Nahrungsmittel möglichst billig herzustellen, können sich rächen. Das traurige Fazit: Erst wenn eine Seuche das Leben der Menschen direkt bedroht, reagieren Politiker, Industrie und auch die Verbraucher. Die subtileren Gefährdungen, die mit der Industrielandwirtschaft verbunden sind, lassen sie dagegen kalt.

Erst am 20. März 1996 verkündete das wichtigste britische BSE-Gremium SEAC (Spongiform Encephalopathies Advisory Committee) im Namen der Regierung das Eingeständnis: Zehn junge Engländer seien an einer ungewöhnlichen Form von CJK gestorben. Die wahrscheinlichste Erklärung für die Erkrankung dieser Menschen sei der Verzehr von BSE-verseuchtem Fleisch. Die EU reagierte am 27. März 1996 mit einem Ausfuhrverbot für britische Rinder und Rinderprodukte.

30

Eiertanz

Im Februar 1999 gibt es den ersten Alarm: In einem Betrieb in Flandern verenden aus ungeklärter Ursache Hühner. Im März gibt das Recyclingunternehmen „Fogra" bereits zu, daß eins seiner zur Futterherstellung wiederaufbereiteten Fritierfette „stark kritisiert" werde. Ab April kennen die belgischen Behörden die Ursache für das Hühnersterben: Dioxin im Futter. Die Wahlen stehen vor der Tür. Die Öffentlichkeit bleibt uninformiert; nur der niederländische Landwirtschaftsminister wird Mitte Mai gewarnt. Auch er schreckt davor zurück, öffentlich Alarm zu schlagen. Ende Mai 1999 fliegt der Skandal trotzdem auf. Die europäischen Gremien ziehen die Notbremse und verhängen hektisch Verkaufsverbote.

Bis zu diesem Zeitpunkt sind nach Zeitungsberichten allerdings bereits 456 Millionen kontaminierte Eier und 4,3 Millionen Hühner in den Handel gelangt. Dazu kommt belastetes Futter in Schweine- und Rinderställen. Die genannte Recyclingfirma soll 80 000 Kilogramm kontaminiertes Fett an mindestens zehn belgische, einen niederländischen und einen französischen Futtermittelproduzenten ausgeliefert haben. Von dort aus hat das Futter den Weg in ungezählte europäische Legebatterien und Ställe gefunden. In Belgien selbst ist die Hälfte aller Hühnerfarmen betroffen, 1570 an der Zahl. Wütende Bauern fordern Entschädigung. Lebensmittelfabriken bis in die Schweiz müssen die Produktion stoppen, weil der Nachschub an Ei-Masse fehlt.

Im Zuge der Empörung danken der belgische Landwirtschafts- und Gesundheitsminister ab, der Landwirtschaftsminister der Niederlande folgt. Die belgische Regierung wird abgewählt; die neue Koalition schlägt vor, den Skandal als „nationale Katastrophe" zu werten. Derweil dienen tote Hühner in Belgien der Landverfüllung.

Badische Zeitung, 8.6.99, Die Woche, 11.6.99, DIE ZEIT, 19.6.99

Der belgische „Chickengate"-Skandal vom Frühjahr 1999 illustriert ebenfalls, welche Folgen es haben kann, wenn Agrarbusineß auf Billigstniveau zu weit getrieben wird. Eineinhalb Jahrzehnte nach dem Erschrecken über BSE wiederholt sich die Geschichte des Versagens europäischer Verbraucherpolitik: Nationale Politiker vertuschen Gefahren, solange es geht; internationaler Handel exportiert sie ohne Verzug in Europas Speisekammern. Und bei genauerer Betrachtung wird offenbar: Die Empörung über illegale „schwarze Schafe" im Futtermittelsektor ist scheinheilig. Um billige Massenproduktion zu gewährleisten, werden auch im ganz normalen legalen Stall-Alltag minderwertige Futtermittel in Kauf genommen.

Kraftfutter enthält Fettzusätze, mit deren Hilfe sich Hühner, aber auch andere Tiere, in Rekordzeit mästen lassen. Altöl aus Motoren gehört nicht zur erlaubten Diät, lagert jedoch in Recyclingbetrieben oft in nächster Nähe zu den Behältern für erlaubte Abfallfette. Zu den gebräuchlichen Zusätzen gehören Fritierfette aus der Gastronomie oder Fettsäuren aus der Margarineproduktion.

Andere mögliche Zusätze wirken weniger appetitlich. Die Grenzen zwischen Futter und Giftmüll erscheinen in der Futtermittelbranche bei genauerer Betrachtung fließend. Als Zusätze erlaubt sind zum Beispiel Talg und Schmalz aus Tierkadavern. Auf diese Weise sind zum Beispiel gestrandete Pottwale ganz legal ins Tierfutter gelangt – trotz der Tatsache, daß sich im Fettgewebe dieser Meeressäuger Gifte wie DDT oder PCB so stark anreichern, daß ihr Fett zum Teil nicht nur den Grenzwert für Lebensmittel, sondern auch den für Klärschlamm überschreitet.

Dioxin-Futter aus dem Altöltank sorgt für berechtigte Empörung. Doch gleichzeitig wirft der Skandal ein groteskes Schlaglicht auf die Irrungen der Intensivlandwirtschaft à la Brüssel: Wer Gesetzeslücken findig und geschäftstüchtig ausnützt und so billig (und im Zweifelsfall minderwertig) wie eben noch erlaubt produziert, ist Gewinner der bisherigen EU-Politik.

Fünfzig Jahre Agrarindustrie – eine Bilanz

Wie auch in der westlichen Welt die Landwirtschaft noch vor wenigen Generationen aussah, zeigt ein Blick in abgelegene arme Dörfer der Südhalbkugel. Die Felder liegen dicht an den Häusern, sie müssen ohne Motorkraft erreichbar sein. Als „Traktoren" und „Transporter" dienen Zugtiere. Der Viehdung wird sorgfältig auf den Äckern verteilt. Pflügen, säen, ernten, Wasser pumpen – alles geht auch ohne Maschinen und Chemie; doch es kostet enorm viel Kraft, Mühe und Zeit.

Pro Tag verbraucht die
Menschheit 2,4 Millionen
Tonnen Getreide, je eine
Million Tonnen Obst und
Gemüse, mehr als eine halbe
Million Tonnen Fleisch und
200 000 Tonnen Fisch und
Meeresfrüchte.

In Argentinien und Uruguay
werden pro Person und Jahr
60 kg Rindfleisch verzehrt,
ca. 24 kg in den Industrienationen und im Schnitt 6 kg
in den Entwicklungsländern.
Die Erzeugung von 1 kg
Rindfleisch verbraucht 9 kg
Futter.

Ein großer Teil der Ernte dient der Selbstversorgung, der Rest wird auf den Markt gebracht.

Die agrotechnische Revolution läßt solche Bilder als vorsintflutlich erscheinen. Es ist müßig, darüber zu diskutieren, daß diese Art von Landwirtschaft in mancher Hinsicht vielleicht dem Leitbild Nachhaltigkeit besser entspricht. Der Strukturwandel ist unumkehrbar. 1950 ernährte in Deutschland ein Landwirt statistisch gesehen nur 10 Verbraucher, heute sind es 108. Damals gaben die Verbraucher die Hälfte ihres Einkommens für Nahrungs- und Genußmittel aus; heute sind es, bei stark gestiegenen Einkommen, nur noch 16 Prozent. Auch in vielen Ländern des Südens dominieren längst ausgedehnte Weiden und Monokulturen, die Großgrundbesitzer von Tagelöhnern bewirtschaften lassen. Dort kommen die Erträge allerdings kaum der eigenen Bevölkerung zugute. Lukrativer als deren Versorgung ist die Rinderzucht oder der Anbau von *cash crops*, den Ackerfrüchten für die reicheren Staaten, deren Export viel Geld bringt (*cash* heißt Bargeld). Die Kleinbauern verarmen und suchen ihr Glück in den Slums der Metropolen.

Die sozialen und ökologischen Wirkungen der Hochertragslandwirtschaft sind gravierend. Sie begünstigt Großgrundbesitzer gegenüber Kleinbauern und schädigt die Lebensgrundlagen auf dreierlei Art:

* Ackerboden wird durch Erosion, Versalzung und Wüstenbildung vernichtet

* Wasser wird knapp und durch Düngemittel- und Pestizideintrag verseucht

* Arten gehen verloren

Erosion, Versalzung, Wüstenbildung
Der Boden ist ein sensibler Indikator für die Güte landwirtschaftlicher Arbeit. Er soll die Produktion Jahr für Jahr und über viele Generationen hinweg ermöglichen. Ackerboden ist ein komplexes System von Millionen unterschiedlichster Organismen und nichtleben-

den physikalischen Strukturen. Die faszinierende Lebensgemeinschaft von Bakterien und Pilzen umfaßt je nach Standort ganz unterschiedliche Arten. Sie sorgt für die Bodenstruktur, schützt die Pflanzenwurzeln und trägt so zu dauerhafter Fruchtbarkeit bei.

Mikroorganismen sind es auch, die dafür sorgen, daß Humus überhaupt entsteht. Nach Schätzungen sind, je nach Klima und Untergrund, 3000 bis 12 000 Jahre nötig, bis sich so viel Krume gebildet hat, daß Pflanzen wachsen können. Ruinieren läßt sich Mutterboden viel schneller. Dort, wo nicht ganzjährig Pflanzen wachsen und wo jedes Beikraut zwischen den Reihen entfernt wird, ist der Boden der Erosion durch Wind und Wasser ausgeliefert. Das zeigt das Beispiel der Monokulturen auf riesigen Flächen im Cornbelt im Mittleren Westen der USA: Nur ein halber Meter Bodenkrume von ursprünglich vier Metern ist nach rund 150 Jahren intensiver Landwirtschaft noch vorhanden.

Ein Großteil der Weltbankinvestitionen in die Landwirtschaft ist nach dem Zweiten Weltkrieg für Bewässerungsprojekte ausgegeben worden. Damit konnte sehr fruchtbares Land für den Anbau gewonnen werden, aber nur kurzfristig. Denn der riesige Wasserverbrauch hat Grundwasservorräte teilweise dramatisch verringert – eines der gravierenden Probleme der Zukunft. Gleichzeitig versalzt intensive Bewässerung häufig Böden und gefährdet den Anbau langfristig. Zwar sind im verwendeten Wasser nur Spuren von Mineralsalzen enthalten. Doch die reichern sich unwiderruflich im Boden an, sobald die Flüssigkeit verdunstet – und die gewaltigen Wassermengen, die verwendet werden, sorgen dafür, daß der Salzgehalt auf Dauer zu hoch wird.

Das *World Watch Institute* in Washington schlägt Alarm: In den letzten 20 Jahren sind 100 bis 140 Millionen Hektar Land unwiderruflich verlorengegangen, das sind knapp 10 Prozent des derzeit genutzten Ackerlandes in nicht einmal einer Generation. Zum Vergleich: Die gesamte Anbaufläche Deutschlands beträgt 17 Millionen Hektar.

Die Weltbank wurde 1944 gegründet, um den Wiederaufbau der durch den Zweiten Weltkrieg zerstörten europäischen Wirtschaft zu unterstützen. Bereits ab 1948 wandte sie sich ihrem zweiten Hauptziel, der Entwicklungsfinanzierung, zu. Die Weltbank hat 181 Mitglieder.

„Weltweit gesehen hielt auch im Wirtschaftsjahr 1996/97 die steigende Tendenz im Düngemittelverbrauch an. So nahm der Absatz von Düngemitteln insgesamt gegenüber 1995/96 um rund 3,5% zu und erreichte 133,8 Millionen Tonnen Nährstoffe (Stickstoff, Phosphat, Kali). (...) Der Zuwachs bei Stickstoffdüngemitteln fiel mit 5% im vergangenen Wirtschaftsjahr in etwa gleich hoch aus wie im Jahr zuvor. Die steigende Tendenz führte zu einem weltweiten Absatz von rund 81 Millionen Tonnen, nach rund 77 Millionen Tonnen im Vorjahr."
Industrieverband Agrar, Jahresbericht 1997/98

Bodenbelastung durch Kunstdünger

Der Anbau von Pflanzen entzieht dem Boden Nährstoffe, hauptsächlich Stickstoff, Kalium und Phosphor. Die traditionelle Landwirtschaft hat über Jahrtausende Methoden erprobt, die benötigten Nährstoffe wieder hinzuzufügen: durch Düngung mit Stallmist oder Jauche oder durch Zwischenkulturen mit Pflanzen wie Hülsenfrüchten, die ausgelaugten Boden mit Stickstoff anreichern. Im übrigen ließen die Bauern auf „fetten", nährstoffreichen Böden Pflanzen mit hohem Nährstoffbedarf wachsen und auf den „mageren" Böden anspruchslose Sorten. 1913 war das Geburtsjahr für das Haber-Bosch-Verfahren, mit dem sich Stickstoff aus der Luft billig in synthetischen Dünger verwandeln läßt. Seitdem hat Kunstdünger die Landwirtschaft unabhängiger von der natürlichen Bodenfruchtbarkeit gemacht. Anspruchsvolle Pflanzen wachsen nun auch auf mageren Böden.

Immer mehr Düngesalze aus der Chemiefabrik wurden ausgebracht, um die Erträge zu steigern. Enorme Mengen von mineralischem Stickstoff und Phosphor rieseln heute auf die Felder; seit 1960 ist die Nutzung von Stickstoff weltweit um das Siebenfache angestiegen und liegt nun bei siebzig Millionen Tonnen pro Jahr. Doch Nebenwirkungen blieben nicht aus. Die aus den Äckern ausgeschwemmten Nährstoffe überdüngen die Gewässer. Das fördert die Algenblüte, bewirkt Sauerstoffmangel und Fischsterben in Oberflächengewässern und verseucht das Grundwasser.

Gleichzeitig laugt die Intensivlandwirtschaft die Böden aus. Organisch gebundener Kohlenstoff und Stickstoff, die als Maßstab für die Bodenfruchtbarkeit gelten, gehen verloren. Langzeitversuche in England und den USA haben gezeigt, daß in 50 Jahren Mineraldüngung 50 bis 65 Prozent des organisch gebundenen Kohlenstoffs und Stickstoffs verschwunden sind. Dieselbe Untersuchung zeigt: Bei einer biologisch-organischen Anbauweise mit tierischem Dünger trat bei gleichen Erträgen kein solcher Verlust an Bodenfruchtbarkeit auf.

Page 35

Pestizide

Pestizide sind die zweite Säule für hohe Erträge in der Intensivlandwirtschaft. 1963 veröffentlichte Rachel Carson ihr Buch „Der stumme Frühling", in dem sie auf die Folgen des mittlerweile verbotenen DDT hinwies. Spätestens seitdem sind die Gefahren bekannt: Ackergifte machen beim „Schädling" und beim „Unkraut" nicht halt, sondern bedrohen auch andere lebende Organismen.

Den schlimmsten Tribut zahlen Bauern in den armen Ländern. Dorthin werden in Europa verbotene Pestizide weiterhin exportiert – und dann ohne Aufklärung und Sicherheitsmaßnahmen angewendet. So wird auf vielen Plantagen Lateinamerikas auch dann aus der Luft gesprüht, wenn ArbeiterInnen auf den Feldern beschäftigt sind. Pestizide werden häufig auf Feldern oder in Treibhäusern eingesetzt, wo *cash crops* wachsen, Pflanzen für den Export. Allein in China starben 1993 schätzungsweise 10 000 Landwirte an Pestizidvergiftungen. Doch nicht nur die Gesundheit der Menschen in den Entwicklungsländern ist betroffen, sondern auch die Industrienationen haben ihren Preis zu zahlen. 260 Millionen Mark müssen die Wasserwerke in Deutschland jährlich aufwenden, um landwirtschaftliche Pestizidrückstände aus dem Trinkwasser zu entfernen, damit unser wichtigstes Lebensmittel nicht vergiftet wird.

Gesetzliche Auflagen haben mittlerweile die gefährlichsten Mittel aus der Produktion verbannt; doch das Grundkonzept ist geblieben. Pestizide gelten als Patentlösung, um ackerbauliche Grenzen zu überwinden. Fast 50 Milliarden Mark betrug der Weltmarktumsatz im „Pflanzenschutz" 1997. Deutsche Firmen waren mit 1,9 Milliarden daran beteiligt.

Das Geschäft bleibt für die Hersteller profitabel, denn Schädlinge entwickeln Resistenzen. Nach Angaben des *World Watch Institute* ist die Zahl resistenter Schadinsekten zwischen 1965 und 1996 von 182 auf 900 angestiegen. Die Ernteverluste in Deutschland liegen inzwischen trotz großflächigen Herbizid-, Fungi-

Die zehn größten agrochemischen Unternehmen der Welt

Firma	Hauptsitz	Umsatz 1997 in Mio. US$	Kommentar
1. Aventis (im Fusionsprozeß)	Frankreich	4.554	Rhone-Poulenc und Hoechst mit AgrEvo = Hoechst und Schering
2. Novartis	CH	4.199	Ciba Geigy und Sandoz
3. Monsanto	USA	3.126	
4. Zeneca	UK	2.674	
5. DuPont	USA	2.518	
6. Bayer	D	2.254	
7. DowAgroSciences	USA	2.200	
8. American Home Products / American Cyanamid	USA	2.119	
9. BASF	D	1.855	
10. Sumitomo	Japan	717	

RAFI, 1999

zid- und Insektizideinsatzes bei dreizehn Prozent. Die Schweizer Firma Novartis schwärmt in ihrem Geschäftsbericht 1997 von Rekordumsätzen auf dem Herbizidmarkt. Für 1998 wurde ein anhaltendes Wachstum der firmeneigenen Pestizidproduktpalette erwartet.

„Die Artenvielfalt, die uns heute umgibt, ist das Ergebnis von über drei Milliarden Jahren Evolution. Die Dezimierung der Arten und deren Aussterben war immer auch Teil natürlicher Abläufe, doch die derzeitige Dynamik des Artensterbens unterscheidet sich von diesen auf beunruhigende Weise. Untersuchungen an fossilen

Artenverlust

Großflächiger Einsatz von Unkraut- und Schädlingsbekämpfungsmitteln hat die Äcker im Agrarindustriezeitalter zu Todeszonen gemacht. Der bekannte Zoologe Josef Reichholf beschreibt die paradoxen Folgen: Die Arten suchen Asyl in den Ballungszentren – in deutschen Millionenstädten leben heute mehr Tier- und Pflanzenarten auf einem Quadratkilometer als auf dem Land. Großstädte wie München und Berlin sind Inseln der Artenvielfalt im Meer landwirtschaftlich geprägter Monotonie.

Die Praxis der industriellen Landwirtschaft hat auch dem einstigen Variantenreichtum der Nutzpflanzen und Nutztiere den Garaus gemacht. Durch Jahrtausende währende Auslese und Anpassung an unterschiedlichste regionale Bedingungen haben Bäuerinnen und Bauern weltweit eine riesige Vielfalt auch innerhalb einzelner Arten geschaffen. In Indien existierten Mitte dieses Jahrhunderts noch mehr als 30 000 Reissorten.

Auch die moderne, wissenschaftlich gestützte Züchtung baut auf diesem Genpool auf. Doch moderne Züchtung im Verein mit sogenannten Sortenschutzgesetzen haben die Vielfalt auf den Feldern dramatisch verringert. So formulierte die *US Academy of Sciences* bereits in den siebziger Jahren: „Der Prozeß stellt ein Paradox sozialer und ökonomischer Entwicklung dar, indem das Produkt der Technologie (Züchtung auf hohen Ertrag und Einheitlichkeit) die Ressourcen zerstört, auf denen die Technologie aufbaut." Nach einer amerikanischen Studie aus dem Jahr 1984 sind von 7098 Apfelsorten, die es um 1900 in den Vereinigten Staaten noch gab, 86 Prozent ausgestorben, von den Kohlsorten 95 Prozent, beim Mais sind es 91 Prozent, bei Erbsen 94 Prozent, bei Tomaten 81 Prozent. So vernichtet eine als modern empfundene Landwirtschaft die Ressourcen, von denen sie existentiell abhängt.

„Ablagerungen von marinen Invertebraten lassen darauf schließen, daß die natürliche Häufigkeit oder ‚Hintergrundfrequenz' des Artensterbens, die über Millionen Jahre der Evolution geherrscht hat, in der Größenordnung von einer bis drei Arten pro Jahr liegt. In krassem Gegensatz dazu kommen die meisten gegenwärtigen Schätzungen zu dem Schluß, daß jährlich mindestens tausend Arten verlorengehen - eine Aussterbensrate, die um das Tausendfache über der natürlichen Häufigkeit liegt."
John Tuxill und Chris Bright, Worldwatch Institute Report 1998

In Deutschland sind noch 160 Kartoffelsorten zum Anbau zugelassen. Es werden aber lediglich 30 in relevantem Umfang angebaut.

Alles muß anders werden – aber wie?

Die Analyse macht deutlich: Zukunftsfähiges Wirtschaften stand in den letzten Jahrzehnten nicht auf der Tagesordnung. Mit den bisherigen Konzepten sind Hunger und Unterernährung nicht zu beseitigen – ganz zu schweigen vom Schutz der Lebensgrundlagen. Am Geld, am wirtschaftlichen Potential, an der Menge der erzeugten Nahrungsmittel hat es offensichtlich nicht gelegen, damit könnten alle Menschen gut versorgt werden.

38

„Wir haben schon so etwas
wie eine Regionalisierung
der Vorteile des technischen
Fortschritts und eine Globalisierung seiner Nachteile."
*Klaus Töpfer, Direktor des
United Nations Environmental Programme UNEP*

Angesichts eines Konsumniveaus, das 1998 mit 24 Billionen Dollar unvorstellbar hoch war, konstatiert der bereits genannte UNDP-Bericht: Die Spirale Konsum–Armut–Ungleichheit–Umweltschäden dreht sich immer schneller. Bei anhaltendem Trend ist das Katastrophenszenario absehbar: zunehmende Bodenerosion, fortschreitende Entwaldung, steigende Wasserknappheit, schwindende Fischbestände. Die wohlhabenden Verbraucher bleiben von den Folgen weitgehend unberührt. „Unter den Umweltschäden, die der Konsum verursacht, leiden die Armen am meisten", stellt der Report des Entwicklungsprogramms der Vereinten Nationen nüchtern fest.

Umsteuern ist überfällig und dringend. Bleibt die Frage: Wie?

Am Anfang der Nahrungskette
Gentechnik

Die Revolution auf freiem Feld

„Das Wohlergehen der Menschheit hängt von einer gesunden und nachhaltigen Welt ab. Um zu prosperieren, müssen wir eine starke Weltwirtschaft haben, gesunde Menschen, unterstützende Gemeinschaften, reichliche Naturschätze, geeignete klimatische Bedingungen und eine wachsende biologische Vielfalt." So definiert Monsanto, eine der größten Life-Science-Firmen, ihr Verständnis von Nachhaltigkeit. Die Gentechnik ist aus Firmensicht das wichtigste Mittel, dieses Ziel zu erreichen, und viele Politiker teilen diese Einschätzung.

Und so sieht die Realität aus: In kurzer Zeit haben weltweit tätige kapitalstarke multinationale Konzerne die Landwirtschaft umgekrempelt. Sie beherrschen die einst bäuerlich und mittelständisch geprägte Saatzuchtbranche. Weltweit gibt es rund 1 500 Saatguthersteller, der überwiegende Teil hat seinen Sitz in den USA (600) und Europa (400). Inzwischen halten die 20 führenden Anbieter etwa die Hälfte des Weltmarkts, auf dem zur Zeit 45 Milliarden US-Dollar umgesetzt werden.

Wer die Saat liefert, bestimmt, was geerntet wird.

Ein Ende der Konzentration ist nicht in Sicht. Von den größten Firmen sind zwei Drittel Spezialisten, ein Drittel zählt zu den Mischkonzernen, deren Muttergesellschaften im sogenannten Life-Science-Sektor tätig sind: Nahrungsmittel, Agrarhandel oder Agrarchemie.

„Die Früchte ihrer Forschungsanstrengungen hat ArgEvo in Form höherer Umsätze bisher vor allem mit dem *Liberty-Link*-System für Sommerraps in Kanada und Mais in den USA sowie mit dem Verkauf von Liberty-resistentem Mais-Saatgut in den USA geerntet."
Selbstdarstellung AgrEvo in Hoechst Magazin „Future" 1/98

40

Die zehn größten Saatguthersteller

Unternehmen	Hauptsitz	Umsatz 1997 in Mio. US$	Pflanzen
1. DuPont/Pioneer Hi-Bred Intl. (Dupont wird Pioneer 1999 für 7,7 Mrd. US$ aufkaufen)	USA	1.800	Mais, Soja
2. Monsanto	USA	1.800 geschätzt	Soja, Baumwolle
3. Novartis (Ciba Geigy + Sandoz)	CH	928	Ölsaaten, Mais, Gartenbau
4. Limagrain	F	686	Mais, Ölsaaten, Futterpflanzen, Gartenbau
5. Adventa (AstraZeneca und VanderHave)	NL/UK	437	Weizen, Mais, Tomaten
6. AgriBiotech, Inc.	USA	425	Futterpflanzen und Gras
7. Grupo Pulsar/Seminis/ ELM	Mexiko	375	Gemüsesaatgut
8. Sakata	Japan	360	Gemüse, Blumen, Gras
9. KWS AG	Deutschland	329	Zuckerrüben
10. Takii	Japan	300 geschätzt	Gartenbau

RAFI, 1999

Die Konzerne sind vielfach miteinander verflochten. Rund hundert mittelständische Unternehmen in Deutschland entwickeln oder verkaufen landwirtschaftliche Kulturpflanzen. Aber kleine und mittlere Unternehmen werden auf Dauer wenig Chancen haben. Die Kosten für Forschung und Entwicklung sind bei vielversprechenden Sorten mit den neuen Techniken ähnlich hoch wie bei Medikamenten; oft sind es mehrstellige Millionenbeträge. Und hohe Lizenzabgaben fallen an, wenn auf dem Markt befindliche Sorten weitergezüchtet werden. Viele Sorten sind nämlich patentrechtlich geschützt.

Die Entwicklung folgt einer eigenen Logik. Joseph Straus, Professor am Max-Planck-Institut für ausländisches und internationales Patentrecht, hält einen Patentschutz für die Produkte der Life-Science-Konzerne für selbstverständlich: „Je kostenintensiver ein Wirt-

„Technologie wird ‚das Produkt' für das neue Jahrtausend sein. Deshalb sind Patente von außerordentlich großer Bedeutung für die Märkte der Entwicklungsländer und für die Industrieländer."

Dr. Wolfgang Losert, Hoechst Marion Roussel Deutschland

schaftszweig forschen muß und je einfacher seine Produkte nachgeahmt werden können, desto größer ist seine Abhängigkeit von einem wirksamen Schutz seiner Produkte und Verfahren."

Zehn Jahre lang haben die Instanzen in der EU um die Frage gerungen, ob Menschen, Tiere und Pflanzen zu „ausschlachtbaren genetischen Rohstofflagern" degradiert werden dürfen, wie die grüne Europaabgeordnete Hiltrud Breyer den Vorstoß der Agrokonzernlobby bezeichnet hat. Am Ende siegte die Wirtschaftsmacht über moralische Bedenken. Im Mai 1998 wurde die Richtlinie „Über den Schutz biotechnologischer Erfindungen" verabschiedet. Sie macht es leichter, Gene, Tiere und Pflanzen zu „geistigem Eigentum" zu erklären und patentieren zu lassen.

Das neue Geschäft mit dem Leben fing klein an: 1981 wurde in den USA das erste Patent auf ein gentechnisch verändertes Bakterium erteilt. Heute sind alle gentechnisch veränderten Pflanzen oder Tiere patentrechtlich geschützt und so faktisch das Eigentum multinationaler Konzerne. Rund 7500 Patentanträge auf menschliche Gene, Tiere und Pflanzen wurden bisher beim Europäischen Patentamt in München eingereicht. Nach Aussage der „Süddeutschen Zeitung" gehen Fachleute davon aus, „daß die amerikanischen Agrarchemiekonzerne in fünf Jahren nur noch mit genetisch manipuliertem Saatgut handeln".

In den USA werden Landwirte gerichtlich verfolgt, die das tun, was für Bauern über Jahrtausende selbstverständlich war: einen Teil der Ernte aufzuheben und als neue Saat zu verwenden. Um schon den Versuch zu unterbinden, will die Life-Science-Industrie den nächsten Coup landen. Die Saat soll sich mit Hilfe eines *Tech-*

Nach Angaben von „Derwent Information", einer Firma mit Sitz in London, die Patentdaten zur Verfügung stellt, halten amerikanische Konzerne 56% der Patente auf gentechnisch modifizierte Pflanzen. Derwent hat die „Top Twenty" der Patenthalter identifiziert und herausgefunden, dass diese 631 Patente auf transgene Pflanzen halten. Die ersten drei Patenthalter auf der Liste sind Pioneer Hi-Bred (68 Patente), Monsanto (62) und ihre Tochtergesellschaft Calgene (49).
New Scientist vom 8. Mai 1999

42

Medien und Gene

„Insgesamt hat die Medien-
berichterstattung über Gentechnik in Europa seit den
siebziger Jahren kontinuierlich zugenommen. Überra-
schend ist, daß Deutschland
durch eine besonders positive Berichterstattung auffällt.
Die Risiken der Gentechnik
werden in italienischen und
dänischen Medien weitaus
häufiger thematisiert als in
deutschen."
*VDI nachrichten vom 18. De-
zember 1998*

nology Protection System selbst vor Vermehrung schützen. Eine Chemikalie bewirkt Sterilität: Die Pflanzen
bilden Samen, die nicht keimfähig sind. Wenn sie wei-
terexistieren wollen, sind Landwirte alle Jahre wieder
zum Großeinkauf bei den Saatgutfirmen gezwungen.

Mit dieser von Kritikern als „Terminatortechnolo-
gie" bezeichneten Entwicklung setzt die Industrie einen Weg fort, der erst Mitte der achtziger Jahre mit
ersten Freisetzungsexperimenten gentechnisch veränderter Pflanzen begann – und mit der Kapitulation der
Natur vor der Technik enden soll.

Der Eroberungsfeldzug

Die weltweit ersten gentechnischen Feldversuche fanden 1986 in Frankreich und den USA statt. Pionier war
Nicotina tabacum, die Tabakpflanze. Ein Jahrzehnt
lang notierten die Behörden die Freisetzungsexperi-
mente. Es waren weltweit 3647 mit 56 gentechnisch
veränderten Pflanzenarten. Die acht bedeutsamsten,
inzwischen auch alle im Handel erhältlich, sind Mais,
Sojabohne, Baumwolle, Raps, Kartoffeln, Tomaten,
Tabak, Melonen und Squashkürbisse.

Der Sprung von kleinen Testarealen zum weiträu-
migen Anbau erfolgte in schwindelerregendem Tem-
po. In den zwei Jahren zwischen 1996 und 1998 hat
sich die Pflanzfläche weltweit von 2,8 Millionen Hektar
auf 27,8 Millionen verzehnfacht – und ist damit mehr
als eineinhalbmal so groß wie die gesamte landwirtschaftliche Nutzfläche in Deutschland. Selbst Befürworter der agrotechnischen Revolution sprechen mit
leichter Skepsis vom „größten Technikschub, den die
Menschheit je mitgemacht hat".

Vorreiter sind die USA mit 20,5 Millionen Hektar
vor Argentinien (4,3 Millionen Hektar) und Kanada
(2,8 Millionen Hektar). Renner sind die Futterpflanzen.
Mais wächst auf 30 Prozent und Soja auf 52 Prozent
der Flächen. Baumwolle und Raps wuchsen auf jeweils
9 Prozent.

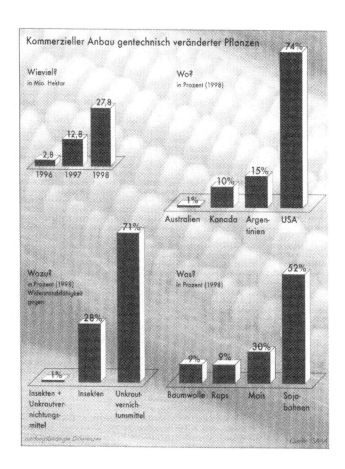

Kommerzieller Anbau gentechnisch veränderter Pflanzen

Wieviel?
in Mio. Hektar

Wo?
in Prozent (1998)

Wozu?
in Prozent (1998)
Widerstandsfähigkeit
gegen:

Was?
in Prozent (1998)

Zaubersorten aus dem Labor

Die gentechnische Revolution hat bisher als wichtigste Neuerung die *Herbizidresistenz* hervorgebracht. Sie betrifft 71 Prozent der Genfelder. Herbizidresistenz ist eine Radikalkur, die es den Landwirten erlaubt, während der Vegetationsperiode Spritzmittel einzusetzen, die normalerweise alle Pflanzen abtöten. Durch das gentechnische Design bleiben die Nutzpflanzen verschont. Die Hersteller verkaufen Saatgut und Herbizid im Doppelpack. Sie heben hervor, daß das Verfahren

44

Spritzmittel einspart, weil seltener gespritzt werden müsse; außerdem stiegen die Erträge. Mit diesen Argumenten wird die angebliche Nachhaltigkeit begründet.

Die erfolgreichste transgene, also gentechnisch veränderte Pflanze, die bisher auf dem Markt ist, heißt *Round Up Ready* und ist eine herbizidresistente Sojabohne von Monsanto. Sie toleriert das firmeneigene Herbizid Glyphosat. Nach Angaben des Unternehmens sparten die Anwender im Schnitt 22 Prozent Herbizide im Jahr 1996 und 26 Prozent im Jahr 1997, und sie erzielten eine durchschnittliche Ertragssteigerung von 5 Prozent. Unabhängige Untersuchungen bestätigen diese Zahlen aber nicht. Im Gegenteil. Eine kürzlich vorgelegte Untersuchung der Universität von Madison wertete Daten vom Anbau in acht US-Bundesstaaten aus. 5172mal waren konventionelle Sorten eingesetzt worden, 3067mal *Round Up Ready*. Ihr Ertrag schwankte im Vergleich zur konventionellen Ernte zwischen 86 und 113 Prozent. Im Durchschnitt betrug er 96 Prozent.

Nur in Illinois und dem südlichen Michigan zeigten die „innovativen" Sojabohnen durchweg bessere Erträge als konventionelle. Und auch das nicht ohne ungeplante Nachhilfe: Die erwähnte Studie sagt aus, daß in der Regel zwei bis drei Spritzungen von *Round Up Ready* notwendig waren und zusätzlich zwei bis drei weitere Herbizide eingesetzt wurden, um wirklich alle Unkrautprobleme in den Griff zu bekommen. Damit könnte dieses System das teuerste sein, das jemals auf dem Feld eingesetzt wurde!

Wissenschaftler gehen davon aus, daß in Zukunft die Spritzmengen weiter steigen werden, da es bereits erste Anzeichen für tolerante Unkrautpflanzen in einigen Bundesstaaten gebe. Damit ist das Versprechen der Nachhaltigkeit für die RR-Sojabohne bereits widerlegt.

Ähnlich vollmundig ist das Konzept der *Insektenresistenz* als besonders nachhaltig angepriesen worden. Es wird auf 28 Prozent der Anbaufläche für transgene

Pflanzen erprobt. Dabei soll die Pflanze „sich selbst" vor Schädlingen schützen. Zu diesem Zweck sind insektengiftige Eiweiße aus dem Bodenbakterium *Bacillus thuringiensis* (Bt) in einer Reihe wichtiger Nutzpflanzen integriert worden. Bt-Mais, -Kartoffeln und -Baumwolle sind bereits auf dem Markt. Hinter der Entwicklung steht die Idee, Fraßschädlinge dadurch einzudämmen, daß sie gleich mit ihrer Nahrung ein Gift aufnehmen. Dadurch entfällt die Notwendigkeit, Insektizide zu spritzen. *Bacillus thuringiensis*, aus dem die Erbanlage zur Bildung des Gifteiweißes stammt, scheint auf den ersten Blick geeignet für den Eingriff: Es wird als umweltschonendes Spritzpräparat und eines der ganz wenigen natürlichen Schädlingsbekämpfungsmittel im biologischen Landbau eingesetzt.

Schon früh äußerten Kritiker des Konzepts, daß der dauerhafte Einbau in die Pflanze eine rasche Resistenzbildung bei ihren Freßfeinden zur Folge haben könnte und Bt als biologisches Spritzmittel wirkungslos machen würde. Damit würde in kürzester Zeit ein Mittel unbrauchbar, das über viele Jahrzehnte erfolgreich eine Alternative zur Agrochemie bot.

Daß es zur Resistenzbildung kommen wird, ist unumstritten. In den USA haben die Behörden deshalb für den Anbau von Bt-Pflanzen ein „Resistenzmanagement" zur Auflage gemacht. Die Landwirte, die Bt-Pflanzen nutzen, müssen vier bis zwanzig Prozent ihrer Felder für alte Sorten ohne Geneingriff als „Refugium" reservieren und ungespritzt lassen – sozusagen als Schlaraffenland, in dem sich die Insekten satt essen können. In Europa ist diese Vorsichtsmaßnahme nicht vorgeschrieben. Prognosen für die Baumwollproduktion unterstellen, daß es selbst mit Refugien je nach Insektenart nur zwischen vier und zehn Jahren dauern wird, bis die Insekten sich auch an die Bt-Sorten angepaßt haben. Dann werden wieder neue Sorten und Strategien gebraucht – was die Kassen der Saatgutfirmen füllt, aber mit Nachhaltigkeit nichts zu tun hat.

„Meine Generation war die erste, die sich unter der Führung der exakten Wissenschaften auf einen vernichtenden Kolonialkrieg gegen die Natur einließ. Die Zukunft wird uns dafür bestrafen."
Erwin Chargaff, Biochemiker und Nobelpreisträger

Bt-Präparate sind die am meisten genutzten biologischen Schädlingspräparate im biologischen Anbau. In einer Umfrage der Organic Farming Research Foundation der USA gaben mehr als 50 % der biologisch wirtschaftenden Farmer an, Bt-Sprays zu benutzen - 18 % brauchen es regelmäßig oder oft, 27 % gelegentlich und 12 % selten bzw. als letzte Möglichkeit.
The Gene Exchange 4/99

46

Chronik eines vergessenen Rechts
Das Recht auf Nahrung ist in folgenden internationalen Vereinbarungen enthalten:

- Universelle Menschenrechte von 1947

- Internationaler Pakt für wirtschaftliche, soziale und kulturelle Rechte, 1966

- Universelle Erklärung zur Beseitigung von Hunger und Unterernährung, 1974

- Erklärung der Rechte der Behinderten, 1975

- Konvention zur Beseitigung der Diskriminierung gegen Frauen, 1979

- Erklärung und Aktionsprogramm der Weltkonferenz über Agrarreform und ländliche Entwicklung, 1979

- Wiener Erklärung und Aktionsprogramm der Weltkonferenz für Menschenrechte, 1993

- Erklärung und Aktionsprogramm des Weltgipfels für soziale Entwicklung, 1995

- Erklärung über das Recht zur Entwicklung, 1986

- Erklärung der Rechte der Kinder, 1959

- Konvention der Rechte der Kinder, 1989

- Konvention 169 der Internationalen Arbeitsorganisation

- Aktionsplan zur Beseitigung des Welthungers, 1996

EvB-Magazin 1/98

Die dringendsten Probleme der Landwirtschaft und Ernährung lösen die neuen Konzepte nicht. Die oft wiederholte Verheißung, daß sie den Welthunger besiegen werden, klingt gut, ist aber unwahr und zynisch. Die Armen, die bereits heute kein Geld haben, um Hochleistungssaatgut zu erwerben, und denen auch die Mittel fehlen, sich Lebensmittel vom Markt zu leisten, können sich patentgeschützte High-Tech-Sorten schon gar nicht leisten.

Die Hoffnung darauf, daß die Genlandwirtschaft eine sanfte Alternative sei, die Umwelt und Ressourcen schone, ist ebenso illusorisch. Die Werbebilder der

Saatgutfirmen zeigen Monokulturen in gigantischem Maßstab. Wie die erste „grüne Revolution", so wird auch die zweite die Ackerböden ruinieren und Erosion, Versalzung und Wüstenbildung fördern. Denn egal, ob Herbizidresistenz oder andere Veränderungen – alle neuen Eigenschaften werden in jene alten Hochleistungssorten eingebaut, die hohe Ansprüche an Düngung und Bewässerung stellen.

Zusätzlich zu diesen alten beschert das Konzept eine Reihe von neuen Gefahren.

Risiken

Auskreuzung

Seit Beginn der Diskussion um Gentechnik im Freiland warnen Kritiker vor einer Hauptgefahr: der ungewollten Verwilderung von Nutzpflanzen und der Auskreuzung auf verwandte Unkraut- und Wildpflanzen. Sie haben recht behalten. Die Hoffnung, daß Gentransfers in freier Natur kontrollierbar bleiben, hat sich als Wunschdenken erwiesen. Der Anbau transgener Pflanzen verursacht „Gensmog", denn Pollenflug macht vor Nachbars Acker nicht halt. Damit gerät das Szenario von „Superunkräutern" ins Blickfeld. Viele Nutzpflanzen haben kreuzungsfähige Verwandte, die als Unkräuter angesehen werden. Würden solche Verwandten es schaffen, Gene für Herbizidresistenz, Insektenresistenz und Virusresistenz zu sammeln, können sie sich zu Problempflanzen entwickeln, die vor Insekten und Virusbefall geschützt und kaum mehr bekämpfbar sind.

In Europa ist der Raps *(Brassica napus)* Beispiel für eine Pflanze, die selbst sehr durchsetzungsfähig ist und eine Reihe von Verwandten hat, die nicht gern auf dem Acker gesehen sind. Eine Vielzahl wissenschaftlicher Untersuchungen belegt inzwischen, daß es ein Spiel mit dem Feuer ist, die Widerstandsfähigkeit einer solchen Pflanze absichtlich zu erhöhen.

Im Fachjargon heißen Ackerunkräuter und Ackerungräser Segetalpflanzen. Sie wachsen gegen den Willen, aber durch die unbeabsichtigte Mitwirkung des Menschen auf landwirtschaftlichen und anderen Nutzflächen. Segetalpflanzen können auch Kulturpflanzen sein, wenn sie in andersartigen Kulturpflanzenbeständen auftreten, z.B. Roggen in Wintergerste.
Fachlexikon ABC Biologie, Verlag Harri Deutsch, 1986

Rapssamen sind bis −20 Grad Celsius winterfest und über Jahre hinweg keimfähig. Sie verbreiten sich ungeplant – seit einigen Jahren wird ein verstärktes Auftreten von Raps an Ackerrändern, aber auch an Verkehrswegen festgestellt. Daß herbizidtolerante Sorten diese Eigenschaft teilen und ihre Samen sich über große Entfernungen verbreiten können, ist durch Studien bestätigt. Mit der Verwilderung von transgenem Raps muß also gerechnet werden. Außerdem belegen die Ergebnisse von Kreuzungsexperimenten den Genfluß von *Brassica napus* in Wildkrautpopulationen. Potentielle Partner für diesen als Hybridisierung bezeichneten Prozeß finden sich nicht nur in der Gattung *Brassica*, sondern auch in der weiteren Familie der Kreuzblütler. Unter Freilandbedingungen gelang eine Hybridisierung von Raps mit Rüben, Sareptasenf, Schwarzem Senf, Grausenf, Hederich und Ackersenf.

Transgener Raps, der eine eingebaute Toleranz gegenüber Herbiziden besitzt, hat einen Selektionsvorteil auf Flächen, die mit den entsprechenden Ackergiften in Kontakt kommen. Das sind nicht nur die Äcker selbst, sondern auch benachbarte Ökosysteme, da Ackergifte sich mit dem Wind verbreiten. Daß viele für Europa wichtige Nutzpflanzenarten die gleichen Herbizidresistenzgene tragen, erhöht das Risiko. Raps könnte nach diesem Szenario die Rolle der Pflanze spielen, die eine schnelle Resistenzentwicklung initiiert. Das resistente Unkraut würde sich auch auf den Feldern „nachhaltig" durchsetzen, auf dem die anderen herbizidresistenten Pflanzen gedeihen.

Mittlerweile wird deshalb auch für Herbizidresistenzen ein Resistenzmanagement diskutiert, wie es in den USA bei insektenresistenten Pflanzen vorgeschrieben ist. Das würde bedeuten: Für ganze Regionen würde über mehrere Anbauperioden hin zentral festgelegt, welche Pflanze mit welchen transgenen Eigenschaften auf welchem Acker angebaut werden darf. Der dafür notwendige Planungs- und Überwachungsaufwand wurde bisher noch kaum öffentlich thematisiert. Offensichtlich ist, daß die Landwirte in weitere Abhängig-

49

keiten und Zwänge geraten, die eigenständige Entscheidungen immer weniger zulassen.

Wirkung auf Nützlinge

Die Landwirtschaft teilt Insekten und andere Kleinstle-
bewesen in Nützlinge und Schädlinge ein. Nützlinge
sollen von Ackergiften verschont bleiben. Da insekten-
resistente Pflanzen Gifte produzieren, stellt sich die
drängende Frage, ob ihre tödliche Wirkung auf Schädlinge beschränkt bleibt. Dazu gibt es erst wenige Versuche. Doch sie sind geeignet, auch das Vertrauen von
Gentechnikbefürwortern zu erschüttern.

Zu den Nützlingen zählen Bestäuber wie Bienen
und Hummeln oder Florfliegen im Maisanbau. Florfliegenlarven ernähren sich unter anderem von Maiszünslerlarven. Schweizer Untersuchungen ergaben,
daß zwei Drittel der Florfliegenlarven nicht überleb-
ten, wenn sie Maiszünslerlarven fraßen, die durch
gentechnisch veränderte Bt-Maispflanzen vergiftet
worden waren. Die Florfliegen starben auch, wenn sie
andere Insektenarten fraßen, die das Toxin aufgenommen hatten, aber dadurch nicht geschädigt worden
waren.

Ähnlich alarmierende Ergebnisse zeigen schotti-
sche Experimente für Marienkäfer. Mit einem für Fa-
denwürmer und Läuse giftigen Eiweiß ausgestattete
Kartoffeln waren auch für die Käfer nicht mehr be-
kömmlich (siehe auch S. 51). Wenn sie sich von den
Läusen ernährten, verkürzte sich ihre Lebensspanne
um ein Drittel, und die Marienkäfer hatten deutlich
weniger Nachkommen. Solche schleichenden Veränderungen werden normalerweise kaum wahrgenom-
men. Werden die landwirtschaftlichen Schädlinge in
Zukunft durch ihre Feinde nicht mehr in Schach gehalten, bedeutet das weitere Artenverarmung – und noch
mehr chemischen Pflanzenschutz.

Transgene Pflanzen schädigen auch Bienen. Gen-
techniker experimentieren inzwischen damit, sogenannte Proteinaseinhabitoren in Ackerpflanzen einzu-
klonieren. Insekten, die diese Substanzen verzehren,

Die Artenvielfalt sorgt für
eine breite Palette an Genen,
die unsere Nutzpflanzen und
-tiere stark und widerstands-
fähig machen. Sie erbringt -
vor allem in Gestalt von Insekten - die Dienstleistung
der Bestäubung ohne die wir
uns nicht ernähren könnten.
Frösche, Fische und Vögel
sorgen für die natürliche
Schädlingsbekämpfung; Mu-
scheln und andre Arten von
wasserlebenden Organismen
reinigen unsere Wasservorrä-
te, Pflanzen und Mikroorganismen schaffen unsere Böden.
John Tuxill und Chris Bright,
Worldwatch Institute Report,
Zur Lage der Welt 1998

„Unser Los ist mit dem der
ganzen Natur enger ver-
knüpft, als wir meinen."
Jakob Bosshart

können Nährstoffe aus der Pflanze nicht mehr verwerten und gehen ein. Französische Untersuchungen zeigten: Bei Bienen führte die Aufnahme von Proteinaseinhabitoren bereits nach zwei Wochen zu deutlichen Einschränkungen des Geruchssinns. Sie waren nicht mehr in der Lage, nektarproduzierende Pflanzen zu erkennen. Ein Ausfall oder eine Einschränkung der Bestäubungsleistung von Bienen wäre für die Landwirtschaft eine Katastrophe.

Alle diese Untersuchungen beunruhigten Hersteller und Politiker kaum. Eine sofortige politische Reaktion erfuhr dagegen eine im Mai 1999 in der englischen Zeitschrift „Nature" veröffentlichte Studie zum Bt-Mais von Novartis. Gegenstand der Untersuchung waren Insekten, die nicht am Mais interessiert sind, sondern an Pflanzen aus der Umgebung der Maisfelder. Im Laborversuch hatten Wissenschaftler der amerikanischen Cornell-Universität Schmetterlingslarven mit Seidenpflanzen *(Asclepias curassavica)* gefüttert, auf die sie Pollen der transgenen Bt-Maispflanze gestäubt hatten. Damit simulierten sie eine Situation, die alltäglich ist, wenn der Wind den Maispollen auf diese am Rand amerikanischer Maisfelder häufigen Pflanzen weht. Das Testresultat war alarmierend. Die Hälfte der den Pfauenaugen ähnlichen Monarch- und Königsschmetterlingslarven verendete. In diesem Fall zog die EU-Kommission die Notbremse und setzte alle Zulassungsverfahren für Bt-Pflanzen aus. Die beiden bereits erteilten Zulassungen für Bt-Mais wurden aber nicht widerrufen, weil die Sorten in Europa erst auf wenigen Feldern ausgesät seien.

Allergien

Immer mehr Menschen leiden an allergischen Erkrankungen, immer häufiger von Kindheit an. Zu den Erregern allergischer Reaktionen gehören auch Lebensmittel wie Milchprodukte, Eier, Fisch, Nüsse, Tomaten oder Sojabohnen. Meist ist unbekannt, welcher Inhaltsstoff die Allergien auslöst. Echte Allergien werden immer durch Proteine verursacht. Hier kommt die

„... Zwischen Kindern und Erwachsenen finden sich in der Ansprechbarkeit auf Allergene beachtliche Unterschiede, die sowohl durch die unterschiedlichen Ernährungsgewohnheiten als auch durch die erhöhte Durchlässigkeit des kindlichen Darms für Lebensmittelallergene bedingt sind."
Wie funktioniert das? Die Ernährung, 1990

Gentechnik ins Spiel. Sie ermöglicht es, Bauanleitungen für Eiweiße auf Pflanzen oder Tiere zu übertragen, die diese Proteine normalerweise nie gebildet hätten. Die amerikanische Bundesgesundheitsbehörde (*Food and Drug Administration*, FDA) empfiehlt deshalb, Versuchen mit Genen aus allergieverdächtigen Orga-

Der Fall Arpad Pusztai

Im August 1998 trat Arpad Pusztai, Wissenschaftler am schottischen Rowett-Institut, in einer Talkshow des britischen Fernsehens auf. Er berichtete von Langzeitfütterungsversuchen mit gentechnisch veränderten insektenresistenten Kartoffeln. Seine Experimente waren den Ratten, die an ihnen teilnehmen mußten, nicht gut bekommen. Ihr Wachstum war gestört, ihr Immunsystem geschwächt.

Pusztais Forschungsfeld sind Lektine, Eiweiße mit insektengiftiger Wirkung. Gemeinsam mit anderen Wissenschaftlern hatte er das Lektingen aus Schneeglöckchen als besonders geeignet für den Einbau in Nutzpflanzen angesehen. Nun war er erschrocken und besorgt. Mit seinem Auftritt wollte er öffentliche Aufmerksamkeit dafür gewinnen, sorgfältigere und umfassendere Untersuchungen vor der Zulassung transgener Pflanzen einzuführen. Er wollte seine Mitbürger davor bewahren, selbst Versuchskaninchen zu werden.

Das Ergebnis seines Fernsehauftritts war ein Schock für den auf seinem Gebiet weltweit renommierten Forscher. Innerhalb von zwei Tagen wurde er von seiner Arbeit „freigestellt" und durfte das Institut nicht mehr betreten. Die Versuche wurden umgehend beendet. Eilig verfaßte – und von der Weltpresse ohne Rückfrage bei Pusztai übernommene – Presseerklärungen warfen Pusztai vor, Versuchsergebnisse vertauscht und falsch dargestellt zu haben.

Im Februar 1999 wendete sich das Blatt, nachdem 23 Wissenschaftler aus verschiedenen Ländern Pusztais Versuche und Ergebnisse überprüft hatten. Ihre Bilanz: Versuchsaufbau und Auswertung waren korrekt, wenn auch als vorläufig anzusehen. In jedem Fall sei es dringend notwendig, die Versuche fortzuführen.

Genau diese Forderung scheut die Industrie. Bisher ging man davon aus, daß es reicht zu prüfen, ob eine eingebaute Substanz, in diesem Fall also das Lektin, sich als Reinsubstanz für Versuchstiere als schädlich erweist. Doch in Schottland verzehrten die Laborratten die Lektine pur schadlos, erst die Kartoffeldiät mit dem neu eingebauten Gen ließ ihre Organe schrumpfen.

Bis heute ist ungeklärt, was genau diesen Effekt verursacht hat. Klar scheint, daß die bisherige Gesundheitsüberprüfung nicht ausreicht. Langzeitversuche à la Pusztai sind für gentechnisch veränderte Nahrungsmittel gesetzlich nicht vorgesehen und waren vorher an keiner Pflanze vorgenommen worden. Notwendig wären sie wohl auch für die inzwischen ohne solche Prüfung zugelassenen Sorten.

nismen prinzipiell zu mißtrauen. Die neugewonnenen Eiweiße seien als potentielle Allergene zu betrachten und entsprechende Tests durchzuführen.

Wie berechtigt diese Empfehlung ist, hat der Fall Paranuß gelehrt. Rund zehn Millionen Dollar hatte die Firma Pioneer Hi-Bred schon in die Entwicklung einer Sojabohne mit einem eingebauten Paranußgen gesteckt, als sich bei Laborversuchen eine böse Überraschung auftat. Das Gen sollte den Eiweißgehalt der Bohne erhöhen; eingeschlichen hatte sich jedoch auch das Allergenpotential. Pioneer Hi-Bred mußte alle Vermarktungspläne begraben.

Im Fall der Paranußsojabohne gab es Grund zum Allergieverdacht, und es gab Möglichkeiten, ihn im Vorweg zu testen. Ganz anders sieht es aus, wenn die Eiweiße aus Organismen stammen, die bisher nicht zu unserem Nahrungsmittelrepertoire gehören. Hierzu führt die US-Bundesgesundheitsbehörde aus: „Im Moment ist der FDA keine Methode bekannt, die es ermöglicht, vorherzusagen oder festzustellen, inwieweit neue Proteine in Nahrungsmitteln das Potential besitzen, Allergien auszulösen."

Trend gegen den Trend – Ökolandbau

Ist ökologischer Anbau mehr als ein Hobby für idealistische Landfreaks, die am Rand des Existenzminimums leben und einen Nischenmarkt bedienen? Die Antwort stand im hochangesehenen Wissenschaftsmagazin „Nature": Fünfzehn Jahre lang hatten amerikanische Agrarwissenschaftler in Pennsylvania akribisch konventionellen und organischen Anbau auf Mais- und Sojafeldern verglichen. Das Ergebnis: Die Ernteerträge und Wirtschaftlichkeit unterschieden sich kaum. Die Wirkungen auf Umwelt und Bodenfruchtbarkeit aber waren gewaltig.

Die Studie nahm drei Anbaumethoden unter die Lupe. Die konventionelle Variante setzte reichlich Pestizide und Kunstdünger ein, die beiden alternativen

Ökologischer Landbau in Westeuropa

Land	Anteil der Ökoanbaufläche 1998
Belgien	0,3%
Dänemark	2,4%
Deutschland	2,1%
Finnland	5,6%
Frankreich	0,4%
Griechenland	0,1%
Großbritannien	0,3%
Irland	0,5%
Island	0,7%
Italien	3,2%
Luxemburg	0,53%
Niederlande	0,9%
Norwegen	0,8%
Österreich	10,1%
Portugal	0,3%
Schweden	3,4%
Schweiz	6,7%
Spanien	0,6%

Teilweise zeigt der ökologische Landbau enorme Zuwachsraten. So wächst die Fläche in Norwegen jährlich um dreißig Prozent. In Dänemark werden im Jahr 2000 sieben Prozent der Anbaufläche ökologisch bewirtschaftet.

Willer, 1998

Das Statistische Amt der Europäischen Gemeinschaften (EUROSTAT) in Luxemburg veröffentlichte im Juli 1999 den „Bericht über Landwirtschaft und Umwelt" mit Fakten und Zahlen über Umweltaspekte der Gemeinsamen Agrarpolitik (GAP). Der Bericht bilanziert für 1985 ca. 6300 ökologisch wirtschaftende Betriebe und Umstellungsbetriebe in der EU. 1988 waren es schon über 100 000, was einer durchschnittlichen jährlichen Zuwachsrate von etwa 26 % entspricht, wobei der stärkste Anstieg seit 1993 zu verzeichnen war. In Griechenland, Spanien, Italien, Österreich, Finnland und Schweden betrug die Zuwachsrate in den letzten zehn Jahren 50 % und mehr. Auf diese sechs Länder entfallen fast 70 % aller ökologisch wirtschaftenden Betriebe der EU. Allein in Italien wurde 1997 die Zahl der Betriebe auf 31 000 geschätzt.
@grar.de Aktuell vom 26. Juli 1999

Anbauformen verzichteten darauf. Bei einer alternativen Anbauform wurde Viehhaltung einbezogen, bei der anderen nicht. Die Tiere wurden mit Gras und Hülsenfrüchten gefüttert, die in Rotation mit dem Mais angebaut wurden. Ihre Gülle diente als Stickstoffdünger. Beim alternativen System ohne Tierhaltung wurde

„Im ökologischen Landbau kommt dem Boden eine besondere Bedeutung zu. Sämtliche Produktionsverfahren müssen letztlich ihm dienen. Die Steigerung der natürlichen Bodenfruchtbarkeit durch Kulturmaßnahmen, die die Gesetzmäßigkeiten der Bodenregeneration und die langen Zeiten der Bodenbildung beachten, ist Grundlage einer dauerhaften Ertragsfähigkeit."
Ulrich Hampl, Ökologie & Landbau 2/99

In den Ländern der Europäischen Union ist der ökologische Pflanzenbau durch die Biokennzeichnungsverordnung (EG-VO 2092/91) gesetzlich geschützt. In der Schweiz gibt es seit 1998 ein Biogesetz, das auch in Liechtenstein gilt. In Island wird derzeit ein Gesetz erarbeitet. In Norwegen haben die Regeln der EG-Verordnung Gültigkeit.
„bio-land" 4/98

Stickstoff allein durch Hülsenfrüchte im Boden eingebracht.

Während sich organische Substanzen und Stickstoff bei beiden alternativen Anbauformen im Boden anreicherten, nahmen sie im konventionellen System ab. Außerdem wurde bei letzterem sechzig Prozent mehr Nitrat ins Grundwasser ausgewaschen. Die Autoren der Studie vermuten, daß es bei konventioneller Düngung schwieriger ist, die Düngergabe auf die Bedürfnisse der Pflanzen abzustimmen. Stickstoff und organischer Kohlenstoff aus Gülle werden langsamer freigesetzt; Verluste durch Auswaschung werden vermieden. Außerdem erwies sich der rotierende Anbau als überlegen im Hinblick auf die Bodenfruchtbarkeit.

Heute zahlen die Käufer ökologischer Produkte doppelt: Sie finanzieren einerseits die Subventionen einer europäischen Intensivproduktion, die sie nicht gutheißen. Und andererseits tragen sie die höheren Kosten, die Ökobauern mit ihrer Arbeit gegen den Trend leisten.

Daß trotzdem eine Entwicklung möglich ist, bei der der Biolandbau aus der Nische herauswächst, zeigt das Beispiel der Alpenländer. In der Schweiz bewirtschaften Ökobauern inzwischen 6,7 Prozent der gesamten Anbaufläche, in Österreich sind es sogar 10 Prozent – in einem Land, das mit den gleichen Zwängen und Bedingungen des Agrarsektors zu kämpfen hat wie die anderen EU-Staaten.

Deutschland liegt im westeuropäischen Maßstab im Mittelfeld. 6800 Ökobetriebe bewirtschaften derzeit rund 351 000 Hektar. Anders gerechnet: Ein Prozent der bäuerlichen Betriebe bewirtschaften rund zwei Prozent der landwirtschaftlichen Fläche. Der Trend ist positiv; innerhalb des letzten Jahrzehnts hat sich die Fläche verdreifacht.

Eine Studie des Instituts für Landschaftsökologie hat ein Szenario erarbeitet, wie sich der Ökolandbau in Deutschland innerhalb von fünf Jahren auf zehn Prozent der Gesamtfläche ausweiten ließe: Danach müßte der monatliche Warenkorb jedes Erwachsenen folgende Ökoprodukte enthalten: drei Brote à 500 Gramm, 1,5 Liter Milchprodukte, ein Pfund Kartoffeln, vier Eier, 25 Gramm Wurst, 50 Gramm Fleisch.

Die Lebensmittelindustrie hat ganz andere Visionen. Ihre Utopie geht hin zu einer Nahrung, der man die Herkunft aus der Nähe von Misthaufen und Äckern gar nicht mehr ansieht. In der ausgeklügelt komponierten Zusammensetzung erinnern die Mahlzeiten, die uns die Lebensmitteltechniker in Zukunft kredenzen wollen, eher an Medikamente als an Essen. Und wie in der Apotheke sind Risiken und Nebenwirkungen bei den Technomenüs von morgen nicht auszuschließen.

Willkommen im Schlaraffenland?
Zukunftstrends in der Welt der Satten

Die Qual der Wahl

Es mag ein Gerücht sein, daß die meisten Kinder heute lila Kühe malen, wenn sie aufgefordert werden, eine Kuh zu zeichnen. Tatsache ist: Kinder in den Industrienationen wissen häufig kaum noch, wie ein Bauernhof aussieht und was Weizenfelder, Tomaten und Kühe mit Spaghetti, Ketchup, Fruchtzwergen oder Pudding zu tun haben. Die Wahrnehmung von Lebensmitteln wird durch Industrie, Handel und Werbung bestimmt.

Die Deutsche Gesellschaft für Ernährung charakterisiert die aktuellen Ernährungstrends in Deutschland mit drei Begriffen: *vollwertig – Gourmet – Convenience*. Das heißt jedoch nicht, daß Fast-food-Ketten demnächst Bio-Pommes anbieten und statt Cola frisch gepreßten ungesüßten Ökoapfelsaft auftischen werden. Statt dessen erwartet den modernen Esser ein Potpourri vorgefertigter Kreationen, bereichert durch immer neue Komponenten, denen Studien gesundheitsfördernde Wirkung attestieren.

Ob die Lebensmittel der Zukunft damit auch bessere Qualität haben werden, bleibt abzuwarten. Seit Jahren geben die Kunden einen immer geringeren Teil ihres Einkommens für Nahrung aus. Wie drastisch die Preise, gemessen am Realeinkommen, gesunken sind, zeigt die Tabelle, die vergleicht, wie lange ein Arbeitnehmer im Jahr 1960 und 1999 arbeiten mußte, um Grundnahrungsmittel zu erwerben.

Convenience ist das Modewort für einen ausgeprägten Trend im Lebensmittelbereich. Es steht für Bequemlichkeit, Schnelligkeit, Flexibilität, aber auch für neue Verpackungsformen. Das Segment Convenience hat in Deutschland 1996 bereits 37 Milliarden DM umgesetzt. Die Branchenspezialisten rechnen mit einer Verdoppelung des Potentials innerhalb der nächsten zehn Jahre.
ZFL 49, 1998, Nr. 1/2

Supermarktwirtschaft: höhere Löhne, sinkende Preise
Wie lange mußte ein Deutscher arbeiten, um folgende
Produkte zu kaufen?

	1960	1999
1 Liter Vollmilch	11 Min.	3 Min.
1 kg Mischbrot	20 Min.	11 Min.
1 kg Zucker	30 Min.	5 Min.
250 Gramm Butter	39 Min.	5 Min.
10 Eier	46 Min.	7 Min.
250 Gramm Kaffee	1 Std. 46 Min.	12 Min.
1 kg Edamer	1 Std. 52 Min.	33 Min.
1 kg Brathähnchen	2 Std. 13 Min.	13 Min.
1 kg Schweinekotelett	2 Std. 37 Min.	36 Min.
0,7 Liter Weinbrand	5 Std. 01 Min.	40 Min.

stern, 7/1999

Zwischen 1960 und 1999 hat die Zahl der angebotenen Lebensmittel rasant zugenommen. Die Industrie spricht vom „knüppelharten Wettbewerb um die meisten Regalmeter" und reagiert mit einem immer hektischeren Innovationszyklus. In Deutschland kommen in jedem Jahr rund 10 000 Lebensmittelneuheiten neu in die Supermarktregale, 27 neue Kreationen pro Tag. Insgesamt sind nach Aussage des Göttinger Ernährungswissenschaftlers Volker Pudel 230 000 Barcodes für Lebensmittel vergeben. Sein Schluß: „Die Hauptaufgabe des Verbrauchers besteht darin, sich ständig gegen Lebensmittel zu entscheiden." Denn ein Vierpersonenhaushalt nutzt im Schnitt nur rund 120 verschiedene Produkte, ganze 0,5 Promille des Angebots.

Entsprechend hoch sind die Flopraten von Innovationen. Schon ein Jahr nach Markteinführung sind bereits 60 Prozent aller Backwaren, 40 Prozent der Süßwaren und 38 Prozent der Molkereiprodukte wieder aus den Regalen verschwunden.

Innovationen sind nicht nur über neue Lebensmittelprodukte möglich, auch neue Verpackungsformen und -größen sind Werkzeuge einer erfolgreichen Produktpositionierung. Bei Getränkekartons - bisher von 1-Liter-Gebinden dominiert - sollen Mini- und Maxi-Größen für neue Umsätze sorgen.
ZFL 49, 1998, Nr. 9

58

"In einer bedruckten 250 ml Weißblechdose bringt MAY Milch in Zusammenarbeit mit der Eifelperle Milch eG die neue Sahnekreation MAY Sahnewunder Himbeer auf den Markt. (...) Sprühfertig aus der Spraydose eignet sich das Erzeugnis als Ergänzung zu Eis, Desserts, Torten und Kuchen."
Milch News 8/97

Was wir essen, wie wir uns ernähren, was letztlich auf unserem Teller landet, ist weniger eine Frage unseres Geschmacks oder Appetits als vielmehr eine Frage politischer und wirtschaftlicher Interessen.
Ingrid Reinecke, Umwelt Erziehung 3/97

Aus Innovationsdiktat und Tiefstpreiszwang ergeben sich kaum auflösbare Widersprüche zu den versprochenen Gesundheits- und Gourmetqualitäten. Statt in Lebensmittelzutaten investieren die Konzerne immer stärker in Werbung und Aufpeppen ihrer Produkte, in Verarbeitung, Verpackung, Transport.

Die Markteinführung einer Innovation ist ein heikles Geschäft. Im Meer von 1,2 Millionen TV-Werbespots pro Jahr geht die Botschaft „Neu! Wirklich absolut neu! Ultraneu!" leicht unter. Schätzungen gehen davon aus, daß ein Werbeetat von fünf bis acht Millionen Mark nötig ist, um ein neues Produkt einigermaßen bekanntzumachen. Der Werbeerfolg hängt weniger von qualitativ hochwertigen Inhaltsstoffen ab als von der richtigen „Zielgruppenansprache", vom Witz der Werbekampagne und der Beliebtheit der Stars, die sich im TV-Spot verzückt Gummibärchen oder Joghurt einverleiben. Im Jahr 1996 gab die Süßwarenindustrie in Deutschland zum erstenmal mehr als eine Milliarde Mark allein für Schokoladenwerbung aus. Das sind 12,50 Mark pro Kopf vom Baby bis zum Greis.

Unermüdlich durchmustern Marktforscher das Volk, um zu ergründen, welche Segmente sie für *Eatertainment, Ethnofood* und *Energydrinks* begeistern können. Denn parallel zu den Gesellschaftstrends der vergangenen zwei Jahrzehnte haben sich neue Ernährungsstile entwickelt. Ursache sind die Zunahme der Singlehaushalte (von 1975 bis 1995 von 28 auf 36 Prozent), der Doppelverdiener (von 43 auf 59 Prozent), der erwerbstätigen Frauen (von 38 auf 43 Prozent) und die sinkende Kinderzahl pro Familie (von 1,8 auf 1,5).

Die soziodemographischen Veränderungen schlagen sich zwischen Küche und Eßzimmer nieder: Lust am Kochen und Zeit dafür nehmen ab. Mikrowellenmenüs ersetzen den Braten. Nach einer Statistik dauert die Zubereitung von Mittag- oder Abendessen in Arbeitnehmerfamilien nicht länger als fünfzehn Minuten. Die Fähigkeit schwindet, aus rohen Zutaten Mahlzeiten zuzubereiten. Die Abhängigkeit von der industriellen Nahrungsmittelverarbeitung wächst.

Zu Hause ersetzt Aufwärmen das Kochen. Der Boom der Tiefkühlkost ist ungebrochen; ihr Umsatz hat sich im Jahrzehnt zwischen 1986 und 1996 mehr als verdoppelt. Hit sind Fischstäbchen und Tiefkühlpizza. Zunehmend beliebt sind außerdem Snacks, Imbisse oder Menüs außerhalb der eigenen vier Wände – im Gegensatz zu den Umsätzen im Lebensmitteleinzelhandel steigen die der Gastronomie.

Gourmets und Körnerfresser

3400 Kilokalorien nimmt der durchschnittliche Deutsche pro Tag zu sich. Bei der Zusammenstellung scheiden sich die Geister allerdings gewaltig. Die Gesellschaft für Konsumforschung (GfK) teilt die Verbraucher nach ihren Ernährungsgewohnheiten in sechs Kategorien ein.

Rund ein Viertel bevorzugen als *Traditionalisten* die traditionelle bürgerliche Küche. Sie schätzen Hausmannskost, regionale und deutsche Lebensmittel sowie Markenware.

Es folgen die *Gourmets*. 19 Prozent wollen sich mit Essen verwöhnen und haben eine Vorliebe für Ethnofood.

Die *Preisbewußten*, Befürworter der schnellen deutschen Küche, mögen flotte Gerichte und neigen zur Skepsis gegenüber Pressemeldungen über gesunde Ernährung und Lebensmittelskandale. In diese Gruppe fallen 15 Prozent.

Die Gruppe der *Bequemen* ist genauso groß. Sie sind Anhänger der schnellen leichten Küche, halten Konserven für genausogut wie Frischware, achten dabei aber auf die Figur.

Die *Fast-food-Typen* glauben, daß prinzipiell zuviel Wirbel darum gemacht wird, wie man satt wird. Es sind 14 Prozent, die meisten von ihnen unter 40 Jahren.

„In Industrieländern sind 80% der konsumierten Nahrungsmittel nicht naturbelassen, sondern verarbeitet. Bis zu 70 % der Ausgaben für Lebensmittel geben Familien für verarbeitete Produkte aus. Während der Konsum von frischem Gemüse zurückgeht, hat sich der Verkauf von tiefgekühltem Gemüse verdoppelt."
EvB-Magazin 4/97

„Speziell für Kinder wird ‚Tigerenten-Müesli' angeboten, angereichert mit 10 Vitaminen und Kalzium, gesüßt mit Honig – mit Tierfiguren wie Janoschs Tigerente."
Messeneuheit ANUGA

„Als Gitarren, Smilies oder Kußmündchen werden Cracker der Knabbermischung ‚Happy Mix' im Standbeutel angeboten."
Messeneuheit ANUGA

Die *Ökologen* (12 Prozent) achten auf Lebensmittel ohne Zusatzstoffe und begeistern sich für Gerichte mit Getreidekörnern.

Als weitere spezielle Zielgruppe gelten die *Senioren*, die über hohe Kaufkraft verfügen und deren Bedürfnisse sich mit zunehmendem Alter verändern. Sie benötigen weniger Kalorien und stärkere Würze, denn der Geschmackssinn schwindet.

Als besonders wichtiges und kompliziertes Segment gelten *Kinder* und *Jugendliche*, die zunehmend über eigenes Geld verfügen, ein erstaunliches Markenbewußtsein besitzen – und ihre Vorlieben gegenüber den Eltern durchsetzen können. „Kids: Die Entdecker auf dem Food-Markt" heißt eine Studie, die der Ehapa-Verlag vor ein paar Jahren mit Sieben- bis Fünfzehnjährigen durchführte. Sie verblüfften die Marktforscher, denn sie erwiesen sich als Markenprofis. Spontan fielen ihnen insgesamt 700 Markennamen in 34 Produktfeldern ein, wohlgemerkt: ausschließlich bei Lebensmitteln. Ein Wunschkind der Werbewelt ist etwa die neunjährige Maja, von der die Marktforscher schwärmen: „Sehr aufgeweckt und interessiert. Hat die Mutter fest im Griff. Sie sagt der Mutter, was sie einkaufen soll, und das wird dann auch gekauft."

Ein Fazit der Untersuchung ist, daß es sich lohnt, die gesamte Lebensmittelwerbung verstärkt auf Kinder auszurichten. Als Komplizen der Industrie können sie dafür sorgen, daß Produkte ins Haus kommen, die ihre Eltern allein nie gekauft hätten. Im Jargon der Marktforscher: „Kinder sind neugierig und in jungen Jahren wie kaum eine andere Konsumentengruppe am Ausprobieren interessiert. Kinder können unmittelbar dafür sorgen, daß Produkte zum Probieren in den Haushalt gelangen. Ihre naturbedingte Neigung, alles sinnlich Wahrnehmbare auch wirklich ausprobieren zu wollen, sorgt in Verbindung mit ihren Einflußmöglichkeiten dafür, daß die Produktinformationen auch als Käufe verwirklicht werden."

Selbstbedienung mit Fremdkapital

Nach der Befragung ihrer Zielgruppe drückten die Interviewer eines Experiments 114 Versuchskindern eine Einkaufsliste und 100 Mark in die Hand und entließen sie in den Supermarkt. Anschließend beurteilten sie Verhalten und Fachkompetenz.

Jürgen S., 10 Jahre
Informiert sich stark durch die Werbung. Achtet aber auch sehr genau darauf, was auf der Verpackung steht und was in diesem Produkt alles drin ist. Wenn er bei den Inhaltsstoffen/Zutaten einige Wörter nicht versteht, dann kauft er das Produkt auch nicht.

Dragon D., 13 Jahre
Schlüsselkind. Kennt sich aus, weil er oft für die Familie einkauft, und bildet sich dabei aber sein eigenes Urteil. Beachtet Werbung sehr stark.

Sabine K., 10 Jahre
Überlegt sich viel zum Thema Verpackungsmüll. Kauft keine Produkte, die mehrfach verpackt sind, zum Beispiel Bonbons mit Außenverpackung und zusätzlich noch einzeln verpackt. Kauft keine Plastikbecher und -flaschen, macht auch die Mutter darauf aufmerksam.

Florian K., 13 Jahre
Ein ausgesprochener Feinschmecker, der die Produkte in allen sensorischen Dimensionen genau beschreiben kann. Ausgezeichnete Produktkenntnis, war kaum zu bremsen (...), liebt das Besondere und Edle.
Quelle: Ehapa, 1994

Fitneßdiktat und Wellness-Welle

Fit, gesund und schön – wer wollte das nicht sein? Die Ernährung der Zukunft soll uns dazu verhelfen und schafft einen neuen Leistungsdruck: Fitneß ist machbar – durch Ernährung.

In Zeiten und an Orten des Mangels galten Lebensmittel als ideal, die einen hohen Nährwert aufwiesen, also fett und deftig waren. Mit der Überversorgung hat sich der Anspruch in Richtung auf edle und gesunde Kalorien gewandelt. Seit Mitte der achtziger Jahre steigt der Anteil gesundheitsbewußter Verbraucher. In Umfragen geben vierzig Prozent der Verbraucher an,

Wellness – geheimnisvolle Kraft der Werbung

Das Elixier ist im dunkelgrünen TetraPak versteckt. Die Zutatenliste klingt kaum inspirierend: Wasser, Zucker, Zitronensaftkonzentrat, Grüntee-Extrakt, Säuerungsmittel Zitronensäure, natürliches Aroma, Antioxidationsmittel L-Ascorbinsäure. Doch die Botschaft auf der Verpackung des „Wellness-Drinks" ist an Verheißung kaum zu überbieten: „Man sagt, er berge die geheimnisvollen Kräfte des Fernen Ostens."

daß ihnen Frische im Gegensatz zu Konservierung besonders wichtig ist. (In Österreich nannten sogar zwei Drittel der Befragten Frische als wichtigstes Kriterium). Entgegen dem Trend im Lebensmitteleinzelhandel sind die Umsätze in Reformhäusern und Ökoläden gestiegen.

Die Rückbesinnung auf gesundes Essen ist auch auf den Imageverlust der Pharmaindustrie zurückzuführen. Zudem fühlen sich die Deutschen kränker als in den siebziger Jahren, obwohl ihre Lebenserwartung gestiegen ist. Und sie trauen der Schulmedizin nicht mehr: Bei Erkältungen benutzten 1997 zwei Drittel der Patienten Naturheilmittel, 1970 waren dies erst 41 Prozent.

An dieser Stelle kommt der Modebegriff *Wellness* zum Zug, der mit „ganzheitlichem Wohlbefinden, Einklang von Körper, Geist und Seele" assoziiert wird. Vor zehn Jahren von einem Werbefachmann kreiert, ist er inzwischen eine der Lieblingsvokabeln nicht nur im Naturkosthandel: Das Etikett Wellness tragen beispielsweise Enzymgetränke wie Kombucha, Wasserkefir oder Brottrunk – aber auch Mixturen von zweifelhaftem Nutzen.

Immer bunter, immer billiger, immer länger haltbar

„Erfolgreiches Marketing ist auch die Schaffung neuer Bedürfnisse", predigte der Saarbrücker Hochschullehrer Joachim Zentes auf dem Frankfurter *Convenience*

Meeting 98. Fieberhaft suchen die Unternehmen Wege, neue Bedürfnisse zu wecken und Marktnischen zu erobern. Die größten Gewinnspannen sind dort zu erwarten, wo sich Kunden etwas gönnen oder Produkte ihnen einen Zusatznutzen versprechen.

Als „Kristallkugel der Nahrungsmittelmärkte von morgen" sah sich die Trendshow auf der französischen Lebensmittelfachmesse *SIAL*, die im Oktober 1998 folgende Trends prognostizierte:

- Produkte für Figurbewußte *(Lightness)*

- Produkte gegen Streß, für neue Energie und Wellness *(Functional)*

- Nutraceuticals zur Gesunderhaltung des Körpers *(Medical, Nutritional)*

- naturbelassene und Bioprodukte *(Organic, Naturalness)*

- traditionelle Produkte, die aber modernen Ansprüchen gerecht werden *(Tradition, Sophistication)*

- Ethnoprodukte *(Cosmopolitanism)*

- durch Neuerungen aufgewertete Produkte des täglichen Bedarfs *(Variety)*

- Produkte mit hohem spielerischem Anteil *(Fun)*

- Produkte mit verbesserter Handhabung *(Ease of Handling)*

- zeitsparende Produkte *(Time saving)*

- fertig zubereitete Produkte *(Ready prepared)*

- Produkte von Unternehmen mit hohem Umweltbewußtsein oder/und gesellschaftlicher und sozialer Verantwortung *(Ethics)*

Die wenigsten VerbraucherInnen machen sich klar, daß Lebensmittelunternehmen keine überdimensionalen Küchen sind, sondern Chemiefabriken mit eßbarem Output. Das Raffinieren von Speiseöl erfordert

„Easy Diet-Kaugummi enthält Zitrin, das die Fettsynthese im Organismus beeinflußt, und Gymnemasylvestra-Extrakt. Letzterer mindert den süßlichen Geschmack. Zuckerfrei, gesüßt mit zahnverträglichem Xylitol."
Messeneuheit ANUGA

zum Beispiel ein gutes Dutzend Produktionsschritte inklusive chemischer Lösemittel. Das Fachbuch „Grundzüge der Lebensmitteltechnik" nennt als eine der verwendeten Chemikalien Hexan, ein Erdöldestillat, dessen Rückstände später durch „Entbenzinieren" wieder beseitigt werden: „Bei einer Temperatur von 100 bis 105 Grad wird das enthaltene Benzin bis unter 0,05 % entfernt."

Bevor eine Tütenmahlzeit oder ein Fruchtjoghurt zusammengerührt werden kann, müssen die ursprünglichen Inhaltsstoffe denaturiert werden. Bei Transport und Verarbeitung gehen Vitamine und Aroma verloren. Der Geschmack, der dabei auf der Strecke geblieben ist, wird bei der Weiterverarbeitung wieder hinzugefügt. Fortschritte in der Verarbeitungstechnik, neue Erkenntnisse der Lebensmittelwissenschaft sowie eine Unzahl von Hilfs-, Aroma- und Zusatzstoffen aus den Labors ermöglichen die Schaffung von Produkten, denen man die landwirtschaftliche Herkunft kaum noch ansieht: Nescafé und Milchpulver, vitaminangereicherte Nudeln, Backlinge und Fertigpudding, Lightprodukte aller Art und kalorienfreie Fettersatzstoffe.

Das Magazin „Future" (Nr. 1/1998) von Hoechst beschreibt angewandtes Food-Design am Beispiel eines Fun-Produkts: der Ketchup-Mayonnaise „rot-weiß" von Thomy. Zielpublikum ist die MTV-Generation. Für die Umsetzung der Produktidee aus der Marketingabteilung sorgte ein Team aus Lebensmittelchemikern, Verfahrenstechnikern, Köchen, Verpackungsdesignern, Psychophysikern und Ökotrophologen. Vor der Markteinführung (Slogan: „Komm in die Welt des gestreiften Glücks") stand eine mehrstufige Testphase, und es galt, komplizierte technische Probleme zu lösen.

Problem 1: die beiden Komponenten, die sich ursprünglich im Fließverhalten unterschieden, zu homogenisieren. Der Ketchup mußte verfestigt werden.

Problem 2: das Tubeninnere verfahrenstechnisch so stabil zu gestalten, daß die Rot-Weiß-Trennung appetitlich erhalten bleibt, auch wenn die Tube grob angefaßt wird. Zitat: „Es erforderte hohe Investitionen in den Maschinenpark, um diese Qualität in der Serienfertigung umzusetzen."

Problem 3: das Material für die Tube auszuwählen. Bei der Entscheidung für Aluminium gingen die Hersteller davon aus, daß die Umweltproblematik bei der anvisierten Zielgruppe keine Rolle spielt.

Problem 4: einen für den jeweiligen Markt zugeschnittenen Namen zu finden. „Rot-weiß" zog nur beim deutschen Publikum; für Österreich und die Schweiz erwies sich der Name als ungeeignet, da er mit den Landesfarben assoziiert wurde. Also wurde das Produkt in Wien „Ketch & Co", in Zürich „Ketchmy" getauft.

Welche Maschinen dafür sorgen, daß die Supermarktregale voll sind, ist auf Fachmessen wie der *Anuga Food Tec* zu bestaunen. Der Gerätepark enthält Schäl-, Knet-, Massier- und Käsebruchdosiermaschinen. Für jede Produktidee steht eine Kombination parat, um sie zu verwirklichen: Auf Pralinen warten die

Patent: Verfahren zur Herstellung eines Kindernährmittels

„Die erfindungsgemäßen, vorgelatinierten bzw. vorverkleisterten Instant-Getreideflocken werden normalerweise aus dem geeigneten Getreidemehl und verschiedenen Mineralzusatzstoffen hergestellt. Salze wie Calciumsulfat, Calciumphosphat oder Calciumcarbonat und andere Zusatzstoffe in kleineren Mengen einschließlich Vitamine, elektrolytisches Eisen, Phosphatide, zum Beispiel Lecithin und dergl. können eingegeben werden. Wahlweise kann eine kleinere Menge eines Fruchtpürees zugesetzt werden, zum Beispiel aus Bananen, Pflaumen, Erdbeeren, Äpfeln und dergl., oder es können synthetische Geschmacksstoffe zugesetzt werden. (…) Die Aufschlämmung wird danach einem zusätzlichen Erhitzen unterworfen, zum Beispiel in einem Tangentialerhitzer unter einem Druck von mehr als 2,11 atü. Das zweite Erhitzen bei hoher Temperatur und unter Druck bewirkt nicht nur eine Sterilisierung und Entaktivierung der Enzyme, sondern bildet augenscheinlich auch die Bedingungen für die Aufschlämmung, die letztlich eine grobe Textur oder ein grobes Gefüge ergeben, wenn das dehydratisierte Produkt schließlich rehydratisiert wird."

Offenlegungsschrift 26 13 100

„Auf Platz 1 hat die Jury ein Produkt der Molkerei Söbbecke in Gronau gesetzt, und zwar der neu entwickelte Sanddorn-Orange-Joghurt. Überzeugt hat dabei zum einen der ausgewogene Geschmack des Produkts und zum anderen die Tatsache, daß ein Fruchtjoghurt ohne zusätzliche Aromastoffe geschaffen wurde. Während im konventionellen Bereich zunehmend Früchte durch künstliche oder naturidentische Aromen ersetzt werden, geht die Tendenz im Naturkostbereich in eine andere Richtung."

„bioFach" April 98

„Multi-Rotations-Anlage für gefüllte Doppelform-Artikel" und die „Mogul-Anlage mit Spezial-Auspuder-System". Der „WM Super Twister" füllt die Wurst „mit einstellbarem Wurstkaliber" in den Naturdarm. Das System „YTRON-Z" hilft beim „Quark-Stretching". Und „Extruder", auf deutsch „Herausquetscher", pressen Teige jeder Art so raffiniert durch ihre Düsen, daß Frühstücksflocken oder Knabbereien in ungezählten bizarren Formen entstehen. Der Würzüberzug, das *Coating*, macht dabei aus aufgeplusterten Teigschlangen pikante oder süße Snacks.

Eine entscheidende Rolle spielt die Aromaindustrie. Als eines der ersten Aromaimitate haben Techniker 1874 Vanillin synthetisiert – aus dem Abfall von Sägemühlen; Vorläufer ist der Holzbestandteil Lignin. Weil der Molekülaufbau dem Vorbild genau gleicht, gilt Vanillin als naturidentisch. Seitdem haben die „Flavoristen" eine enorme Vielfalt an Retortenchemikalien entwickelt, die Zunge und Gaumen raffiniert täuschen.

Eine Broschüre der Firma Dragoco, die zu den Top ten im weltweiten Aromabusineß gehört, beschreibt den Unterschied zwischen Hausmanns- und Industriekost am Beispiel des Erdbeerjoghurts: „Der Konsument pflückt die Erdbeeren im Garten oder kauft die Früchte im Lebensmittelhandel bzw. auf dem Wochenmarkt, mengt sie (zerkleinert oder unzerkleinert) unter den Joghurt und verzehrt die Speise kurz nach der Zubereitung. Industrie und Handwerk müssen dagegen bei der Beschaffung vieler Rohstoffe mit langen Transportwegen rechnen und viele Lebensmittel haltbar machen (zum Beispiel durch Hitzebehandlung), da den Produkten oft noch ein langer Weg zum Verbraucher bevorsteht und der Konsument eine gewisse Haltbarkeitsdauer erwartet, wenn das Produkt schließlich in den Regalen des Lebensmittelhandels angeboten wird. Ohne dabei auftretende Aromaverluste auszugleichen, wäre die Herstellung und Vermarktung zahlreicher erstklassiger und preiswerter Lebensmittel, wie wir sie im Handel vorzufinden gewohnt sind und schätzen, gar nicht möglich."

Die Aromahäuser kennen Auswege. Unter den 10 000 verschiedenen Aromen befinden sich nicht nur seltsame wie „Trockenhuhn", sondern allein 130 „Rotfrucht"-Varianten, zum Beispiel vom Typ „Walderdbeere" oder „frisch gepflückte Gartenfrucht". Die Komponenten stammen aus der Retorte. Die gesamte Erdbeerernte der Welt würde nicht ausreichen, auch nur einen Bruchteil des Bedarfs an Erdbeerjoghurt, -quark und -eis zu befriedigen.

„Unser reichhaltiger Lebensmittelkorb enthält viele Produkte, die es ohne Aromen gar nicht gäbe. Typische Beispiele sind Limonaden, Brausen, Spirituosen, Knabberartikel, Speiseeis und andere Milchprodukte, Zucker- und Schokoladenwaren, Backwaren, Suppen, Saucen, Wurstwaren, Sauerkonserven, Fertiggerichte und Dessertspeisen", weiß die zitierte Dragoco-Broschüre zu berichten.

Doseneintopf, Tütensuppe, Tiefkühltorte – der gefragteste Zusatznutzen in einer hektischen Epoche ist Bequemlichkeit. Convenience-Produkte sparen Vorbereitungszeit. Die von der Industrie beigefügte Dienstleistung verleiht ihnen einen höheren Wert; sie können teurer verkauft werden. Selbst Restaurants schätzen zunehmend Convenience-Produkte, die teure Arbeitsstunden sparen. Nun erhitzen die Köche nur noch vorbereitete Systemkomponenten und arrangieren sie zu einem appetitlichen Gericht.

Mit Nachhaltigkeit, mit weltweiter Ernährungssicherung hat dieser Trend zunächst wenig zu tun. Convenience ist ein Trend bei den Übersatten und denen, die es sich leisten können. Convenience reagiert aber auch auf veränderte gesellschaftliche Bedürfnisse, auf die zahlreicher werdenden Singlehaushalte und allein lebende ältere Menschen. Für diese können Convenience-Produkte ein Segen sein – ermöglichen sie doch länger eine eigenständige Versorgung. Und schließlich lassen sich auch Convenience-Produkte in unterschiedlicher Qualität herstellen, können Nachhaltigkeitskriterien bei der Auswahl der Rohstoffe und der Art der Fertigung berücksichtigt werden.

„Köche und Kantinen greifen oft auf sie zurück: frische, schnell zubereitbare (Teil-) Fertiggerichte. Chilled Food heißt das Rezept, begrenzt gekühlte Frische das Prinzip. Die mittelständische Industrie kocht sie vor - und will damit jetzt auch viel frischen Wind in die Kühlregale des Handels bringen. Das Angebot ist groß."
Lebensmittel Zeitung Spezial 1/99

Auch in Naturkostläden sind Convenience-Artikel ein Renner. Insgesamt ein Drittel aller Interviewten bei einer Umfrage in Lebensmittelläden in Hessen wünschte sich Fertiggerichte in Ökoqualität, vierzig Prozent würden gerne Ökopizza kaufen. In Abgrenzung zu konventionellen Lebensmittelverarbeitern nutzen die Biobetriebe auch bei Convenience-Artikeln Zutaten aus ökologischem Anbau. Sie verzichten auf Geschmacksverstärker, künstliche Aromen sowie künstliche Farb- und Konservierungsstoffe und setzen besonders schonende Verarbeitungsverfahren ein.

Studien, Studien, Studien

Arthrose, Diabetes, Karies, Lebensmittelallergien, Magersucht, Übergewicht usw. – die „Zivilisationskrankheiten" nehmen stetig zu. Sie haben zu einem nicht geringen Teil mit Fehlernährung zu tun. Die Deutsche Gesellschaft für Ernährung listet die Risikofaktoren auf: Menge und Art der konsumierten Fette, Mangel an Ballaststoffen, geräucherte und gepökelte Lebensmittel, Zucker, Salz, Alkohol. Die Krankenkassen stöhnen über Ausgaben, die aus den daraus entstehenden Krankheiten erwachsen. Ernährungswissenschaftler Volker Pudel beziffert sie auf hundert Milliarden Mark.

Fast scheint es, als wäre Essen an sich eine Gefahr für die Gesundheit. Doch während Toxikologen Schimmelpilze, Nitrosamine und sonstige Risikofaktoren untersuchen, sind andere Wissenschaftler heilsameren Inhaltsstoffen auf der Spur. Und entdecken: Unsere Mahlzeiten enthalten eine Fülle gesundheitsfördernder Substanzen. Vor allem die sogenannten sekundären Pflanzenstoffe sind als wahre Zaubermittel ins Visier geraten. Es handelt sich dabei um diejenigen Substanzen, die nicht wie Kohlenhydrate, Fette und Eiweiß zum Nährwert beitragen. Ein riesiges Spektrum solcher „bioaktiven Substanzen", die chemisch aus ganz unterschiedlichen Verbindungen bestehen, findet sich in Blättern, Wurzeln, Blüten und Früchten pflanz-

„Essen und trinken ist des Menschen Leben (...). Wenn ihr gegessen und getrunken habt, seid ihr wie neu geboren; seid stärker, mutiger, geschickter zu eurem Geschäft."
Johann Wolfgang v. Goethe

Stoffgruppen bioaktiver Substanzen

● Sulfide, schwefelhaltige Wirkstoffe, die in Lauchpflanzen wie Knoblauch, Zwiebeln und Porree vorkommen.

● Glucosinolate, die sich gehäuft in Kohlgemüse finden und dessen typischen Geruch hervorrufen.

● Caritinoide, eine Stoffgruppe, zu der 600 Substanzen zählen, unter anderem das Beta-Carotin. Sie kommen in Karotten und Tomaten, aber auch in Grünkohl, Spinat oder Kürbis vor.

● Flavonoide und Phenolsäuren mit rund 4000 Substanzen. Dazu gehören Blütenfarbstoffe, mit denen die Pflanzen Insekten anlocken, aber auch Gerb- und Bitterstoffe, die zur Abschreckung dienen.

● Phytoöstrogene, pflanzliche Substanzen, die Hormone imitieren und blockieren können und zum Beispiel in Soja und Leinsaat vorhanden sind.

● Enzyminhibitoren und Saponine, die von der Ernährungswissenschaft lange als „antinutritive Substanzen" eingeschätzt wurden, deren positive Bedeutung jedoch langsam ans Licht kommt.

● Phytosterine, die den Cholesterinstoffwechsel positiv beeinflussen und sich in Pflanzenölen finden.

● Terpene, Hauptbestandteil der ätherischen Öle, die Heil- und Gewürzpflanzen ihren charakteristischen Duft verleihen.

Naumann, 1997

licher Organismen. Bekannte Beispiele sind die Vitamine oder die ätherischen Öle, die für Geruch und Würze sorgen.

Die pharmakologische Wirkung von Kamille und Salbei oder von Schlafmohn und Fingerhut ist Basis der Naturheilkunde. Erst neuerdings untersuchen die Forscher neben traditionellen Heilmitteln auch ganz normale Lebensmittel systematisch auf pharmakologisch wirksame Substanzen. Und finden zahlreiche belegbare Hinweise zum therapeutischen Nutzen. Ob Ginseng, Ginkgo biloba, Echinacea, Weißdorn – die

70

Der sogenannte „Teepilz" Kombucha ist als Volks- und Hausmittel in Rußland seit Generationen beliebt. Es handelt sich allerdings nicht wirklich um einen Pilz, sondern um eine Lebensgemeinschaft (Symbiose) von Hefen und Bakterien, die man mit Zucker und Schwarztee zusammenbringt. Während des mehrtägigen Gärprozesses verwandeln die Mikroorganismen die Nährlösung unter anderem in Cellulose, die sich als gallertartige Schicht auf der Flüssigkeit absetzt und wegen ihres pilz- oder schwammähnlichen Aussehens dem Teepilz seinen Namen gab.

Tomaten sind mehr als ein roter Farbtupfer im Salat. Die „Ärztliche Praxis" berichtet über eine zusammenfassende Auswertung von 72 Studien, die sich alle mit den gesundheitlichen Auswirkungen von Tomaten befaßten. Wer Krebs vorbeugen will, sollte reichlich davon essen. Der Schutzeffekt geht vom Antioxidans Lycopin aus. Für die anti-kanzerogene Wirkung spielt es keine Rolle, ob die Tomaten frisch, als Pizza-Auflage oder als Ketchup verzehrt werden.
pressedienst medizin + umwelt 2/99

Wiederentdeckung von Heilpflanzen der Ethnomedizin hat Hochkonjunktur.

Musterbeispiel ist der Knoblauch. Mittlerweile belegen Studien, daß er antikarzinogenes und immunsystemstimulierendes Potential hat und das Wachstum von bestimmten Bakterien und Pilzen hemmen kann. Popularität gewinnt in Europa auch der grüne Tee, der in China und Japan seit Jahrtausenden als rituelles und geistiges Getränk geschätzt wird. In diesem Fall identifizierten die Forscher unter anderem ein Gerbstoffderivat, das Krebs vorbeugen soll. Die mit Preiselbeeren verwandten Großfrüchtigen Moosbeeren sind in ihrer Heimat Nordamerika ein traditionelles Heilmittel gegen Harnweginfektionen. 1994 wurde ein wissenschaftlicher Beleg für die Wirkung publiziert; inzwischen kommen pro Jahr in den USA etwa 140 neue Produkte aus oder mit diesen Beeren auf den Markt, und auch in Europa steigt der Verzehr von Preiselbeeren in Müslimischungen und -riegeln, als Gelee und Saft oder in Kapseln mit Preiselbeerkonzentrat.

Gesundheit essen statt Pillen schlucken?

Beim Versuch, Erkenntnisse aus der Ernährungswissenschaft in die Supermarktregale zu transportieren, wählt die Lebensmittelindustrie den für sie logischen Weg. In den vielstufigen Verarbeitungsprozessen werden die ursprünglichen Rohstoffe ohnehin grundlegend umgemodelt. Im Zug des Zerhäckselns, Pressens, Siebens, Extrahierens, Destillierens, Mischens, Bedampfens, Entgasens, Filtrierens, Fermentierens ist es ohne viel zusätzlichen Aufwand möglich, das Fettsäurespektrum zu verändern, Zucker durch Süßstoff zu ersetzen, als wertvoll erachtete Extrakte hinzuzufügen oder neue Mikroorganismen einzubauen. Ergebnis sind sogenannte *Nutraceuticals* oder „funktionelle" Nahrung, die das Ziel hat, Körperfunktionen zu beeinflussen und der Gesunderhaltung, Leistungssteigerung und dem Wohlbefinden zu dienen.

Der Begriff *Nutraceutical* ist komponiert aus den englischen Wörtern *Nutrition* (Ernährung) und *Pharmaceutical* (Medikament). Als *Nutraceuticals* gelten Lebensmittel, die mit gesundheitsfördernden Zusatzstoffen angereichert sind. Beispiele sind *Energydrinks* und Wellness-Produkte.

Andere Begriffe aus der Welt des Food-Designs sind *Performance nutrition, Health food* oder *Functional food*. Damit werden Lebensmittel bezeichnet, bei denen ein oder mehrere Inhaltsstoffe ausgetauscht oder in ihrer Konzentration verändert sind, um ihren Beitrag zu einer gesunden Kost zu verbessern oder die Leistungsfähigkeit zu erhöhen. Darunter fallen zum Beispiel die „probiotischen" Sauermilchprodukte mit einer neuen Bakterienzusammensetzung. In Japan ist der Begriff *Functional food* nur für Nahrungsmittel mit nachweislich gesundheitsfördernder Funktion erlaubt. In Europa gibt es bisher keine juristisch genaue Definition; in der Praxis werden alle Bezeichnungen synonym gebraucht.

Die Begriffe *Functional food, Performance nutrition* oder *Nutraceuticals* kennzeichnen Zwitter zwischen Lebensmittel und Medizin. Im Unterschied zu ebenfalls gesunden Rohstoffen wie Milch oder Obst werden die Wirkstoffe für diese „Lebensmittel mit gekoppeltem Gesundheitsnutzen" nach genauer Rezeptur in der Fabrik zusammengefügt. Die Zutaten stammen nur zum Teil aus der Landwirtschaft. Fettersatzstoffe oder Vitamine lassen sich im großindustriellen Maßstab billig synthetisch herstellen. Langfristig erwartet die Branche für diesen Sektor höhere Umsätze als bei Medikamenten. Für den europäischen Markt prognostiziert die britische Unternehmensberatung *PA Consulting Group*, daß bis zum Jahr 2010 schon zwanzig Prozent der Lebensmittel *Functional food* sein werden. Vorreiter waren Wellness-Produkte wie *Energydrinks*, die Vitamine, Ballaststoffe und Mineralien enthalten.

In Abgrenzung zu Medikamenten beabsichtigen die „Lebensmittel mit gekoppeltem Gesundheitsnutzen" nicht Therapie, sondern Vorbeugung. Die Hersteller

Probiotische Produkte enthalten spezielle lebende Mikroorganismen. Regelmäßig verzehrt, sollen sie sich im Darm ansiedeln, die Darmflora günstig beeinflussen und somit gesundheitsfördernd wirken. Der Kunstbegriff „Probiotikum" basiert auf den griechisch-lateinischen Ursprüngen „pro" und „bios" und soll soviel wie „für das Leben" bedeuten.

Milch- und insbesondere Sauermilchprodukte gelten als Grundbausteine einer vollwertig zusammengesetzten Ernährung. Auch herkömmliche Sauermilchprodukte haben nachgewiesenermaßen bei regelmäßigem Verzehr eine positive Wirkung auf die Darmflora und das Immunsystem. Mit einem halben Liter Milch können drei Viertel der empfohlenen Zufuhr an Calcium gedeckt werden. Milcheiweiß ist neben Hühner-Eiweiß das biologisch hochwertigste Eiweiß.
Funktionelle Lebensmittel, eine Broschüre des „aid", 1999

können zeit- und kostenintensive Entwicklungsarbeiten sparen, weil klinische Prüfungen nicht erforderlich sind. Meist führen die Unternehmen allerdings freiwillige Tests durch, um einen solideren wissenschaftlichen Hintergrund für die behaupteten Gesundheitswirkungen zu liefern.

Die Zwitterstellung zwischen Medikament und Lebensmittel führt mitunter zu juristischen Auseinandersetzungen. Die Firma Pharmanex wollte „Cholestin" in den USA als cholesterinsenkendes Nahrungsergänzungsmittel vermarkten. Es beruht auf einem traditionellen chinesischen Heilmittel aus roter Reishefe. Dies stieß jedoch auf den Widerspruch des Pharmakonzerns Merck, dessen Medikament Mevacor ebenfalls den Wirkstoff von Cholestin, das Lovastatin, enthält. Merck bezeichnete deshalb Cholestin als nicht zugelassenes Medikament. Da die FDA der gleichen Ansicht war, mußte Cholestin vom Markt genommen werden.

Wie empfänglich Verbraucher für *Functional food* sind, zeigt das Beispiel der Probiotika. Es handelt sich um lebende mikrobielle Zusätze oder fermentierte Produkte, die ihre Wirkung über den Verdauungstrakt entfalten. Die Idee, sie zu nutzen, geht auf Ilja Metschnikow zurück, den russischen Medizinnobelpreisträger des Jahres 1908, der gegen „krank machende" Darmbakterien bulgarische Sauermilch mit *Lactobacillus acidophilus* empfahl. Auch heute werden Probiotika hauptsächlich in Buttermilch und Joghurt angeboten. Eingesetzt werden Mikroorganismen, die ursprünglich aus dem menschlichen Darmtrakt stammen, meist Laktobazillen, aber auch Bifidobakterien oder Streptokokken.

Das Pionierprodukt auf dem europäischen Markt, der Nestlé-Joghurt LC-1, wurde ein gewaltiger Verkaufserfolg und 1995 auf einer Messe als „innovativstes Produkt des Jahres" ausgezeichnet. Obwohl probiotische Milchprodukte rund ein Drittel mehr kosten als die herkömmlichen Alternativen, ist ihr Marktanteil beachtlich. Nach dem großen Erfolg der Sauermilchprodukte sind mittlerweile auch probiotischer

Brauchen Gesunde Probiotika?

Klinische Studien belegen zwar, daß bestimmte Probiotika bei Durchfallerkrankungen wirksam sind. Ob diese Wirkung aber auch bei Gesunden eintritt, ist fraglich. Sonstige behauptete Wirkungen wie Krebsvorbeugung, Cholesterinsenkung, Förderung des Immunsystems oder sogar Lebensverlängerung sind eher Wunsch als Wirklichkeit.

Die Mechanismen, die probiotischen Effekten zugrunde liegen könnten, sind nicht aufgeklärt. Über die Ökologie der gesunden menschlichen Darmflora ist kaum etwas bekannt. Meist liegen allenfalls experimentelle Daten von Labor- oder Tierversuchen vor, keine klinischen Studien am Menschen.

Es bleibt offen, ob die Langzeitaufnahme hoher Dosen von probiotischen Mikroorganismen für alle Bevölkerungsgruppen wirklich unbedenklich ist. Das Immunsystem könnte auch überstimuliert werden, oder es könnten sich bei geschwächten Personen Mikroorganismen in den falschen Organen ansiedeln. Als Alternative stehen die klassischen Sauermilchprodukte wie Joghurt, Kefir oder Kumys zur Verfügung, die sich aufgrund der Langzeiterfahrung, teilweise über Jahrtausende, in vielen Kulturen als sicher erwiesen haben.

Käse, Eis, Wurst, Müslis und Tiefkühlgemüse auf dem Markt zu finden.

Der Probiotikaboom geht weiter. Die erste Margarine mit cholesterinsenkenden Inhaltsstoffen kam vor zwei Jahren in Finnland auf den Markt – sie besteht aus Pflanzenöl und Holzbrei. Mit Vitaminen angereicherte Säfte (ACE-Drinks) sind mit steigender Tendenz auf dem deutschen Markt anzutreffen. In nächster Zeit werden mehr Produkte mit sekundären Pflanzenstoffen erwartet, zum Beispiel Getränke zur natürlichen Hormontherapie und Krebsprävention. Sie enthalten Isoflavone, die zu den pflanzlichen Östrogenen zählen.

Modefett der Gegenwart sind die Omega-3-Fettsäuren. Daß Herz-Kreislauf-Erkrankungen und Schlaganfall bei fischreicher Ernährung deutlich seltener auftreten, führen einige Wissenschaftler auf diese hauptsächlich in Fisch und Algen vorkommenden Substanzen zurück. Folge ist ein Omega-3-Marketing-Boom: Im Angebot sind Omega-3-Brot und -Frühstückszerealien. In Legebatterien streuen die Besitzer den Hühnern Algenpulverzusätze ins Futter, damit sie Omega-3-Eier legen. Wozu genau das gut ist, wissen

74

„Obwohl eine erhöhte Zu-
fuhr an Omega-3-Fettsäuren
empfehlenswert wäre, er-
scheint es doch fragwürdig,
ob dies mit entsprechend
angereicherten Lebensmit-
teln erfolgen sollte. (…)
Warum also nicht gleich ein
bis zwei Fischmahlzeiten pro
Woche verzehren und regelmäßig Omega-3-Fettsäuren-
reiches Lein-, Raps- oder
Sojaöl verwenden?"
*Funktionelle Lebensmittel,
eine Broschüre des „aid",
1999*

die Experten noch nicht: Während die Produkte in Japan zur Leistungssteigerung des Gehirns angepriesen
werden, sollen sie in Deutschland dem Schutz der Blut-
gefäße dienen und somit vor Herz-Kreislauf-Be-
schwerden und Schlaganfall schützen.

Zu schön, um wahr zu sein. Ein Forschungsteam
des Nationalen Instituts für Öffentliche Gesundheit in
den Niederlanden demonstrierte, daß die Gedächtnis-
leistungen von älteren Männern zwar bei fischreicher
Ernährung verbessert werden kann, nicht aber durch
die Einnahme von Omega-3-Fettsäure-Pillen. Auch negative Effekte wie die Störung der Blutgerinnung durch
Omega-3-Fettsäuren sind in der Diskussion.

Viele Supplemente und doch kein Ersatz

Die Anreicherung von Lebensmitteln mit isolierten Zusatzstoffen ist generell umstritten. Unter Fachleuten
gilt sie nur dann als sinnvoll, wenn eine Unterversor-
gung mit essentiellen Inhaltsstoffen droht, zum Beispiel Eisenmangel bei Schwangeren.

Sonst warnen Mediziner inzwischen eher davor,
daß die allgegenwärtige Beimengung von Vitaminen
und anderen essentiellen Nährstoffen zu einer bedroh-
lichen Überversorgung führen könne. Das Bundesin-
stitut für gesundheitlichen Verbraucherschutz hat inzwischen Obergrenzen für Vitamine und Spurenele-
mente vorgeschlagen, um einem exzessiven Konsum
entgegenzuwirken. Auch das deutsche Forschungsinstitut für Kinderernährung kritisiert die oft vor allem
für Kinder überhöhten Anreicherungen in Lebensmitteln.

Doch obwohl Ernährungswissenschaftler immer
wieder deutlich machen, daß ausgewogene Mischkost
der Gesundheit am meisten dient, blüht das Geschäft
mit Vitaminpillen, Spurenelementen und angereicher-
ter Nahrung. Viele halten den Zusatz essentieller Inhaltsstoffe trotz aller Warnungen für gesund. Sie glauben, daß es für die physiologische Wirkung egal ist, ob

man eine Substanz, zum Beispiel ein Vitamin, in Obst oder Gemüse verzehrt oder als Supplement. Diese Annahme ist nicht haltbar. Daß isolierte Zusatzstoffe sogar kontraproduktiv sein können, belegt das Beispiel Beta-Carotin.

Epidemiologische Studien in Europa hatten ergeben: In Regionen, in denen viel Gemüse und Obst verzehrt wird und der Beta-Carotin-Spiegel im Blut relativ hoch ist, tritt Lungenkrebs seltener auf. Die Folgerung, daß Beta-Carotin sich zur Lungenkrebsprävention eignet, klang schlüssig.

Die Anwendung entsprechender Vitaminsupplemente bei 29 133 stark rauchenden Männern in Finnland zeigte jedoch, daß die Testpersonen häufiger Lungenkrebs entwickelten als die Vergleichsgruppe. Zu ähnlichen Ergebnissen kam die CARET-Studie in den USA. Hier waren 18 314 Personen mit hohem Risiko, an Lungenkrebs zu erkranken, beteiligt; es waren asbestexponierte Arbeiter und starke Raucher: Nach vier Jahren wurden auch hier bei der Gruppe, die täglich hohe Dosen an Beta-Carotin und Vitamin A erhalten hatte, vermehrt Lungenkrebs (28 Prozent) und höhere Mortalität (17 Prozent) festgestellt. Die Studie wurde vorzeitig abgebrochen.

Isoliert aufgenommene synthetische Stoffe können sich in ihrem Wirkspektrum also von den natürlichen bioaktiven Substanzen unterscheiden. Die Konzentration auf einige als wertvoll erkannte bioaktive Wirkstoffe ist weder ausreichend noch sinnvoll, da Gemüse und Obst vielfältige noch nicht erforschte Substanzen enthalten, die ebenso zur ernährungsphysiologischen Wirkung dieser Nahrungsmittel beitragen können.

Warum Ernährungsstudien sich widersprechen

Die Fülle der Studien über Ernährung offenbart ein Dilemma: Erkenntnisse über ernährungsbedingte Krankheiten und ihre Prävention ändern sich ständig, sind widersprüchlich und Moden unterworfen. Seit

Heilend und heilig: Olivenöl

Nicht nur wegen seines hohen Gehalts an einfach ungesättigten Fettsäuren wird Olivenöl gerühmt. Schon die Römer nannten es „Olio santo", nutzten es als Salbe und rieben bei Abgeschlagenheit den ganzen Körper damit ein. In der Naturheilkunde gilt Olivenöl als galletreibend, entzündungshemmend und blutdrucksenkend und wird löffelweise als Abführmittel verabreicht.

Jahrzehnten streiten sich die Gelehrten zum Beispiel darüber, wie hoch der Fettanteil in der Ernährung sein sollte und in welcher Relation die einzelnen Fettsäurearten zueinander stehen sollten. Eine „Sieben-Länder-Studie" analysierte die Korrelationen zwischen Ernährung, Bluthochdruck, Cholesterinwerten und Todesfällen bei Herzkrankheiten von Männern mittleren Alters. Ergebnis: Bewohner der Mittelmeerländer schnitten gut ab – obwohl sie das tun, wovor Ernährungswissenschaftler dringend warnen: Sie essen mehr Fett und trinken mehr Wein, als die Schulmeinung für gesund hält.

Daraus schlossen die Forscher, daß es wohl doch nicht hauptsächlich darauf ankommt, wieviel, sondern welches Fett verzehrt wird. Sie einigten sich darauf, das in mediterranen Ländern traditionell genossene Olivenöl für besonders gesund zu erklären. Doch welche Rolle die Herkunft der Lebensmittel, das Klima, die südländische Lebensart, die Arbeitsbedingungen für Blutdruck und Herzversagen spielen, ist in solchen Untersuchungen nicht zu erfassen.

Wie untrennbar Lebensstil, Gesundheitsbewußtsein und Ernährung miteinander verbunden sind, hat die „Brandenburgische Ernährungs- und Krebsstudie" belegt. Sie untersuchte, wie sich Menschen ernähren, die eine Vorliebe für Mineralien, Vitamine, Eiweißkonzentrate, Kleie und Leinsamen, Bierhefe, Hefeflocken, Ballaststoffe oder Knoblauchpillen haben. Man verglich diesen Personenkreis mit Kontrollgruppen, die solche Supplemente nicht nutzten. Das Ergebnis: Diejenigen, die Mineralstoff- und Vitaminpräparate schätzten, waren generell gesundheitsbewußter. Sie verzehrten auch mehr Gemüse und Obst, nahmen also von vornherein mehr Vitamine, Mineralien und Ballaststoffe auf. Welche Rolle die ausgewogene Ernährung, die Nahrungsergänzungsmittel oder ganz andere Faktoren wie Bewegung, Schlaf, Streß für die Gesundheit spielen, bleibt in solchem Gefüge Spekulation.

Dazu kommt: Viele nicht statistisch erfaßte Faktoren tragen zur Krankheitsentstehung bei. Die menschliche Nahrung enthält regelmäßig sowohl Substanzen, die Tumoren hemmen, als auch solche, die sie fördern. Das relative Verhältnis dieser Substanzen zueinander variiert jedoch stark von Verbraucher zu Verbraucher. Demzufolge sind Ergebnisse wertlos, die sich auf einheitlich gefütterte Tiere beziehen. Mitunter sind günstige und ungünstige Substanzen in derselben Nahrung vereint. Als Beispiel können die organischen Schwefelverbindungen in Knoblauch und Zwiebeln dienen: Ihre antikarzinogenen Eigenschaften gelten, nach Auswertung entsprechender Tierversuche, nicht für alle Organe gleichermaßen. Während die Entwicklung von Tumoren in Darm und Niere gehemmt wird, kann sie in der Leber gefördert werden.

Unfreiwillig komisch wirkt die Diskussion um pflanzliche Gerbstoffe in Wein, Tee und Früchten. Es sind mitunter dieselben Studien, die einerseits hervorheben, daß diese Inhaltsstoffe die Gesundheit fördern, Krebs vorbeugen und Viren hemmen – und andererseits vor Risiken wie Leberschädigung, Minderung der Bioverfügbarkeit von Eisen und Vitamin B_{12} sowie Krebsgefahr warnen.

Daraus ergibt sich: Weil viele Randbedingungen unberücksichtigt bleiben müssen, unterscheiden sich die Ergebnisse ernährungsepidemiologischer Studien; endgültige Aussagen sind kaum möglich. Die Übertragbarkeit von Laborergebnissen oder Tierversuchen auf die Situation des Menschen ist zweifelhaft. Zur Dosierung von sekundären Pflanzenstoffen und anderen bioaktiven Stoffen in *Functional food* liegen noch keine ausreichenden Untersuchungen vor. Bei vielen Substanzen sind neben der behaupteten positiven Wirkung auch negative und sogar toxische Effekte bekannt. Synergistische und antagonistische Wirkungen bei Kombination mehrerer funktioneller Substanzen sind unerforscht. Und das Beispiel Olivenöl zeigt: Seit Jahrtausenden bewährte Kost zu genießen mag ein besseres Konzept für Gesundheit sein als eine Diät, die mit innovativen, also unbekannten Fettsäurekombinationen jongliert.

Zukunftstrends auf dem Acker

Viele Verbraucher lehnen gentechnische Experimente für ihr Essen strikt ab, akzeptieren aber Gentechnik in der Medizin. Für die Genlobby ein Ansatz, dem Publikum Feldversuche doch noch schmackhaft zu machen: Bei Genprodukten der zweiten Generation soll das Versprechen eines medizinischen Zusatznutzens die Vorbehalte zerstreuen.

Wissenschaftler und Journalisten überbieten sich gegenseitig in märchenhaften Verheißungen. Von „Sojachips gegen Herzinfarkt" schwärmt das Magazin „Focus". „Eßbare Impfstoffe" prophezeit das Hoechst-Magazin „Future" und bildet Bananenstauden ab, deren Früchte „eines Tages" vor Hepatitis, Diphterie und Cholera schützen sollen. Im Text ist dann zu lesen, daß die Banane sich noch gegen fremde Gene sperrt: „Bisher ist es nicht gelungen, eine transgene Sorte zu züchten." Die Utopie der Life-Science-Unternehmen: Auf den Äckern werden künftig Sorten gedeihen, die für *Functional food* maßgeschneidert sind. Wer sie patentiert, kontrolliert einen wachsenden Teil des Nahrungsmittelmarkts.

Der Sprecher einer Biotechtochterfirma des Chemieriesen DuPont antwortete in einem Interview auf die Frage, ob künftig Pharmafirmen oder Nahrungsmittelhersteller den Lebensmittelmarkt beherrschen werden: „An diesem großen Geschäft werden beide Sparten beteiligt sein, denn wir arbeiten zusammen." DuPont hat für drei Milliarden Dollar Biotech- und Agrarfirmen aufgekauft. Ein Entwicklungsziel sind Soja- und Rapspflanzen, deren Öl keine Transfettsäuren enthalten – in der Hoffnung, so Herzinfarkt, Osteoporose und bestimmten Tumorerkrankungen vorzubeugen. Monsanto entwickelt cholesterinsenkendes Maisfaseröl. Auch Omega-3-Fettsäuren, die aus tieri-

„Immer wieder wird erzählt, daß die Genetik, die Schlüsseltechnologie des 20. Jahrhunderts, auf dem Wege sei, das Leben zu verlängern, Krankheiten zu besiegen und den Hunger in der Welt zu überwinden. Aber dieses Versprechen beruht auf der falschen Prämisse, daß wir wissen, was wir tun. Das Gegenteil ist richtig: *Keiner kennt die Folgen.*"
Ulrich Beck, SZ vom 3. Juli 1999

"Wir investieren in den größten Markt der Zukunft. Ich bin davon überzeugt, daß in wenigen Jahrzehnten mehr als zwei Drittel aller Nahrungsmittel, die im Supermarktregal stehen, biotechnologisch verbessert wurden."
Nick Frey, Marketingsprecher der DuPont-Tochter PTI

schen Organismen stammen, sollen längerfristig in gentechnisch „verbesserten" Pflanzen produziert werden (siehe Seite 73f.).

Parallel dazu verwandeln sich Viehställe nach den Visionen der Biotechfirmen in lebende Fabriken. Deren Produktivkräfte sind genügsam. Es handelt sich um transgene Säuger, die Nahrungszusätze liefern. Die Firma Genzyme Transgenics versucht derzeit Prolactin, dem immunsystemstimulierende Eigenschaften zugeschrieben werden, in transgenen Ziegen produzieren zu lassen. Es soll als Nahrungsergänzungsmittel auf den Markt gebracht werden, um langwierige klinische Studien zu umgehen. Auch transgenen Kühen soll zukünftig Milch aus dem Euter fließen, die zum Beispiel mit Kalzium oder verschiedenen menschlichen Proteinen angereichert ist. Oder die in ihren Bestandteilen verändert ist und beispielsweise weniger Lactose oder Fett enthält.

Bleibt die Frage: Halten die Ergebnisse mit den Versprechungen Schritt? Wie steht es um die Verwirklichung von Nachhaltigkeit und Ressourcenschonung bei diesen Konzepten? Sind Ernährungssicherung und Nahrungssicherheit dabei mit im Blickfeld?

Ein nüchterner Blick in die Vergangenheit lehrt, daß die Hoffnung, alle Weltprobleme mit Hilfe von agrartechnischen Innovationen zu lösen, schon einmal gründlich gescheitert ist. Möglicherweise sind die Mangelkrankheiten in der Dritten Welt zumindest teilweise eine Folge der ersten „grünen Revolution". Sie hat die alte Sortenvielfalt von Mais, Reis und Weizen verdrängt und durch wenige ertragreiche Hochleistungssorten ersetzt – unabhängig vom Standort. Das wirkt bei nährstoffarmen Böden kontraproduktiv. Hier

„Ich bin der Ansicht, daß von transgenen Tieren hauptsächlich die großen Pharmakonzerne profitieren. Die landwirtschaftlichen Strukturen werden dadurch längerfristig zerstört. Furchtbar ist doch die Vorstellung, daß es nur noch landwirtschaftliche Industriebetriebe geben soll und der Bauer zum Zulieferanten für einige Pharmamultis degradiert wird. Denn allein Großkonzerne können sich die teuren Kühe oder Schafe überhaupt leisten."
Joachim Hahn, Tierärztliche Hochschule Hannover

waren nach generationenlanger Züchtung Sorten angebaut worden, die Mineralien effizient aus den Böden aufnehmen können und einen hohen Vitamingehalt aufweisen.

Die Euphorie über die Möglichkeiten der Gentechnik verstellt auch den Blick dafür, daß viele der Verheißungen sich womöglich einfacher und kostengünstiger auf konventionellem Weg erreichen lassen. Auch traditionelle Züchtung kann nährstoffreichere Nutzpflanzen hervorbringen und Mangelerscheinungen an essentiellen Mikronährstoffen wie vor allem Eisen, Zink und Vitamin A entgegenwirken. Diese Alternative will ein Projekt des *International Food Policy Research Institute* (IFPRI) erproben. Wenn zudem statt Monokulturen Mischkulturen und deren Anbaubedingungen gefördert würden, würden viele Ernährungsmängel erst gar nicht auftreten oder wenigstens nicht so verheerend.

Ein weiterer Vorteil: Diese Ansätze ließen sich sofort umsetzen, weitere zehn Jahre Forschungs- und -Entwicklungsinvestitionen wären nicht notwendig. Und es würde eine Menge Geld gespart, zum Beispiel die Kosten der Fehlernährung in den Industriestaaten.

Übergewicht trotz Light-Produkt

Vierzig Milliarden Dollar geben die Amerikaner jährlich fürs Abspecken aus – weit mehr als für Computer in ihren Privathaushalten. Trotzdem gilt nahezu ein Viertel der US-Bürger als chronisch zu dick. Trotz Light- und Low-fat-Produkten erfaßt die „Obesity-Epidemie" alle demographischen Schichten und Altersgruppen. Übergewicht ist nicht nur in den USA ein Gesundheitsproblem. Der Ernährungswissenschaftler Volker Pudel schätzt den Anteil behandlungsbedürftiger Dicker in Deutschland auf immerhin achtzehn Prozent. Übergewicht gilt als Risikofaktor für Diabetes, Krebs und Herz-Kreislauf-Krankheiten. Entscheidend ist allerdings weniger die Körperfülle als die geringe körperliche Aktivität. Eine gesündere Lebensführung ohne Abnehmen ist für Übergewichtige sinnvoller als Diätstreß ohne Fitneßprogramm.

Daß die Verheißung vom „Schlemmen ohne Reue" eine Illusion ist, zeigt die Geschichte der Light-Produkte. Seit ihrer Einführung nahm die Zahl der Übergewichtigen nicht ab, sondern zu. Offenbar läßt sich die physiologische Sättigungsregelung, die sich in Jahrmillionen der Evolution entwickelt hat, nicht einfach überlisten. Der Körper nimmt das Signal „süß" oder „fett" wahr, noch bevor der Magen-Darm-Trakt den Energiegehalt der Speisen analysiert hat. Wenn die von Aussehen, Geruch und Geschmack her ähnliche Mahlzeit aber statt Zucker Süßstoff und statt Fett ein Surrogat enthält, fühlt der Organismus sich genarrt – und rächt sich mit Mordsappetit. Daß dieser Mechanismus im Tierreich ähnlich funktioniert, hat ein Langzeitversuch mit Hunden belegt. Diejenigen, die mit Fettersatzstoffen gefüttert wurden, legten gegenüber der Kontrollgruppe mehr an Gewicht zu.

Lebensgefährliche Allergene

Die Häufigkeit von Nahrungsmittelallergien hat in den vergangenen fünfzehn Jahren stetig zugenommen. Etwa fünf Prozent der Kinder und zwei Prozent der Erwachsenen sind betroffen. In akuten Fällen reichen bereits geringste Mengen eines Allergens aus, um heftige, teilweise lebensbedrohende Reaktionen zu verursachen.

Als eine Hauptursache gilt die Vielfalt der Lebensmittel, mit denen Kinder heute schon früh in Berührung kommen. Allergologen glauben, daß sich das Immunsystem langsam an Reize gewöhnen muß. Sie empfehlen eine halbjährige Stillzeit und warnen davor, Babys täglich eine andere Müslibreikreation vorzusetzen.

In neuartigen Lebensmitteln stellen vor allem Zusätze auf Proteinbasis ein Risiko dar. Auch Aromastof-

„Der Fettersatz Olestra sorgt in den USA für Schlagzeilen. Die Substanz, die von der Firma Procter & Gamble kreiert wurde, soll schlanker machen, ohne daß auf die geliebten Chips und Snacks verzichtet werden muß. Olestra ist - wie Speiseöl - zwar ein Fett, kann aber aufgrund seiner Struktur vom Körper nicht abgebaut werden: Eiweiße im Darm können das Fettmolekül nicht zerhacken. Zahlreiche Firmen in den USA wollen den Fettersatz in ihre Chips und Snackprodukte einbauen. Doch es mehren sich Beschwerden über Durchfall und Bauchkrämpfe. Noch bedenklicher ist, daß Olestra auf seinem Weg durch den Verdauungstrakt wertvolle Vitamine und Karotinoide ausschwemmt."
Hoechst Magazin „Future" *1/98*

fe können Allergien oder Intoleranzen verursachen, selbst wenn sie nur in sehr geringen Mengen im fertigen Produkt vorliegen. Die Deutsche Gesellschaft für Ernährung schätzt, daß bis zu 15 von 10 000 Deutschen überempfindlich auf Zusatzstoffe reagieren.

Für Allergiker bedeuten moderne Lebensmittel mit immer zahlreicheren neuen und/oder neu kombinierten Inhaltsstoffen einen Alptraum. Für sie ist es bedrohlich, daß trotz der immensen Warenvielfalt manche Basisprodukte allgegenwärtig sind: Milchproteine, Sojabestandteile und Stärkederivate werden aus technologischen Gründen in Zigtausenden von Produkten verwendet. Wer auf sie sensibel reagiert, dem bleiben bei Industrienahrung wenig Ausweichmöglichkeiten.

Infektionen aus High-Tech-Fabriken

„Industriell verarbeitete Produkte sind sicherer als frische, unbehandelte Lebensmittel", behauptet Nestlé-Chef Peter Brabeck-Letmathe in einem Interview der „Wirtschaftswoche". Eine verwegene Aussage! Immunologen halten die Tatsache, daß schon das Immunsystem von Kleinkindern mit einer nie dagewesenen Stoffvielfalt aus unterschiedlichsten Babybreigerichten bombardiert wird, für eine wesentliche Ursache der Zunahme von Asthma und Allergien. Und Hygienerisiken lassen sich auch durch automatisierte Produktion und Vielfachverpackung nicht vermeiden.

Mikroorganismen überleben mitunter auch moderne Produktionsprozesse: Keime in Lebensmitteln reisen als blinde Passagiere im Welthandel mit. So haben Salmonellen in einem in Israel produzierten Snack-Produkt 1994/95 Konsumenten in England und Wales infiziert. Eine andere Salmonellenvariante emigrierte mit Alfalfasaat aus den USA nach Europa und gilt als Auslöser einer Salmonellenepidemie im Jahr 1995 in Dänemark. Keimbelastetes Paprikagewürz in Kartoffelchips forderte Durchfallopfer in Deutschland.

Gleichzeitig entstehen im Vorfeld der industriellen Verarbeitung neue Risiken. Die Massentierhaltung sorgt dafür, daß sich Tierseuchen schnell und großräumig ausbreiten, vor denen auch die Tiefkühl- und Fastfood-Kultur nicht immer schützen kann. Salmonellen sind Dauergäste in Legebatterien und bei der Hähnchenmast. In Deutschland wurden im Jahr 1996 knapp 100 000 Salmonelleninfektionen gemeldet, doppelt so viele wie 1985.

Eine neue Gefahr geht von EHEC-Bakterien (Enterohämorrhagische E.-coli-Bakterien) aus. Die pathogenen Stämme des Typs 0157 kommen im Rinderdarm vor und werden vor allem durch nicht ausreichend erhitzte Fleischwaren oder durch Rohmilch übertragen. Wenige Zellen im Lebensmittel reichen aus, um eine Infektion hervorzurufen.

Als medizinische Zeitbombe werten Mikrobiologen antibiotikaresistente Bakterien, die sich als Folge der Massentierhaltung bedrohlich vermehrt haben. Denn jahrzehntelang waren Antibiotika in europäischen Ställen nicht nur als Medikamente, sondern auch als Masthilfsmittel beliebt – die Tiere setzten besser Fett an, wenn man ihnen Antibiotika ins Futter streute. Diese Praxis hat Resistenzen gefördert, die die Behandlung von Infektionen erschweren und verteuern. Denn wer eine Infektion durch resistente Bakterien erleidet, dem helfen die gängigen Antibiotika nicht mehr.

Mitte September 1998 starb eine Frau aus Dänemark an einer Salmonellenvergiftung vom Typ DT104, nachdem sie Schweinefleisch verzehrt hatte: Die Bakterien waren gegen mindestens fünf verschiedene Antibiotika resistent. Auch Erreger vom Typ *Staphylococcus aureus* sind immer häufiger „multiresistent". Noch gilt das Antibiotikum Vancomycin als Rettungsanker. In New York und Hongkong hat aber auch dieses Mittel bei einigen Patienten nicht mehr voll gewirkt. Alternativen gibt es zur Zeit nicht. Auf Drängen des Robert-Koch-Instituts, das für Infektionsvorbeugung zuständig ist, wurde der jahrzehntelange Medikamentenmißbrauch durch Antibiotika im Viehfutter

„Bakterielle Gesundheitsrisiken in der Ernährung gehen von vermehrungsfähigen Infektionserregern in Lebensmitteln (Lebensmittelinfektion) aus oder von Toxinen, die manche Bakterienarten beim Wachstum in Lebensmitteln bilden, ohne daß die entsprechenden Mikroorganismen lebend mit der Nahrung aufgenommen werden müssen (Lebensmittelintoxikation)."
Wie funktioniert das? Die Ernährung, 1990

1998 EU-weit verboten – gegen den erbitterten Widerstand des Bauernverbands.

Der andere Weg zu Functional food

Das *Functional-food*-Konzept entspricht den Forderungen der Ernährungswissenschaftler nach salz- und fettreduzierter Kost mit höherem Ballaststoffanteil. Ein Becher probiotischer Müslijoghurt als Pausensnack ist sicher gesünder als eine Tüte Kartoffelchips und eine Tafel Schokolade. Sind die neuen Industrielebensmittel aber nachhaltig bzw. nachhaltiger als natürliche, die ausgewogen kombiniert werden?

Ein Nachteil ist deutlich. Convenience-Produkte werden in der Regel aufwendig verpackt und weit transportiert. Im Vordergrund stehen Merkmale wie Haltbarkeit und Verlängerung des Regallebens. Ein zweiter Einwand betrifft das psychologische Konzept. Wer sich vom Versprechen „Genuß ohne Reue" verführen läßt, gerät in die Falle. Lebensmittelkonzerne können dem Verbraucher die Verantwortung für eine gesunde Ernährung nicht abnehmen. Selbst wenn die Hersteller ihre Produkte sorgsam getestet haben, können sie nicht wissen, wie sie wirken, wenn man verschiedene Produkte zu sich nimmt. Beispiel Probiotika: Wie die Laktobazillen von Nestlé reagieren, wenn sie im Darm mit den Bifidobakterien von Müllermilch und den Streptokokken der nächsten Innovation zusammentreffen, ist unbekannt.

Eine über Generationen erprobte Alternative ist und bleibt *Functional food* aus der Natur. Auch wenn sie keiner so nennt, könnte man das ABC von Apfel, Birne, Chicoree & Co. wegen ihres hohen Gehalts an positiven Substanzen ohne weiteres in die „Nahrungsmittel mit gekoppeltem Gesundheitsnutzen" einreihen, ganz ohne Gentechnik, Patentierung und hohe Markteinführungskosten.

Die Produktion aus biologischem Anbau schneidet in dieser Hinsicht gut ab: Biolebensmittel enthalten in der Regel nicht nur mehr Mineralstoffe und weniger Nitrat- und Spritzrückstände. Die detaillierte Analyse belegt, daß Biolebensmittel das Zeug zum *Nutraceutical* haben – wobei die gesundheitsfördernde Wirkung bei ihnen schon auf dem Acker oder im Stall und nicht erst in der Fabrik entsteht. Bei einer Vergleichsstudie zeigte sich: Milch von Kühen aus ökologischen Betrieben hatten einen höheren Anteil sogenannter CLA-Fettsäure als Milch von Kühen aus Betrieben, die ganzjährig mit Silage und Kraftfutter gefüttert wurden. Diese Fettsäure wird derzeit intensiv erforscht, weil sie möglicherweise den Cholesterinspiegel senkt.

1998 lag der Pro-Kopf-Verbrauch von Trinkmilch in Deutschland bei 53,7 Liter.

CLA *(Conjugated Linoleic Acid)* ist eine spezielle ungesättigte Linolsäure, die in Rindfleisch und Milchprodukten vorkommt. Nur Wiederkäuer sind in der Lage, die in Pflanzen enthaltene Linolsäure durch Pansenbakterien in CLA umzuwandeln. CLA baut das Körperfett ab und unterstützt den Aufbau von Muskelmasse. Synthetische CLA wird aus Sonnenblumenöl hergestellt und ist unter dem Namen Tonalin auf dem Markt. Bodybuilder schlucken CLA in Kapselform, weil es Körperfett abzubauen und Muskelmasse aufzubauen scheint.

In den USA ist bereits CLA-angereichertes Pflanzenöl im Handel. Es wäre einfacher, diesen Inhaltsstoff in Biomilchprodukten zu sich zu nehmen, in denen er ohnehin vorhanden ist. An dieser Stelle wäre Forschung wünschenswert. Wissenschaftler könnten die Konzentration von als nützlich eingestuften Substanzen aus konventioneller Landwirtschaft und Ökolandbau vergleichen und die Bedingungen herausfinden, die die besten Varianten von *Functional food* aus der Natur erzeugen. Ergebnis könnte eine ganzheitliche Ernährungswissenschaft sein, die Carotinoide, Glucosinolate oder Laktobazillen nicht als isolierte bioaktive Substanzen betrachtet, die man in Nahrungsmittel „einbauen" sollte, sondern erkundet, in welchem Umfeld sie ihre Wirkung entfalten.

Wissen und Transparenz

Zu lernen, wie man eine Mahlzeit aus frischen, unverarbeiteten Grundzutaten zubereitet, erscheint in der Fast-food-Epoche überflüssig. In dem Maß, wie Kochkenntnisse schwinden, wächst die Abhängigkeit von vorgefertigten verarbeiteten Lebensmitteln. Welche Inhaltsstoffe die Hersteller einschmuggeln, bleibt abstrakt. Wer auf der Zutatenliste „Eipulver" liest, denkt nicht an fensterlose Legebatterien, in denen Hennen dicht gedrängt Gensoja fressen, das mit Antibiotika versetzt ist.

Eine weitere Folge der Gewöhnung an „Fabrik-Food" ist eine bedrohliche Geschmacksverirrung beim Nachwuchs. Eine bayerische Studie dokumentierte den Verlust des natürlichen Geschmackssinns und eine Überfrachtung mit industriellen Aromen und Geschmacksverstärkern bei Kindern: Weniger als die Hälfte der Sechs- bis Zwölfjährigen kann noch zwischen den Hauptgeschmacksrichtungen süß, sauer, salzig und bitter unterscheiden. Viele Kinder zogen das künstliche Grüne-Apfel-Aroma dem Geschmack eines echten Apfels vor.

Auch andere tradierte Erfahrungswerte gehen verloren. Bauern verlassen sich nicht mehr auf eigenes Wissen, sondern auf die Beipackzettel der Industrie und das Studium der Subventionsrichtlinien. Was sie und wie sie anbauen, schreiben ihnen zunehmend Vertragsfirmen vor. Eigenes Saatgut zu verwenden ist out. Städter haben kaum noch Gärten, in denen sie eigenes Obst und Gemüse ernten. Großmutters Hausmittel geraten in Vergessenheit.

Herrschte früher ein Mangel an Wissen über Zusammenhänge zwischen Krankheit und Ernährung oder Hygiene, so wächst heute die Unsicherheit darüber, was man noch essen „darf". Im Kräftefeld zwischen Lebensmittelskandalen, Fitneßdiktat und der Jagd nach Sonderangeboten können Konsumenten gesundheitsbezogene Aussagen kaum auf ihre Stichhaltigkeit überprüfen. Medien berichten häufig, aber widersprüchlich über das Thema. Bei der Werbung verschwimmen Wunsch und Wirklichkeit vollends.

Mangelnde Transparenz bewirkt Mißtrauen und Ablehnung. Bei einem Vortrag auf einer Fachmesse ermahnte Ernährungswissenschaftler Pudel seine Zuhörer aus der Lebensmittelbranche: „Eine zunehmende Entfremdung von Produkten und Verarbeitungstechniken kann zu einer emotionalen Verunsicherung des Verbrauchers führen, wenn nicht durch ausreichende Aufklärung dafür gesorgt wird, daß der emotionale Bezug zum ‚täglichen Brot' erhalten bleibt. Zur Zeit besteht eine große Gefahr, daß die Beziehung des Verbrauchers zu seinem Essen zur gestörten Beziehung wird."

In dieser Situation gewinnen internationale und europäische Gremien eine Schlüsselfunktion. Instanzen wie WTO und EU-Kommission haben heute einen größeren Einfluß darauf, was den Bürgern aufgetischt wird, als die nationale Politik. In Brüssel und Genf werden die Rahmenbedingungen für die Herstellung von Lebensmitteln festgelegt.

Juristerei im Warenkorb
Ferne Gremien als heimliche Herrscher über Standards und Normen

Delphine und Hormonfleisch vor internationalen Schiedsgerichten

Ganz selbstverständlich greifen wir beim Einkauf zu italienischen Nudeln, US-Thunfisch oder asiatischem Reis. Aber wer bestimmt, unter welchen Bedingungen diese Produkte in Deutschland verkauft werden dürfen? Welche Standards müssen sie erfüllen – deutsche, europäische, weltweite? Wer legt fest, welche Inhaltsstoffe als gesundheitlich unbedenklich gelten? Ob Kennzeichnung von gentechnisch veränderten Lebensmitteln, Verbot von Zusatzstoffen oder Bestrahlung – viele lebensmittelrechtliche Fragen werden inzwischen von nicht gewählten und weithin unbekannten Instanzen entschieden. GATT, WTO, Codex Alimentarius oder Agenda 2000 heißen die Kürzel, über die alle reden, aber nicht alle genug wissen. Es lohnt sich, etwas Licht ins Dunkel der Gremien und Paragraphen zu bringen. Es geht um Spannungen zwischen Freihandelsinteressen und Umweltschutz, zwischen Geld und Ethik.

Das GATT (General Agreement on Tariffs and Trade), das Allgemeine Zoll- und Handelsabkommen, ist quasi die *Bibel des Welthandels*.

Die Welthandelsorganisation WTO (World Trade Organization) ist die *höchste Wächterinstanz* in Handelsfragen. Die 1994 gegründete Organisation mit Sitz in Genf setzt die GATT-Richtlinien durch. Im Streitfall

„Die Bestimmungen zur Kennzeichnung neuartiger und gentechnisch veränderter Lebensmittel stellen sich nicht gerade durchgängig und transparent dar. So existieren ohne die Berücksichtigung von Lebensmittelzusatzstoffen, Aromen und Extraktionslösungsmitteln bereits vier verschiedene Verordnungen und Richtlinien, die je nach Ausgangssituation angewandt werden müssen."

ZFL 49, 1998, Nr. 5

können Staaten das WTO-Schiedsgericht anrufen (1. Instanz = *Panel*, 2. Instanz = *Dispute Appellate Body*). Dem Berufungsgremium gehören sieben Mitglieder an, die für jeweils vier Jahre ernannt werden. Es sind Fachleute für internationales Recht und Handel. Ihr Spruch ist nicht anfechtbar.

Die *Codex Alimentarius Kommission* (CAK), ein gemeinsamer Ausschuß von Weltgesundheitsorganisation (*World Health Organization,* WHO) und Welternährungsorganisation (*Food and Agriculture Organization,* FAO), agiert als *Drahtzieher* mit enormem Einfluß: Sie formuliert weltweit gültige Lebensmittelstandards.

Zwei für Umwelt und Lebensmittel wegweisende Entscheidungen veranschaulichen, wie direkt die fernen Gremien in unser Konsumleben eingreifen: der Thunfisch-Delphin-Fall und der Hormonfleischfall. Beide setzen Maßstäbe für die Frage, inwieweit der internationale Freihandel das nationale Recht auf hohe Umweltstandards oder Gesundheitsvorsorge einschränken darf. Der Thunfischfall zeigt, daß das Schiedsgericht der WTO Errungenschaften außer Kraft setzen kann, die Umweltschützer nach jahrelangen zähen Kontroversen durchgesetzt haben. Der Streit um die Hormone illustriert, daß immer häufiger nicht gewählte Politiker, sondern „Experten" die Standards im Verbraucherschutz beschließen.

Zum Thunfisch-Delphin-Fall: Im Südostpazifik schwimmen Delphine oberhalb von Thunfischschwärmen und dienen den Fischern damit ungewollt als Wegweiser: Beim Fang werden die Delphine mitsamt dem Thunfischschwarm mit Netzen umkreist. Dann wird das Netz am unteren Ende zusammengezogen und an Bord geholt. Ohne Fluchtwege haben die Delphine keine Chance zu entkommen. Die Zahl der im Südostpazifik in den letzten Jahren auf diese Weise getöteten Delphine beläuft sich auf über sechs Millionen.

Für US-Fischer ist eine Ausstiegshilfe für Delphine längst Pflicht; Mexikaner aber fischen noch mit alten Netzen. US-Umweltschutzverbände erzwangen deshalb ein Importverbot für Thunfisch aus Mexiko. Dort

Hormone steuern die wichtigsten Körperfunktionen. Sie regeln das Wachstum, das Zusammenspiel der lebenswichtigen Organe und natürlich auch Sexualität und Fortpflanzung. Sie sind hochwirksam und werden jeweils nur kurzzeitig in geringen Konzentrationen gebildet.

ist die Fischerei ein wichtiger Wirtschaftsfaktor; einzelne Firmen exportieren fast ausschließlich in die USA. Mexiko monierte das Importverbot und den für die moderne Fangmethode der US-Fischer eingeführten Aufdruck *dolphin friendly* auf dem Etikett der Thunfischdosen als unzulässige Handelsbeschränkungen und beantragte ein Schiedsgerichtsverfahren bei der WTO. Das Schiedsgericht erklärte das Importverbot für unzulässig. Das freiwillige Label „delphinfreundlich gefangen" beanstandete es dagegen nicht.

Zum zweiten Fall: Müssen Europäer US-Hormonfleisch schlucken? Jein! Nach verschiedenen Hormonskandalen verbot die EU 1988, Hormone in der europäischen Tiermast zu verwenden und Hormonfleisch einzuführen. In den USA erhalten dagegen auch heute noch 75 bis 95 Prozent der Mastrinder regelmäßig Hormone. Die amerikanische Regierung empfand das Importverbot als unzulässiges Handelshemmnis. Sie antwortete mit Beschränkungen für EU-Produkte wie Nudeln, Tomatenmark und Zitrusfrüchte und beantragte schließlich gemeinsam mit Kanada, ein WTO-Schiedsgericht einzusetzen.

Beide Gerichtsinstanzen entschieden, daß das Importverbot in der jetzigen Form unzulässig ist. Die EU bekam in der Berufungsentscheidung allerdings noch die letzte Chance, innerhalb von fünfzehn Monaten eine neue Hormonrichtlinie mit präziserer Risikoabschätzung zu erlassen. Die Frist lief im Mai 1999 ab, bevor die entsprechenden Studien fertig waren. Prompt beantragte die amerikanische Regierung bei der WTO, nun Strafzölle verhängen zu dürfen, da sich die EU weiterhin weigert, hormonbehandeltes Fleisch nach Europa einzuführen.

Widersprüche
Das gentechnisch hergestellte Wachstumshormon Somatosalm wurde von der EU-Kommission für die Lachszucht zugelassen. Das Hormon hat chemische Ähnlichkeit mit dem Rinderhormon BST, das in den Vereinigten Staaten eingesetzt werden darf, in der Europäischen Union allerdings bis 1999 verboten ist.
ZFL 48, 1997, Nr. 5

GATT und WTO: die Motoren des Welthandels

Die Grundidee des GATT wurde 1947 von 23 Gründernationen festgelegt und ist einfach: Der Welthandel soll langfristig Schritt für Schritt von Zöllen und anderen

Handelshemmnissen befreit werden. Das GATT-Welt-handelssystem hat zur weltwirtschaftlichen Prosperität der Nachkriegszeit entscheidend beigetragen. Seine Bedeutung drückt sich auch in der ständig wachsenden Mitgliederzahl aus: 1994 hatten 126 Staaten das Abkommen unterzeichnet.

Diese Erfolgsbilanz konnte nicht über Mängel des GATT hinwegtäuschen: Die Mitgliedsländer hielten sich keineswegs an die vereinbarten Regeln. Außerdem hatten Belange von Entwicklungsländern beim ursprünglichen Abkommen kaum eine Rolle gespielt. Dem GATT fehlten nun die Instrumente, seine Regeln durchzusetzen und die eigene Philosophie weiterzuentwickeln.

Im April 1994 wurde die sogenannte Uruguay-Runde beendet. Fast acht Jahre lang hatten die GATT-Mitgliedstaaten darum gerungen, einen Mittelweg zwischen unbeschränktem Freihandel und nationalen Schutzinteressen (Protektionismus) zu finden. Ergebnis war die Gründung einer neuen eigenständigen Handelsorganisation, der WTO. Damit hat das GATT-Abkommen allerdings nicht ausgedient. Es bleibt in der Fassung von 1994 Rechtsgrundlage der WTO.

Die Hauptziele der WTO sind: Erhöhung des Lebensstandards, Sicherung der Vollbeschäftigung, Steigerung der Realeinkommen und Ausweitung von Produktion und Handel. Außerdem erwähnt die Präambel ausdrücklich das Ziel, den Entwicklungsländern einen Anteil an den Wohlstandsgewinnen zu sichern. Sie betont auch die Wichtigkeit der nachhaltigen Entwicklung und der Erhaltung der Umwelt – allerdings mit einer entscheidenden Einschränkung: Die Ziele sind am jeweiligen wirtschaftlichen Entwicklungsstand der Mitgliedstaaten zu messen. Und insgesamt bleiben die Kriterien unverbindlich. Von einer Einbettung der Nachhaltigkeit in die tatsächliche Handelspolitik ist nur wenig zu erkennen.

Eine Schlüsselrolle für die WTO-Schiedsgerichtsentscheidungen spielt Artikel XX des GATT-Abkommens. Er legt fest, unter welchen Bedingungen

Mitgliedstaaten bestimmte Handelshemmnisse errich-
ten dürfen, die nach der GATT-Philosophie ja eigentlich verboten sind. Abweichungen vom Ziel der
vollständigen Handelsfreiheit sind unter anderem erlaubt, wenn übergeordnete öffentliche Politikziele betroffen sind. Darunter fallen zum Beispiel „Maßnahmen zum Schutz des Lebens und der Gesundheit von
Menschen, Tieren und Pflanzen" oder die Erhaltung
erschöpfbarer Ressourcen.

Die Vorschriften des Artikel XX werden von Ken-
nern der Materie als *most troublesome GATT excep-
tions* – lästigste Ausnahmeregelungen – charakterisiert. Wer sie anwenden will, muß belegen, daß die
Handelsbeschränkungen eine *notwendige* Maßnahme
darstellen, zum Beispiel, um die Umwelt zu schützen.
Welch gravierende Konflikte zwischen Freihandel,
Umweltschutz und Verbraucherinteressen dabei in
der Praxis entstehen, zeigt unter anderem die genannte Thunfisch-Delphin-Entscheidung. Nach der Rechts-
auffassung beider WTO-Panels sind nationale Maßnahmen zum Umweltschutz unwirksam, wenn sie sich
auf Gebiete außerhalb der Rechtshoheit des jeweiligen
Mitgliedstaats erstrecken. Ein anderer Fall mit ähnli-
chem Ergebnis ist das Urteil gegen den Schutz von
Meeresschildkröten.

Meeresschildkröten sind nach dem Washingtoner
Artenschutzabkommen eine vom Aussterben bedrohte
Art. Jährlich gehen bis zu 150 000 Schildkröten in
engmaschigen Netzen zugrunde, die beim Garnelen-
fang eingesetzt werden. In den USA sind Fischer deshalb verpflichtet, ihre Netze mit Ausstiegshilfen für
Schildkröten zu versehen. Es gilt ein Importverbot für
Garnelen aus Ländern ohne wirksamen Schildkrötenschutz.

Gegen dieses Verbot klagten Indien, Malaysia, Pa-
kistan und Thailand unter Berufung auf ihre Freihandelsinteressen. Die WTO gab dieser Klage im Herbst
1998 endgültig statt und forderte die USA auf, das Ein-
fuhrverbot aufzuheben. Zwar sei Schildkrötenschutz
prinzipiell legitim, er solle jedoch im Rahmen multila-

teraler Abkommen vereinbart werden. Das aber, so fürchten Naturschutzexperten, käme einem Todesstoß für die Schildkröten gleich.

Einmal mehr hat die Liberalisierung des Welthandels den Umweltschutz überholt: Wenn Handelssanktionen zum grenzüberschreitenden Umweltschutz nicht erlaubt sind, ist eine wirkungsvolle internationale Umweltpolitik kaum möglich. Daß solche für die Zukunft der Erde entscheidenden Fragen auf Dauer nicht einem Schiedsgericht von mehreren Handelsexperten überlassen bleiben dürfen, ist inzwischen auch der WTO selbst klar. Dieses Thema ist einer der zentralen Punkte in der internationalen Diskussion über Welthandel und Umwelt.

"Nicht nur die Freiheiten, auch die Pflichten von Staaten und internationalen Unternehmen müssen globalisiert werden."
Rainer Engels, Germanwatch

Nahrungsmittelsicherheit – ein Spielball für Expertenstreits

Zur WTO-Agrarordnung gehört das "Übereinkommen über die Anwendung gesundheitspolizeilicher und pflanzenschutzrechtlicher Maßnahmen." (SPS). Wie beim Artikel XX geht es um Maßnahmen, die dem Schutz des Lebens und der Gesundheit von Menschen, Tieren und Pflanzen dienen.

Kern der Philosophie ist auch hier: Nationale Schutzmaßnahmen sind nur dann zulässig, wenn sie "notwendig" sind. Und als "notwendig" gelten sie erst, wenn sie internationalen Normen, Richtlinien oder Empfehlungen entsprechen. Gewissermaßen durch die Hintertür, nämlich im Anhang A, Absatz 3 des SPS, kommt die *Codex Alimentarius Kommission* (CAK) ins Spiel: Dort heißt es, daß für die Nahrungsmittelsicherheit die von der CAK beschlossenen Normen, Richtlinien und Empfehlungen richtungweisend sind. Damit sind die Codex-Standards für GATT-Mitglieder quasi verbindlich.

Dieser Passus hebelt nationale Politik aus und macht Gesundheitsvorsorge und nationale Standards zum Spielball für Expertenstreits. Mitgliedstaaten müssen nun wissenschaftlich fundiert nachweisen, daß internationale Bestimmungen und Standards für das eigene Land nicht ausreichen und unangemessen sind. Verlangt wird eine „Prüfung und Bewertung verfügbarer wissenschaftlicher Angaben gemäß den einschlägigen Bestimmungen".

Eine folgenschwere Regelung: Wenn Substanzen oder Verfahren nicht offiziell von der CAK verboten sind, wird es fast unmöglich, den Import von Produkten, die hormonbehandelt oder radioaktiv bestrahlt wurden, zu unterbinden. Daß diese Methoden für die Lebensmittelproduktion unnötig sind, reicht als Argument nicht aus.

Die Codex Alimentarius Kommission

Ins Leben gerufen wurde die CAK schon 1962. In ihr sind derzeit 169 Länder vertreten. Die Kommission trifft sich alle ein bis zwei Jahre. Die eigentliche Arbeit leisten 28 Ausschüsse, die somit zum Dreh- und Angelpunkt der weltweiten Gesundheitsstandards werden. Die Aufgaben der CAK sind:

- Festsetzung von Lebensmittelstandards („Codex-Standards"),

- Festsetzungen in bezug auf Lebensmittelkennzeichnung,

- Festsetzungen in bezug auf Lebensmittelsicherheit und -hygiene.

„Nicht nur, aber auch im Lebensmittelbereich existiert eine Vielfalt von Kennzeichen, um dem Konsumenten die Sicherstellung einer definierten Qualität zu signalisieren. Eben diese Vielfalt ist dafür verantwortlich, daß der Verbraucher die Signalwirkung am Ende nicht mehr wahrnimmt."
ZFL 49, 1998, Nr. 4

Den Länderdelegationen und Ausschüssen können beliebig viele Mitglieder angehören, allerdings ist nur eines pro Land stimmberechtigt. In der Regel werden Regierungsvertreter von Wissenschaftlern, Beamten, Angehörigen der Industrie- und Handelskammern oder der Industrie als Beratern begleitet. Wie stark die Lobby der Industrievertreter gegenüber den Mitgliedern von Umwelt- und Entwicklungsorganisationen ist, zeigt ein Zahlenvergleich: 448 Delegierten der privaten Wirtschaft standen in einer Sitzungsperiode 8 Vertreter von Nichtregierungsorganisationen gegenüber. EU-Agrarkommissar Franz Fischler über diesen denkwürdigen Zustand: „Ich bin überzeugt, daß eine Entscheidung von dieser Tragweite nur das Vertrauen der Verbraucher untergraben kann, wenn sie durch eine geheime Abstimmung in einer Organisation erfolgt, in der der Einfluß der Agrarindustrie weit größer ist als der von Verbraucherverbänden."

Ein ebenso erschreckendes Mißverhältnis besteht zwischen den Industrienationen und den Entwicklungsländern. Die Vorsitzenden der 28 Ausschüsse stammen allesamt aus Industriestaaten.

Entscheidungen der CAK und ihrer Ausschüsse erfolgen nach dem Konsensprinzip – normalerweise wird so lange verhandelt, bis die Parteien sich einigen. Gelingt das ausnahmsweise nicht, dann wird nach dem Mehrheitsprinzip entschieden. Es reicht die einfache Mehrheit der anwesenden Stimmberechtigten. Das vergleichsweise niedrige Niveau internationaler Standards läßt sich darauf zurückführen, daß in der Regel ein Kompromiß zwischen den niedrigsten und den höchsten nationalen Grenzwerten ausgehandelt wird.

Die Entscheidungen über die Verwendung von Hormonen in der Tiermast veranschaulichen auf eindrucksvolle Weise die CAK-Arbeit. Auf der Codex-Vollversammlung Anfang Juli 1995 wurde in geheimer Abstimmung entschieden, künftig bestimmte Hormone (Östradiol-17ß; Progesteron, Testosteron, Zeranol, Trenbolon Acetat) in der Tiermast zuzulassen, zwei davon mit Grenzwerten, die anderen in beliebiger Menge. Der Beschluß kam auf Druck der USA mit einer Mehrheit von 33 Mitgliedstaaten (29 Gegenstimmen, 7 Enthaltungen) zustande.

Fazit: Die nationale Gesetzgebung kann von einer anonymen Expertenrunde unter Ausschluß der Öffentlichkeit faktisch aufgehoben werden. Der vorbeugende Gesundheits- und Verbraucherschutz droht unterzu-

Im Streit zwischen den USA und der EU um das europäische Importverbot für hormonbehandeltes US-Rindfleisch macht Washington nun offenbar ernst mit den von der Welthandelsorganisation (WTO) zugestandenen Strafzöllen gegen europäische Produkte. Das US-Handelsministerium hat jetzt eine Liste europäischer Produkte veröffentlicht, die ab 29.07.1999 mit Vergeltungszöllen von bis zu 100% belegt werden sollen. Demnach werden US-Kunden für deutsche Naturdärme und -mägen, Fruchtsäfte, Zwieback, Suppen- und Fleischbrühen sowie Ersatzkaffee rund 30 Millionen US$ mehr bezahlen müssen als bisher. @grar.de Aktuell vom 28. Juli 99

gehen. Eine Demokratisierung der CAK ist dringend notwendig.

In einem Punkt sind die Organe der WTO allerdings bisher nicht verbraucherfeindlich. Produktinformationen und Label, die umweltbezogene Eigenschaften für den Adressaten möglichst auf einen Blick kenntlich machen, wurden bisher nicht beanstandet. Es wurde sogar bestätigt, daß sie zulässig sind. Beispiele sind der Aufdruck „delphinfreundlich gefangen" oder das erste deutsche Umweltzeichen, der „Blaue Engel": ein Siegel für Produkte, die eine geringere Umweltbelastung aufweisen.

Die *International Standardization Organization* (ISO) treibt zur Zeit die Normung von ökologischen Produktkennzeichnungen voran. Ergebnis soll die ISO-14020-Serie sein, eine Reihe von Ökonormen. Sobald sie in Kraft tritt, müßten ökologische Kennzeichnungen, die sich an diese Vorgabe halten, per se WTO/GATT-konform sein, weil sie einem internationalen technischen Standard entsprechen.

Greening the GATT?

Mit erheblicher Verzögerung wird Nachhaltigkeit auch in GATT und WTO zum Thema. Die schon 1971 gegründete Arbeitsgruppe „Umweltmaßnahmen und internationaler Handel" trat erst 1991 (!) das erste Mal zusammen. Am 8. November 1996 wurde der Umweltschutz unter dem Stichwort *Trade and Environment* sichtbarer im Welthandel verankert – zumindest auf dem Papier der Ministerdeklaration *WT/MIN(96)/DEC*. Dessen Aussagen sind allerdings rein deklaratorisch, es werden keine konkreten Handlungsziele festgelegt.

Den Umweltschutzgedanken in den Welthandel aufzunehmen fällt nun in die Zuständigkeit des *Committee for Trade and Environment* (CTE). Es hat ein Zehn-Punkte-Programm (nachzulesen in: http://www.wto.org/wto/environ/marrakes.htm) ausgearbeitet,

Biosafety Protocol: Streit ohne Ende

Die internationalen Verhandlungen über biologische Vielfalt haben handelspolitische Brisanz: Ziel ist es, rechtlich verbindliche Anforderungen an den Import und Export gentechnisch veränderter Organismen festzulegen. Gleichzeitig gilt es sicherzustellen, daß der importierende Staat vorab informiert wird und seine Zustimmung zum Import gibt. Doch selbst nach sechs Sitzungen kam auf der Abschlußrunde der Biosafety-Verhandlungen in Cartagena keine Einigung zustande.

Streit gab es vor allem über die Agrarmassengüter: Die Miami-Gruppe (USA, Kanada, Australien, Argentinien, Uruguay und Chile) bestand auf einem vollständigen Ausschluß der Futtermittel vom Abkommen. Außerdem gab es Konflikte über das Verfahren bei unterschiedlichen Risikoeinschätzungen und über Dokumentation sowie Kennzeichnung von Handelsgütern, die unter das Protokoll fallen sollten.

Die kompromißlose Haltung der Miami-Gruppe führte zum Scheitern der Verhandlungsrunde – obwohl 128 Staaten einen Kompromiß gefunden hatten, der den Vorstellungen dieser Gruppe sehr nahekam. Die Verhandlungen wurden bis zur nächsten Vertragsstaatenkonferenz im Mai 2000 in Nairobi ausgesetzt.

das sich mit Umweltsteuern, ökologisch motivierten Handelsmaßnahmen und Marktbeschränkungen beschäftigt. Aber auch hier klaffen Anspruch und Wirklichkeit noch weit auseinander, denn die Stellungnahmen des CTE sind in der Regel ebenfalls unverbindlich. Eine Antwort auf die Frage, ob die internationale Politik fähig ist, Welthandel und Nachhaltigkeit miteinander zu vereinbaren, boten die Verhandlungen zum *Biosafety Protocol* (Biodiversitätskonvention) im Februar 1999 in Cartagena (Kolumbien). Die Antwort lautet nein.

Nationale Politik kann Regenwald, bedrohte Arten und Erdatmosphäre nicht retten. Umweltpolitik in Zeiten von Treibhauseffekt und Ozonloch ist globale Politik. Und sie wird trotz Konferenztourismus und häufigen Gipfeltreffen zum Scheitern verurteilt sein, wenn kein Ausgleich zwischen Wirtschaft und Umwelt erreicht werden kann. Die Welthandelsorganisation hat eingesehen, daß auch sie etwas für den Umweltschutz tun muß. Das „Ergrünen" des GATT steht auf der Tagesordnung.

Entscheidend dafür ist die stärkere Beteiligung der Öffentlichkeit und der Nichtregierungsorganisationen (NRO). Seit 1996 haben die WTO-Mitgliedstaaten diesen Anspruch offiziell anerkannt und erklärt, die Transparenz und Zusammenarbeit mit den NRO verbessern zu wollen. Nach den ersten Erfahrungen ist die Euphorie allerdings abgeflaut. Die Kritik der NRO: Sie können nur über das WTO-Sekretariat mit den Ausschüssen kommunizieren und haben keinen Zugang zu WTO-Meetings. Viele Dokumente werden ihnen vorenthalten. Die Auswahl der zu den Beratungen eingeladenen NRO erscheint unverständlich.

Auch das Streitbeilegungsverfahren als Kernstück der WTO muß geändert werden. Die US-amerikanische Handelsbeauftragte Mickey Kantor beschrieb die *Panels* als ein „Starensemble, das die wichtigsten Entscheidungen fällt, die das Leben aller unserer Bürger betreffen – besonders auf dem Gebiet der Umwelt –, aber keinerlei Rechenschaft ablegen muß. Das liegt daran, daß niemand weiß, wer die Entscheidungen trifft, wie sie getroffen werden und welches Material vorgelegt wurde."

Für eine Weichenstellung in Richtung auf Umweltschutz und Nachhaltigkeit wäre die verbindliche Beteiligung von Umweltexperten an WTO-Panels nötig. Und eine Philosophie, die fordert: Im Zweifel zugunsten der Umwelt.

Ökologen sehen eine weitere Möglichkeit, um die oft mühsam erstrittenen Umweltstandards in Industrieländern aufrechtzuerhalten. Sie schlagen vor, Einfuhrzölle für Rechtens zu erklären, wenn sie umweltschädigende Produktionsverfahren bestrafen. Begründung: Umweltkosten, die nicht im Produktpreis enthalten sind, stellen versteckte Subventionen dar. Rechtlich gedeckt ist diese Forderung, weil Industrie- und Entwicklungsländer auf der Rio-Konferenz 1992 das Verursacherprinzip anerkannt haben: Danach soll jeder Staat für die Vermeidung oder Beseitigung seiner Umweltbelastungen verantwortlich gemacht werden, indem die Kosten internalisiert, also dem jeweiligen

Verursacher zugerechnet werden. Solche Einfuhrzölle würden sich vornehmlich gegen Exporte aus Entwicklungsländern mit niedrigen Umweltstandards richten. Es ist deshalb damit zu rechnen, daß sie solche Vorstöße ablehnen und statt dessen für mehr wirtschaftliche Kooperation und finanzielle Unterstützung plädieren, um eine wirksame Umweltpolitik durchführen zu können.

Liberalisierung auf Kosten der Entwicklungsländer?

Welthandel heißt Machtpolitik. Die starken Industrienationen wollen neue Märkte erobern und bestimmen die Spielregeln. Sie fordern von anderen Fair play, gegen das sie selbst nur allzuoft verstoßen. Dafür gibt es zahlreiche Beispiele.

Beispiel Abbau von Handelshemmnissen

Ziel des GATT ist es, Handelshemmnisse und Zölle abzubauen. Dies gilt mit unterschiedlichen Zeitvorgaben auch für Entwicklungsländer. Für Kleinbauern in armen Ländern kann das eine Katastrophe bedeuten. Denn nicht selten sind Nahrungsmittelimporte billiger als die Produkte aus dem eigenen Land. Wie sich das auswirkt, zeigt das Beispiel der Philippinen: Die heimischen Kleinbauern verlieren die Existenzgrundlage.

Die Philippinen schützen ihre Kleinbauern bisher durch eine *Magna Charta*, die Getreideimporte nur bei unzureichender Inlandsproduktion erlaubt. Dieses Handelshemmnis muß nach der WTO-Agrarordnung jetzt schrittweise abgebaut werden. Das hat zusätzliche Nahrungsmittelimporte zur Folge. Die Kleinbauern, die ihre Einkommen vorwiegend aus dem Verkauf von gelbem Mais erzielen, werden im Jahr 2000 fünfzehn Prozent und im Jahr 2004 dreißig Prozent ihrer Einnahmen verlieren. Es wird sogar geschätzt, daß die Hälfte der philippinischen Bauern den Reisanbau aufgrund des Importdrucks aufgeben muß.

"Das Gerede von der Globalisierung und Liberalisierung ist ein großer Bluff und sozialökologisches Dumping. Die meisten Waren werden immer noch regional vermarktet, und die meisten Menschen sind immer noch in regionalen Arbeitsbezügen beschäftigt. Auf dem Weltmarkt verramschen die Erzeugerländer nur ihre Überschüsse."
Friedrich-Wilhelm Graefe zu Baringdorf, Biobauer, promovierter Philosoph und Europaparlamentarier

Eine weitere Ungerechtigkeit kommt hinzu. Über lange Zeit haben gerade die Industrieländer ihre Zollsätze für typische Entwicklungsländerimporte wie Textilien weniger stark gesenkt als für andere Produktgruppen (dies ist zumindest bis Ende 1993 nachzuweisen). Das heißt: Im Handel untereinander räumen sich die Industrieländer wesentlich günstigere Bedingungen ein als gegenüber Entwicklungsländern.

Beispiel Zollpräferenzen

Zollpräferenzen sind Vergünstigungen, die einen Staat von der Zahlung bestimmter Zölle befreien und so seine Exporte fördern. Auch wenn sie für Dritte-Welt-Länder grundsätzlich vorteilhaft sind, bergen sie für eine nachhaltige Entwicklung gewaltige Risiken. Soziale, ökologische und menschenrechtliche Bedingungen bei der Produktion spielen keine Rolle. Ohne eine Differenzierung der Importe, die Zollpräferenzen auch von Produktionsbedingungen abhängig macht, wird der Raubbau an Ressourcen nicht aufzuhalten sein. Daß damit Umweltzerstörung legitimiert und subventioniert wird, belegt ein Blick auf die Shrimpsaquakulturen.

Siebzig Prozent aller Fischereiimporte aus Entwicklungsländern bleiben zollfrei – um die Nahrungsmittelbedürfnisse der Industrieländer zu befriedigen. Eine Folge: Der europäische Markt wird von Shrimps geradezu überschwemmt. 1995 betrug der gesamte Shrimpswelthandel mehr als 1 Million Tonnen mit einem Marktwert von 9,4 Milliarden Dollar. Dadurch werden Umwelt, Lebensraum und ökonomische Chancen der Kleinbauern und Fischer in den Herkunftsländern oft dauerhaft geschädigt (siehe Seite 16).

Beispiel Exportsubventionen und Agrardumping

Daß hohe Subventionen zum Beispiel EU-Nahrungsmittel künstlich verbilligen, spielt bei der Handelspolitik keine Rolle. Mit Hilfe von Exportsubventionen können EU-Bauern ihre Produkte zu billigen Preisen in andere Länder exportieren, eine Praxis, die

„Ständig exportiert Ihr Eure Probleme in die Dritte Welt. Erst überfischt Ihr Eure Meere und kommt anschließend zum Fischen zu uns. Warum züchtet Ihr die Shrimps nicht selber, wenn Ihr unbedingt welche essen wollt? Von mir aus im Mittelmeer oder in Kalifornien."
Banka Behary Das, ehemaliger Ministerpräsident des indischen Bundeslandes Orissa und heute NRO-Führer in Indien auf einer Tagung der Friedrich-Ebert-Stiftung 1997

unter dem Stichwort „Agrardumping" bekannt ist. In Staaten, die nicht genügend Nahrungsmittel produzieren, sind die günstigen Preise willkommen. Doch das Agrardumping hat eine bittere Kehrseite. Wenn die Märkte in Entwicklungsländern mit Billigimporten überschwemmt werden, entzieht das einheimischen Bauern die Existenzgrundlage, weil sie die subventionierten Importpreise nicht unterbieten können.

So müssen die Bauern armer Länder auch den europäischen BSE-Skandal mit ausbaden. Weil die Europäer keinen Appetit mehr auf Rindfleisch hatten, füllten sich die Kühlhäuser. Um sie zu leeren, erhöhte die EU-Kommission Mitte der neunziger Jahre ihre Beihilfen für Rindfleischausfuhren ins südliche Afrika. Dadurch steigerte sich der Export von 27 000 Tonnen im Jahr 1994 auf 42 500 Tonnen 1996 – mit gravierenden Auswirkungen auf Gebiete, in denen Rinderzucht fast die einzig mögliche landwirtschaftliche Tätigkeit darstellt. In Nordnamibia etwa sank die Zahl der Rinderschlachtungen im ersten Halbjahr 1996 um fast vierzig Prozent.

Die größte Herausforderung für die Weiterentwicklung der WTO besteht darin, einen Ausgleich zwischen Handels- und Umweltpolitik und faire Beziehungen zwischen Industrie- und Entwicklungsländern zu schaffen. Eine Gratwanderung steht bevor. Ziel muß es sein, ein liberalisiertes Welthandelssystem zu sichern und gleichzeitig globale Umweltgefahren zu bekämpfen. Auf der nächsten WTO-Verhandlungsrunde im Jahr 2000, der sogenannten *Millennium Round, kann die WTO beweisen, daß sie bereit ist, Meilensteine für eine nachhaltige Entwicklung im nächsten Jahrtausend zu setzen.*

Der Konsument muß sich mit dem unangenehmen Gedanken anfreunden, daß ein Restrisiko beim Verzehr von Rindfleisch bestehen bleibt, dessen genaue Größe unbekannt ist.
Adriano Aguzzi, Leiter des Schweizer Nationalen Referenzentrums für menschliche Prionenerkrankungen, 1998

Viele Köche verwässern den Brei
Lebensmittel- und Agrarrecht in Europa

EU-Dschungel

Agrarüberschüsse, BSE, Genmais, Dioxineier – Hiobs-
botschaften und Skandale begleiten die EU-
Landwirtschafts- und Lebensmittelpolitik. Sie erscheint als Dschungel aus Subventionen, Quoten und
Mauscheleien. Wie europäische Rechtsakte entstehen,
wo nationale Regelungen möglich sind, ob durch Novel-food-Verordnung oder Agenda 2000 alles besser
oder schlimmer wird, ist undurchsichtig. Oft ist nicht
einmal klar, wer entscheidet, was auf den Tisch
kommt: Kommission, Rat, Parlament, Ausschuß, Ex-
pertengremium, Lobby?

Durchblick wäre wichtig. Denn in Brüssel fallen die
Würfel über Gen- oder Bioprodukte und ihre Kennzeichnung. Wer ist wer, und wer tut was?

Die drei wesentlichen EU-Organe sind die EU-
Kommission mit ihren Generaldirektionen, der Rat
und das Europäische Parlament

Die *Kommission* mit Sitz in Brüssel ist die Schalt-
zentrale Europas. Den zwanzig Kommissaren unter-
stehen jeweils eine oder zwei Generaldirektionen. EU-
Kommissare werden trotz ihres enormen Einflusses
nicht gewählt, sondern von den nationalen Regierungen ernannt. Sie üben weit mehr Macht aus als Minister der Nationalstaaten, denn sie haben faktisch die
exekutive Gewalt und entscheidende Befugnisse in der
Gesetzgebung.

Der *Rat* setzt sich aus Regierungsvertretern der Mitgliedstaaten zusammen. Das sind je nach Anlaß die Fachminister (Ministerrat) oder die Regierungschefs (Europäischer Rat). Ministerräte treffen sich mehrmals pro Jahr, zum Beispiel als Rat der Umwelt- oder der Agrarminister, und erlassen die Richtlinien und Verordnungen. Sie sind offiziell das gesetzgebende Organ der EU.

Das *Europäische Parlament* (EP) besteht aus 626 gewählten Abgeordneten. Es ist zwar am Gesetzgebungsverfahren beteiligt, hat aber gegenüber nationalen Parlamenten nur armselige Kompetenzen.

Das europäische Lebensmittel- und Agrarrecht setzt sich aus ungezählten Bestimmungen zusammen. Wesentlich ist der Unterschied zwischen Richtlinien und Verordnungen.

Richtlinien bieten den Mitgliedstaaten einen gewissen Spielraum. Sie haben für die Umsetzung in nationales Recht fünf Jahre Zeit. Dabei müssen sie die Ziele der Richtlinie erfüllen, Form und Mittel sind jedoch nationale Angelegenheit.

Verordnungen sind dagegen direkt verbindlich und müssen angewendet werden. Sie lassen der nationalen Politik keinerlei Handlungsspielraum.

Jedes europäische Gesetz nimmt seinen Anfang in der Kommission, die das alleinige Initiativrecht für neue Vorschläge hat. Einen großen Teil der Arbeit leisten allerdings hinzugezogene ExpertInnen in den verschiedenen Ausschüssen. Ausschüsse haben zwar offiziell nur beratende Funktion, ihr Gewicht ist jedoch nicht zu unterschätzen.

Beratungen in den Ausschüssen finden unter Ausschluß der Öffentlichkeit statt; Ergebnisse und ihre Bewertung durch die Kommission werden nicht an Außenstehende weitergegeben. Der Verbraucher kann also nicht erkennen, aus welchen Gründen seine Interessen unbeachtet geblieben sind – und fragt sich zu Recht, was die Kommission eigentlich zu verbergen hat, wenn sie die Öffentlichkeit erst mit fertigen Gesetzesvorlagen konfrontiert.

Die EU-Umweltminister haben entschieden, einen vorläufigen Zulassungsstopp für gentechnisch veränderte Organismen zu erlassen. Die von Griechenland, Italien, Dänemark und Luxemburg getragene Initiative wurde auch von Frankreich unterstützt, während Deutschland mit einigen anderen EU-Staaten für eine weniger weitreichende Formulierung stimmte. England weigerte sich grundsätzlich, die Initiative zu unterstützen. In der Erklärung der Umweltminister heißt es: „Solange bis eine neue Regelung in Übereinstimmung mit den Prinzipien der Verhütung und Vorsorge verabschiedet wird, wollen die Unterzeichner dafür sorgen, daß keine neuen Zulassungen für Anbau und Vermarktung mehr erteilt werden."
@grar.de News vom 22. Juli 99

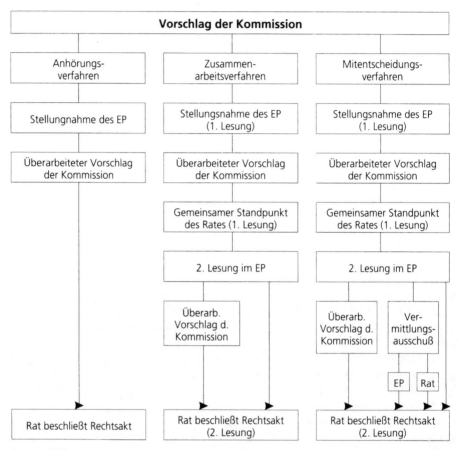

Lamport 1995

Diese werden dem Parlament zur Stellungnahme übermittelt und dann an den Rat weitergeleitet. Welchen Einfluß das Parlament auf das weitere Verfahren hat, ist unterschiedlich (siehe Grafik). Daß die Verhältnisse in der EU demokratischer sein könnten, zeigt sich besonders drastisch in Agrarfragen. Hier besteht für die gewählten Abgeordneten in vielen Fällen nur ein Recht auf Anhörung, so daß die Stellungnahme der Abgeordneten folgenlos bleibt, wenn die sonstigen EU-Institutionen sich dem Votum nicht anschließen. In an-

deren Bereichen ist Zusammenarbeit oder Mitent-
scheidung vorgeschrieben. Dann kann das Parlament
zumindest Änderungsvorschläge machen oder den
Amtsakt durch sein Veto verhindern.

Letztes Wort als Gesetzgebungsorgan hat der Rat,
also die Konferenz der Regierungsvertreter. Seine Entscheidungen sind allerdings nicht immer nur am Sach-
thema orientiert; oft spielen auch strategische Konzes-
sionen eine große Rolle.

Konflikte beim Verbraucherschutz

In das Lebensmittelrecht regiert die Brüsseler Politik
mit am stärksten hinein. Dabei gibt es im ursprünglichen EG-Vertrag keine eigenständigen Vorschriften
zum Lebensmittelrecht: Sie haben sich erst im Lauf der
Zeit herausgebildet. Die EU folgt dabei vor allem zwei
Prinzipien: dem der Harmonisierung und dem der gegenseitigen Anerkennung.

Prinzip der Harmonisierung

Ursprünglicher Ehrgeiz war es, nach und nach ein völlig einheitliches europäisches Lebensmittelrecht zu
schaffen. Doch die Hürden erwiesen sich als unüber-
windlich. In den inzwischen sechzehn Mitgliedslän-
dern gelten ganz unterschiedliche technische Normen,
Gesundheits- und Sicherheitsvorschriften, Umwelt-
schutzbestimmungen und Qualitätskontrollen. Die
Harmonisierung gilt inzwischen für die Bereiche der
Kennzeichnung, Überwachung und Bestrahlung von
Lebensmitteln, die Anwendung von Zusatzstoffen oder
die Schaffung neuartiger Nahrungsmittel *(Novel food)*.
In anderen Bereichen gab die Kommission das Ziel zugunsten des Prinzips der gegenseitigen Anerkennung
auf.

Prinzip der gegenseitigen Anerkennung

Dieser Grundsatz gilt, wo keine EU-weite Harmonisierung besteht. Danach muß eine Ware in allen Mitglied-

Paragraph 17
„Es ist verboten, Lebensmittel unter irreführender Bezeichnung, Angabe oder
Aufmachung gewerbsmäßig
in den Verkehr zu bringen
oder für Lebensmittel mit irreführender Darstellung oder
sonstigen Aussagen zu werben. Eine Irreführung liegt
insbesondere dann vor,
wenn Lebensmitteln Wirkungen beigelegt werden, die
ihnen nach den Erkenntnissen der Wissenschaft nicht
zukommen oder die wissen-
schaftlich nicht hinreichend
gesichert sind und wenn Lebensmitteln der Anschein eines Arzneimittels gegeben
wird."
*Auszug aus §17 des deut-
schen Lebensmittel- und Be-
darfsgegenständegesetz
LMBG*

staaten zugelassen werden, sobald sie in *einem* Mitgliedstaat nach den dort gültigen Gesetzen hergestellt und auf dem Markt eingeführt wurde. Mit seinem Urteil im Cassis-de-Dijon-Fall im Jahre 1979 verhalf der Europäische Gerichtshof diesem Prinzip zum Durchbruch. Cassis de Dijon ist ein in Frankreich hergestellter Likör, der traditionsgemäß 15 bis 20 Prozent Alkohol enthält. Sein Import nach Deutschland war nach deutschem Recht verboten – denn dort gilt als Likör nur ein Getränk mit mindestens 32 Prozent Alkohol. Die Lebensmittelkette REWE wollte den Likör trotzdem verkaufen, klagte deshalb gegen die Bundesrepublik – und bekam Recht. Der Europäische Gerichtshof entschied, daß jedes Produkt, das dem Recht in einem EU-Mitgliedstaat entspricht, auch in allen anderen zugelassen werden muß.

Die tolerante Regelung hat allerdings eine Schattenseite. Sie gilt auch dann, wenn Produkte nicht den nationalen Sicherheits-, Verbraucher- und Umweltschutzanforderungen anderer Mitgliedstaaten entsprechen. Damit können höhere nationale Schutzniveaus unterlaufen werden, wenn zum Beispiel in anderen Ländern andere Grenzwerte gelten.

Das EU-Recht schränkt den Spielraum für nationale Alleingänge drastisch ein. Dennoch sind höhere nationale Schutzbestimmungen in beschränktem Umfang zulässig. Als Rechtfertigungsgründe gelten Argumente wie Gesundheits-, Verbraucher- und Umweltschutz. Oft sind jedoch Rechtsstreitigkeiten die Folge, weil Im-

Rückstände von Pflanzenschutzmitteln in ausländischem Obst und Gemüse

1993 wurde in italienischen und spanischen Tomaten fünfmal mehr Chlorthalonil gemessen, als die deutsche Höchstmengenverordnung (0,2 mg/kg) erlaubte. In französischen Nektarinen fanden sich sogar bis zu 150mal mehr Iprodionrückstände als in Deutschland genehmigt (0,02 mg/kg). Weil diese Früchte in Italien, Spanien und Frankreich legal auf dem Markt waren, galt auch hier das Prinzip der gegenseitigen Anerkennung: Das Bundesgesundheitsministerium mußte grünes Licht zum Verkauf geben – ohne entsprechende Kennzeichnung.

porteure die Maßnahmen als verschleierte Handelsbeschränkung interpretieren. In einer richtungweisenden Entscheidung zum Umweltschutz bestätigte der Europäische Gerichtshof, daß ein nationales Gesetz wie die dänische Pfandflaschenregelung den freien Warenverkehr beschränken darf.

In Dänemark dürfen Bier und Limonaden nur in Pfandflaschen verkauft werden. Die Kommission erhob Klage, weil das eine unzulässige Diskriminierung zwischen den Mitgliedstaaten darstelle. Dänemark verteidigte sich mit dem Argument, die Regelung sei aus Umweltschutzgründen gerechtfertigt. Der Europäische Gerichtshof gab den Dänen recht.

Viele nationale Bestimmungen betreffen den Gesundheitsschutz. Konflikte zwischen den Mitgliedstaaten sind in diesem Sektor besonders häufig. Höhere nationale Standards sind gerechtfertigt, wenn nachzuweisen ist, daß „der Vertrieb des in Frage stehenden Erzeugnisses eine ernste Gefahr für die Gesundheit darstellt". Ob dies der Fall ist, entscheiden wiederum die Standards der *Codex Alimentarius Kommission* – eine paradoxe Situation, weil die EU selbst kein stimmberechtigtes Mitglied in dieser Kommission ist.

Ob Reinheit des Biers oder Eierzusatz im Spaghettinudelteig – unterschiedliche nationale Traditionen führen zu unterschiedlichen Regeln beim Verbraucherschutz. Kommt es zum Prozeß, entscheidet das Gericht meist gegen ein Importverbot – das für den Verbraucher der einzig wirksame Schutz wäre – und verlangt statt dessen eine entsprechende Kennzeichnung im Kleingedruckten.

Ein Beispiel: Ein italienisches Gesetz verbietet es, anderen Essig als Weinessig zu vermarkten. Als zwei italienische Kaufleute deutschen Obstessig importierten, kam es zum Prozeß. Italiens Position: Italienische VerbraucherInnen müßten davor geschützt werden, unter der Bezeichnung „Essig" anderes als den erwarteten Weinessig zu kaufen. Der Gerichtshof entschied, daß es ausreicht, wenn der verwendete Rohstoff auf der Verpackung angegeben wird.

Ein weiteres Beispiel ist der Streit um das deutsche Reinheitsgebot für Bier. Auch in diesem Fall entschied das Gericht für eine umfassende Kennzeichnung, aber gegen ein Verbot der ausländischen Rezepturen. Angemessene Etikettierung, die über die bei der Bierbereitung verwendeten Grundstoffe aufklärt, reicht aus. Seitdem ist ausländisches Bier vom Reinheitsgebot ausgenommen.

Solche Urteile haben Konsequenzen für die inländischen Hersteller: Für sie gelten die nationalen Standards und Gesetze weiter, wohingegen die ausländische Konkurrenz Ware verkaufen darf, die dem inländischen Recht nicht entspricht. Die Folge ist ein Dominoeffekt: Nun üben inländische Produzenten Druck auf die Politik aus, die höheren nationalen Standards aufzugeben.

Seit 1997 darf die EU-Kommission direkt in nationale Gesetzgebung eingreifen. Mitgliedstaaten müssen die Kommission nunmehr *vorab* über jede Maßnahme unterrichten, die den freien Verkehr eines Lebensmittels behindern könnte, das anderswo rechtmäßig hergestellt wird. Befürchtet die Kommission Auswirkungen auf den Binnenmarkt, kann sie „unartige" Mitgliedstaaten in Abstimmung mit dem Ständigen Lebensmittelausschuß auffordern, die fragliche Regelung zu ändern, zurückzuziehen oder ihre Verabschiedung zu verschieben.

Lebensmittelkennzeichnung – Rettungsanker im Warenmeer

Das europäische Recht hat den „aufgeklärten", entwicklungsoffenen und kritischen Verbraucher im Blick, der sich nach sorgfältigem Studium der Etikettierung für ein Produkt entscheidet, das seinen Gesundheitsvorstellungen entspricht. Studieren geht damit über Probieren; die Etikettenlektüre wird zur Bürgerpflicht. Ein hehres, aber im Zeitalter der 230 000 Barcodes recht unrealistisches Bild. Der Alltag läßt den

VerbraucherInnen keine Zeit, sich über jedes einzelne Produkt eingehend zu informieren, und das begrenzte Budget schränkt die Auswahl ein.

Das deutsche Lebensmittelrecht ging von einer anderen Situation aus. Es wollte den eher sachunkundigen Verbraucher schützen, der sich im Lebensmittelrecht nicht auskennt und eine Kennzeichnung bestenfalls flüchtig liest. Folge war ein starker staatlicher Verbraucherschutz mit Produktvorschriften und Verkehrsverboten.

Die Lebensmittelkennzeichnung innerhalb der EU wird durch die *Kennzeichnungsrichtlinie* (RL 79/112/EWG) geregelt. Auf einem in der EU gehandelten Produkt muß die Verkehrsbezeichnung, die Liste der Zutaten, die Füllmenge, das Haltbarkeitsdatum, Name und Anschrift des Herstellers und eine Chargennummer angegeben sein. Weitere Angaben sind zulässig, soweit sie zutreffen und keine Irreführung darstellen.

So nimmt das Kleingedruckte zwar viel Platz ein; dennoch bedeuten die Vorschriften keine umfassende Information. Wer weiß schon, daß sich hinter dem „Konservierungsmittel E 235" das Antibiotikum Natamycin verbirgt? Angaben wie „bisher in Deutschland verboten, kann Allergien auslösen" oder „in Frankreich verboten, gilt als möglicherweise krebserregend" sind nicht vorgesehen. Insgesamt wurden EU-weit bisher 296 Zusatzstoffe zugelassen, darunter 42 Farbstoffe, 41 Konservierungsstoffe, 32 Verdickungsmittel, 17 Geschmacksverstärker und 12 Süßungsmittel – darunter etliche, die vorher in einzelnen Ländern verboten waren.

Verborgen bleiben außerdem Rückstände von Agrargiften oder Tierarzneimitteln. Deren Verwendung wird allein durch zulässige Höchstmengen geregelt. Der Verbraucher findet auf der Verpackung keinen Vermerk wie etwa „enthält Pestizide".

„Ich denke, es gehört zu den vielbesungenen Menschenrechten, daß ein jeder seine Nahrung frei wählen dürfe, ob nun aus weltanschaulichen Gründen, aus gesundheitlichen oder aus narrheitlichen. Nun gehört es zu den Pikanterien der Scheinehen zwischen Wissenschaft und Industrie, daß sie ihre Intimitäten, auch die harmlosesten, geheimhalten, solange das Gesetz sie nicht zur Offenheit zwingt."
Erwin Chargaff

Die Novel-food-Verordnung

Die Novel-food-Verordnung (VO (EG) 258/97) ist eine der weitreichendsten und umstrittensten EU-Verordnungen der letzten Jahre. Mit ihr verliert die nationale Politik jeglichen Einfluß auf Lebensmittel aus dem Genlabor. Für alle Mitgliedstaaten ist die Verordnung seit ihrer Verabschiedung am 27. Januar 1997 unmittelbar geltendes Recht. Anderslautende nationale Bestimmungen waren damit von einem Tag auf den anderen außer Kraft gesetzt.

Die Novel-food-Verordnung regelt „neuartige Lebensmittel", darunter all jene Erzeugnisse, die genetisch veränderte Organismen (GVO) enthalten oder aus solchen bestehen. Ein weiterer Bereich der Nahrungsmittelproduktion, in dem die Gentechnik bereits in großem Maßstab angewendet wird, ist jedoch von der Novel-food-Verordnung ausgenommen: Enzyme, Aromen und Verarbeitungshilfen, die mit gentechnisch veränderten Organismen hergestellt wurden, sind weder anzeige- noch genehmigungspflichtig. Alle übrigen „GVO-Erzeugnisse" müssen ein Anzeige-, in bestimmten Fällen auch ein Genehmigungsverfahren durchlaufen, sind aber nur zum Teil kennzeichnungspflichtig. Voraussetzung für ihre Vermarktung ist der Nachweis, daß sie keine Gefahr für den Verbraucher darstellen und sich von Produkten, die sie ersetzen, nicht so unterscheiden, daß ihr Verzehr Ernährungsmängel mit sich brächte.

Der verlangte Nachweis der Unschädlichkeit ist eine Formalie, eine Beruhigungspille gegen Verbraucherskepsis. Denn die Verordnung geht davon aus, daß Genfood in der Regel völlig unproblematisch ist. Dies auch zum Beispiel immer dann, wenn eine Novel-food-Zutat als „gleichwertig" zu bisherigen Zutaten gilt. In diesem Fall entfällt dann auch die Kennzeichnungspflicht – für den Verbraucher eine Zumutung. Er hat faktisch keine Möglichkeit, sich gegen Gennahrung zu entscheiden.

„Lückenhafte Kennzeichnung bei Lebensmitteln mit gentechnisch verändertem Soja und Mais läßt Verbraucherinnen und Verbraucher über die Zutaten in Brot, Fertigmenüs, Knabberartikeln oder Frühstückszerealien im Dunkeln tappen - das ist das zentrale Ergebnis einer bundesweiten Markterhebung der Verbraucher-Zentralen, die bei 3489 Lebensmitteln die Zutatenliste unter die Lupe genommen haben. Nur sieben Produkte haben die Marktbegeher hierbei als ,gentechnisch verändert' etikettiert gefunden - obwohl angesichts der importierten Menge von Mais und Soja in die Europäische Union und aufgrund der Vermischung von gentechnisch veränderter mit konventioneller Rohware weitaus mehr Lebensmittel mit Zutaten aus gentechnischer Herstellung in den Regalen zu vermuten sind."
Presse Info der Verbraucher-Zentrale NRW vom 20. Mai 1999

Verbraucher in der Schweiz haben es da leichter.
Gleichwertigkeit oder nicht, alle Lebensmittel, Zusatzstoffe und Verarbeitungshilfsstoffe, die aus gentechnisch veränderten Organismen gewonnen wurden,
müssen mit dem Hinweis „GVO-Erzeugnis" auf der
Verpackung gekennzeichnet werden.

Ein Hoffnungsschimmer für alle, die gentechnisch
veränderte Lebensmittel ablehnen, wäre das geplante
Label „gentechnikfrei". Doch so ein Siegel wirft Fragen
auf. Wann ist Nahrung frei von Gentechnik? Stichpro-
ben der Zeitschrift „Natur" ergaben, daß selbst Reformhäuser und Naturkostläden keine absolute Gen-
technikabstinenz für ihre Produkte garantieren können. Sensible Tests entlarven auch unbeabsichtigte
Spuren von Fremdgenen, jenen „Gensmog", der aus
verschiedenen Quellen stammen kann: vom Genacker
in der Nachbarschaft des Biofeldes, von der Mühle
oder dem Lkw, der nach dem Transport nicht gründlich gesäubert wurde. Für den Verbraucher hilfreich
wäre zumindest der Zusatz „gentechnikfrei hergestellt", um Erzeugnisse, bei deren Herstellung ganz
bewußt auf GVO verzichtet wurde, gegenüber solchen
mit GVO-Einsatz auszuweisen.

Die Bioverordnung – Schluß mit dem Etikettenschwindel!

Die Bioverordnung (Langfassung: „Ökologischer Landbau und die entsprechende Kennzeichnung der landwirtschaftlichen Erzeugnisse und Lebensmittel", VO
(EWG) 2092/91) regelt die einheitliche Kennzeichnung
ökologisch hergestellter Produkte. Damit hat die EU einen ersten Schritt getan, den inflationären Gebrauch
der Begriffe „bio", „kontrolliert" oder „natürlich" zu
unterbinden. Durch die Verordnung hat sich das Angebot an „Bioprodukten" vergrößert, weil die europäischen Kriterien für Biobetriebe weniger streng sind als
die der Ökoanbauverbände: Um als EU-Biobetrieb
anerkannt zu werden, reicht es aus, einzelne Produkte

Grundregeln der ökologischen Bodenbearbeitung

* Grundbodenbearbeitung zur Bodenlockerung in der Unterkrume (15 bis 30 cm) dient dem Aufbrechen von Verdichtungen und der Vorbereitung für die Gründüngung.

* Die Bodenlockerung bereitet den Boden nur vor; die eigentliche Arbeit zum Aufbau der Bodenstruktur und Pflanzenernährung übernehmen Wurzeln und Bodenleben. Es gilt: Keine Bodenlockerung ohne sorgfältige Ansaat von Pflanzen!

* Im Sommer, wenn der Boden trocken und warm ist, wird auf dem abgeernteten Feld eine nichtwendende Grundbodenbearbeitung durchgeführt. Danach erfolgt die Saatbettbereitung und sofortige Ansaat von Pflanzengemengen (Zwischenfrüchte, Futterbau, Grünbrache), um durch tiefe und starke Durchwurzelung den intensiven Aufbau des Bodenlebens zu erreichen.

* Flache, schonende Bodenbearbeitung zur Aussaat der Hauptfrüchte nach gelungenem Aufbau von Bodenstruktur und Bodenleben.

ökologisch zu erzeugen; eine Umstellung des gesamten Betriebs auf eine ökologische Kreislaufwirtschaft ist nicht erforderlich.

Ausnahmsweise dürfen auch Schädlingsbekämpfungs-, Dünge- oder Bodenverbesserungsmittel eingesetzt werden, wenn sonstige Alternativen fehlen und die eingesetzten Mittel nicht zu einer Situation führen, die im EU-Jargon „Umweltverseuchung" (!) heißt. Der Gesichtspunkt des weitgehend geschlossenen Betriebskreislaufs wird völlig ausgespart. Die Art der Tierhaltung ist in der Verordnung bisher nicht erfaßt (eine entsprechende Ergänzung ist allerdings in Arbeit). Die Schwachstellen der Bioverordnung sind deshalb offensichtlich.

Wie Verbesserungen aussehen könnten, zeigt ein Blick auf die schweizerische Bioverordnung: Dort ist völlig klargestellt, daß der gesamte Betrieb biologisch bewirtschaftet werden muß, um als Biobetrieb anerkannt zu werden. Dazu gehören selbstverständlich auch artgerechte Tierhaltung und Fütterung mit hofeigenen oder Fremdfuttermitteln, die zumindest zu achtzig Prozent aus biologischem Anbau stammen müssen.

Die Kennzeichnung von Bioprodukten

Die Kriterien für Biobetriebe haben für den Verbraucher erhebliche Auswirkungen. Denn schließlich bestimmen sie, welches Produkt als „biologisch" gekennzeichnet in den Handel gelangen darf.

Seit dem 1. Januar 1997 muß in der EU die Biokontrollnummer oder der Name der Kontrollstelle auf allen Produkten angegeben werden, die den Zusatz „aus ökologischem Anbau" oder „aus biologischem Anbau" enthalten oder die den Eindruck vermitteln, es handle sich um Erzeugnisse aus dieser Anbauweise. Bei Waren mit dieser Bezeichnung müssen 95 Prozent der Zutaten aus ökologischem Anbau stammen. Diese europaweite Regelung ist gut: Sie lichtet das schwer durchschaubare Dickicht, in das sich auch „falsche" Bioprodukte mit Siegeln wie „natürlich" einschleichen konnten.

Nationale Klarheit soll in Deutschland ab Sommer 2000 erreicht werden durch das nach langer Vorbereitung entwickelte einheitliche Gütesiegel für Biokost, das die Arbeitsgemeinschaft Ökologischer Landbau (AGÖL) vergibt. Wer seine Erzeugnisse damit schmücken will, muß sich ihren strengen Richtlinien unterwerfen: Mistdüngung ist ein Muß; Kunstdünger und synthetische Pflanzenschutzmittel sind genauso tabu wie zuviel Chemie in der Wurst. Außerdem wird festgelegt, wie viele

Der Biokontrollnachweis
Angabe der Kontrollstelle bei in Deutschland hergestelltem Tomatenmark: DE-O49-Öko-Kontrollstelle.
Angabe der Kontrollnummer bei in Deutschland hergestellten Weizennudeln: EG-Bio-Kontrollnr.: D-BY-M-4-47042/B.

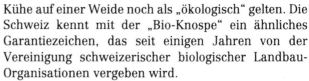

Kühe auf einer Weide noch als „ökologisch" gelten. Die Schweiz kennt mit der „Bio-Knospe" ein ähnliches Garantiezeichen, das seit einigen Jahren von der Vereinigung schweizerischer biologischer Landbau-Organisationen vergeben wird.

Transparenz schafft Vertrauen. Bleibt die Frage, wieviel mehr glückliche Kühe und ungespritzte Kartoffeln es am Anfang des nächsten Jahrtausends geben wird. Die Weichen dazu stellt nicht nur die Verbrauchernachfrage, sondern auch die Agrarpolitik.

Lichtblick für Europas Äcker?
Agenda 2000

Agrareurokratie – weites Feld der Hilflosigkeit

Am Anfang stand die Sorge der Politiker um eine ausreichende Produktion landwirtschaftlicher Erzeugnisse. Hauptziele waren die Steigerung der landwirtschaftlichen Produktivität und der Einkommen der Landwirte sowie günstige Verbraucherpreise. Aber inzwischen ist die landwirtschaftliche Produktivität zu hoch – mit den allseits bekannten und berüchtigten Folgen. Die Eurokratie schuf ein undurchschaubares und nahezu unbezahlbares System an Preisstützungen, Beihilfen und Marktordnungen.

Preisstützungssysteme gibt es etwa für Getreide, Mais, Zucker, Milch, Milcherzeugnisse, Rindfleisch und Öle. Jährlich setzt der EU-Rat dafür sogenannte Interventionspreise fest. Sinkt der Marktpreis auf ein niedrigeres Niveau, kaufen Interventionsstellen – in Deutschland die Bundesanstalt für Landwirtschaftliche Marktordnung – die Erzeugnisse zum Interventionspreis auf und lagern sie zwischen. Außerdem werden zum Schutz vor billigen Importen an der Grenze sogenannte Abschöpfungen erhoben, die ausländische Produkte auf das europäische Preisniveau verteuern.

Ein weiteres Instrument der Agrarbürokratie sind Subventionen. Exportsubventionen garantieren die Ausfuhr zu europäischen Preisen, auch wenn der Weltmarktpreis eigentlich niedriger ist. Die EU zahlt die Differenz. Einkommensbeihilfen gibt es zum Beispiel für die Erzeuger von Hartweizen, Olivenöl, Raps, Sonnenblumen, Baumwolle, Tabak und Trockenfutter.

"Mit der Verordnung (EG) Nr. 918/94 der Kommission (Abl.Nr.L 106 vom 27.4.94, S.5), zuletzt geändert durch die Verordnung (EG) Nr. 2728/95 (Abl.Nr.L 284 vom 28.11.95, S.4), wurde von der Verordnung (EWG) Nr. 778/83 der Kommission (Abl.Nr.L 86 vom 31.1.83, S.14), zuletzt geändert durch die Verordnung (EWG) Nr. 1657/92 (Abl.Nr. L 172 vom 27.6.92, S. 53) abgewichen, damit Tomaten/Paradeiser (Österreichischer Ausdruck gemäß Protokoll Nr. 10 zur Beitrittsakte 1994) während eines Versuchszeitraums im Wirtschaftsjahr 1994 vermarktet werden dürfen." *EU-Verordnung Nr. 2250/96 zitiert nach Reinecke, Thorbrietz 1997*

116

Die Produktionsentwicklung der Landwirtschaft

	1956	1996
Weizen pro Hektar (Doppelzentner)	25	65
Eier pro Huhn	140	über 300
Milch pro Kuh (Liter)	3000	über 6000

Reinecke, 1997

„Mit dem Wachstum der Wirtschaft verstärkt sich der Druck auf die natürlichen Systeme und Ressourcen der Erde. Zwischen 1950 und 1997 hat sich der Verbrauch von Nutzholz verdreifacht, von Papier versechsfacht, die Fangerträge aus der Fischerei fast verfünffacht, der Getreideverbrauch fast verdreifacht und der Verbrauch fossiler Brennstoffe fast vervierfacht. Die Verschmutzung von Luft und Gewässern ist um ein Vielfaches angestiegen. Die traurige Wahrheit ist, daß die Wirtschaft immer weiter wächst, aber das Ökosystem, von dem sie abhängig ist, nicht weiter wachsen kann. Daraus entsteht ein zunehmend gespanntes Verhältnis."
Lester R. Brown, Worldwatch Institute Report, Zur Lage der Welt 1998

Außerdem werden Pauschalbeihilfen gezahlt, etwa für Flachs, Hanf, Hopfen und Saatgut.

Der fatale Fehler des Systems: Subventionspolitik orientiert sich nicht an der Qualität der Produkte, sondern an der Menge. Wo es garantierte Preise gibt, verdienen diejenigen am besten, die möglichst viel produzieren – ganz egal, ob ihre Wirtschaftsweise der Umwelt schadet oder ob ihre Erzeugnisse gebraucht werden. Die Bauern produzierten also, ohne sich um die Nachfrage zu kümmern. Die Preise waren gesichert, die außereuropäische Konkurrenz praktisch ausgeschaltet. Riesige Lagerstätten für die Überschußverwaltung mußten eingerichtet werden; eine umfangreiche Bürokratie entstand, um die Vernichtung der Waren oder ihren Export zu Dumpingpreisen zu organisieren.

Als klar wurde, daß das System auf Dauer unbezahlbar war, versuchten die EU-Politiker die Reißleine zu ziehen. Erste Linderung sollten Extensivierungs-, Nichtvermarktungs- und Stillegungsprämien bringen. Die Erfolge waren gering. Deshalb folgten drastischere Schritte: In bestimmten Bereichen wurden die Interventionspreise gesenkt, Quotensysteme eingeführt oder Anpflanzungsverbote verhängt.

1992 beschloß die EU die durchgreifendste Reform seit ihrem Bestehen. Ziel waren Preissenkungen, um im Weltmarkt wettbewerbsfähig zu werden, direkte Einkommensbeihilfen, um die Verluste für die Landwirte auszugleichen, sowie ein Programm für Flächenstillegungen und Umweltschutz. Die Reform blieb aber halbherzig. Ausgleichszahlungen und Direktbeihilfen haben nicht zu einer gerechteren Verteilung der Mittel geführt. Nach wie vor fließen achtzig Prozent der Agrarsubventionen in zwanzig Prozent der Betriebe, die die Rationalisierung und Intensivierung weiter vorantreiben.

„Wenn de Buren nit arbeit', dann könnt de Könige nit kacken."
Bauernweisheit

Es geht auch anders – Beispiel Schweiz

Was in der EU noch immer heftig diskutiert wird, ist in der Schweiz längst Wirklichkeit: Direktzahlungen werden von Umweltauflagen abhängig gemacht. Voraussetzungen sind eine ausgeglichene Düngerbilanz, ein angemessener Anteil an ökologischen Ausgleichsflächen, tiergerechte Haltung der Nutztiere, geregelte Fruchtfolge, Bodenschutz und der schonende Umgang mit Pflanzenbehandlungsmitteln.

Die Unterstützung extensiver Landwirtschaft geht noch weiter. Denn besonders umweltfreundlich wirtschaftende Betriebe erhalten sogenannte Ökobeiträge. Kriterien dafür sind ökologische Ausgleichsflächen, eine besonders tierfreundliche Tierhaltung oder biologischer Landbau. Außerdem werden nicht größere, sondern kleinere Betriebe stärker subventioniert: Betriebe mit einer Größe bis zu 30 Hektar oder mit bis zu 45 Großvieheinheiten erhalten die vollen Direktzahlungen. Dann folgen weitere Abstufungen bis hin zu Betrieben mit über 90 Hektar landwirtschaftlicher Nutzfläche, die keine Direktzahlungen erhalten.

Marktsteuerung durch Milchquoten

Die Milchquote wurde 1984 mit dem Ziel eingeführt, Milchseen auszutrocknen und den Erzeugerpreis pro Liter zu verbessern. Für jeden Milchbetrieb legt nun der Staat die Milchmenge fest. Wer mehr Milch an die Molkerei abliefert, muß als Strafe die sogenannte Superabgabe an die EU zahlen. Der Quotenhandel blüht. Noch immer werden in Europa etwa zwanzig Prozent mehr Milch erzeugt, als abzusetzen ist.
ISM 1998

Allerdings läßt sich die Schweiz ihre Subventions-politik einiges kosten. Jeder Betrieb wird bis zu siebzig Prozent subventioniert. Das soll sich in den nächsten Jahren im Rahmen des Reformprogramms AP 2002 ändern. Aber eines steht schon jetzt fest: Die Direkt-zahlungen werden nach wie vor von Umweltauflagen abhängig gemacht werden.

In der EU scheitert eine neue Weichenstellung an der Lobby der Agrarindustrie. In kleinerem Maßstab bieten allerdings Agrarumweltprogramme eine Chance zum Umsteuern. Sie stellen Finanzmittel für Maßnahmen zur Verfügung, die im weitesten Sinn der Umwelt auf den Feldern zugute kommen, so für die Umstellung von konventionellem auf ökologischen Landbau, die Verringerung des Viehbestands oder Energieeinsparungen im Betrieb. Zwischen 1995 und 1997 verdreifachten sich die Ausgaben der EU in diesem Sektor. Fünf Staaten sind Vorreiter: Österreich (umgerechnet 2,9 Milliarden Mark), Deutschland (2,4 Milliarden Mark), Frankreich (1,8 Milliarden Mark), Finnland (1,6 Milliarden Mark) und Italien (1,3 Milliarden Mark).

Auffällig ist allerdings, daß nur ein geringer Anteil der Gelder für die Förderung des ökologischen Anbaus verwendet wurde (in Deutschland nur ein Prozent). Mehr Geld floß in die anderen Formen der Umweltschonung wie die Verringerung des Energieaufwandes und der Tierbestände, Landschaftspflege und die periodische Überflutung von Tiefland.

Die Reform der Reform der Reform ...

„Agenda 2000 – Eine stärkere und erweiterte Union" heißt der Slogan der EU auf der Schwelle zum nächsten Jahrtausend, vor dem Beitritt der osteuropäischen Staaten und den nächsten WTO-Verhandlungen. Hinter dem Begriff verbirgt sich ein Reformprogramm, um dessen Ausgestaltung sich Landwirtschaftsminis-

„Viele Landwirte haben im Rahmen des Extensivierungs-programms und der Agrar-umweltprogramme die Förderung für den ökologischen Landbau in Anspruch genommen. Das ist gut so, aber es reicht nicht. Allein der Blick hinüber ins Nachbarland Österreich zeigt, daß es anders und besser geht. Wir müssen nach den Gründen fragen: Sind wir hier in Deutschland noch Entwicklungsland und warum?"
Karl-Heinz Funke, Landwirtschaftsminister, in Ökologie & Landbau 1/99

ter, Außenminister und Regierungschefs Anfang 1999 intensiv stritten.

Das Ziel der „Reform-Reform" ist nicht neu. Sie soll die Wettbewerbsfähigkeit auf dem Weltmarkt verbessern und gleichzeitig die Produktion drosseln. Andernfalls wären erhebliche Überschüsse zu erwarten, die in Zukunft nicht mehr ganz auf dem Weltmarkt abgesetzt werden können. Als Rezept sieht das Reformprogramm umfangreiche Preissenkungen auf der einen und verstärkte direkte Beihilfen auf der anderen Seite vor. Das stark wirtschaftlich ausgerichtete Programm erntet deshalb vielfältige Kritik. Jetzt geht es darum, den Zeitpunkt zu nutzen und die Agenda 2000 um ökologische und soziale Kriterien zu erweitern:

* Direktbeihilfen sollen zwingend von Umweltauflagen abhängig sein.

* Die Verordnung zur Entwicklung des ländlichen Raums soll auf Nachhaltigkeit ausgerichtet werden, um den Aufbau lokaler und regionaler Verarbeitungs- und Vermarktungsnetze zu fördern und Arbeitsplätze auf dem Land zu erhalten.

* Die EU-Agrarpolitik soll einen „Wettbewerb um Qualität" schaffen und ökologische und soziale Kriterien festlegen, die sich auf die Produkteigenschaft und das Herstellungsverfahren beziehen. Damit würde die arbeitsintensive ökologische Landwirtschaft konkurrenzfähig.

Die Rücknahme von Obst und Gemüse wird, wie es im Amtsdeutsch heißt, „ausgelöst", wenn die zuständige Erzeugerorganisation entscheidet, daß die Marktpreise unter den Rücknahmepreis fallen bzw. kurz davorstehen. In den drei Wirtschaftsjahren 90/91, 91/92, und 92/93 wurden durchschnittlich 58,7% der Nektarinen-, 53,9% der Pfirsich-, 37,6% der Apfel- und 23,7% der Orangenernte allein in Griechenland vom Markt genommen. 40% wurde davon noch verwertet, z. B. als Viehfutter, der Rest wurde vernichtet.
Ribbe, Bananen für Brüssel, 1999

Als die Agenda 2000 entworfen wurde, war tatsächlich die Rede von ökologischem Landbau, der Unterhaltung naturnaher Lebensräume und extensiver landwirtschaftlicher Produktion. Nach den Plänen von EU-Kommissar Franz Fischler sollte die Ökologisierung der Landwirtschaft eine herausragende Bedeutung erlangen. Eine Vorstellung, gegen die zum Beispiel der Deutsche Bauernverband heftig protestierte: Er sah eine Diskriminierung der Intensivlandwirtschaft und lehnte an Umweltauflagen geknüpfte Zahlungen ab.

Bei Umwelt- und Naturschutzorganisationen reichten die Einschätzungen des Agenda-2000-Entwurfs von „auf dem richtigen Weg" bis hin zu „auf gar keinen Fall".

Was die Regierungschefs schließlich im März 1999 auf einem EU-Sondergipfel nach dem üblichen zähen Ringen als Agenda 2000 verabschiedet haben, hat mit einem Reformpaket und einer neuen Philosophie nicht mehr viel zu tun: Die Vorgaben zur Preissenkung wurden nicht eingehalten, und die Reform des Milchmarkts ist ins nächste Jahrtausend verschoben worden. Von der Idee, Ausgleichszahlungen an Umweltauflagen zu binden, ist keine Rede mehr. Mit dem lauen Kompromiß hat die EU eine große Chance verpaßt, den Weg zu einer nachhaltigeren Wirtschafts- und Umweltgemeinschaft einzuschlagen. Eine Hoffnung bleibt: Die schnelle Reform der Reform wird unvermeidlich sein.

Wochenmarkt statt Weltmarkt
Wege zur nachhaltigen Ernährung

Nachhaltige Ernährung macht Spaß

Konzentration, Intensivierung, Rationalisierung, Spe-
zialisierung, Technisierung, Anonymisierung – und
kein Ausweg? Noch ist über die Zukunft nicht entschieden. Die angeblichen wirtschaftlichen „Sachzwänge"
der globalisierten Gesellschaft haben eine breite Gegenbewegung ausgelöst, die ihre Kraft aus Vielfalt und
Kreativität schöpft. Initiativen aus der Landwirtschaft
und dem Ernährungshandwerk, aus dem Öko-, Ge-
sundheits- und Naturkostspektrum, aus der Eine-
Welt-Bewegung und aus dem Umfeld der Agenda 21
haben inzwischen ein dichtes Netz geknüpft. Die Fülle
der Beispiele zeigt: Alternativen können an allen Glie-
dern der „Nahrungskette" ansetzen. Schritte auf dem
Weg zur nachhaltigen Ernährung machen Spaß, sind
nicht schwierig, für jeden möglich und nicht unbedingt
teuer. Modellhafte Beispiele dafür stellen wir auf den
folgenden Seiten vor. Ob Landwirtschaft, Handwerk,
Industrie und Handel oder Großverbraucher und Ein-
zelkunden, überall zeigen sich Spielräume, und sie
sind noch lange nicht ausgereizt.

Dabei lehrt der Blick über den Tellerrand, daß
Deutschland trotz seines breiten „grünen" Funda-
ments keineswegs auf allen Gebieten eine Vorreiterrolle spielt. Im Ökolandbau sind die Schweiz und Österreich den Deutschen voraus. Und während Verbraucher in England durchgesetzt haben, daß die großen
Handelsketten bei Eigenmarken Gentechnikfreiheit

122

Die baden-württembergi-
schen Bio-Anbauverbände
ANOG, Bioland, Demeter,
Ecovin und Naturland haben
sich offiziell zur „Arbeitsgemeinschaft ökologischer
Landbau - AÖL" zusammen-
geschlossen. Ziel der neuen
Arbeitsgemeinschaft ist es,
die Interessen der Bio-
Bauern im Südwesten besser
zu vertreten.
@grar.de Aktuell vom 31.
Juli 1999

garantieren, hat der Druck in Deutschland dazu noch
nicht ausgereicht.

Beim Thema Nachhaltigkeit gilt es immer eine Dop-
pelstrategie im Auge zu behalten: Auf der einen Seite
stehen die politischen Initiativen, die Aktivität bündeln, um prinzipiell neue Weichenstellungen zu erreichen. Auf der anderen Seite sorgen die vielen kleinen
beharrlichen Schritte, die jeder einzelne in seiner Umgebung gehen kann, für eine langsame Umorientierung im Großen: Die Lobbyarbeit der „Stiftung Ökologie und Landbau" oder die „EinkaufsNetz"-Initiative
von Greenpeace werden bestärkt und ergänzt durch
das Engagement der „Freizeitrevolutionäre", die sich
aus ihrem Ökoschrebergarten versorgen. Oder durch
Slow-Food-Aktivisten, die leckere Mahlzeiten aus
Großmutters Rezeptbuch nachkochen, in denen ver-
gessene Arten wie Portulak oder Teltower Rübchen zu
neuer Ehre kommen.

Eine Sonderrolle spielen neue Konzepte, wie sie Erzeuger-Verbraucher-Gemeinschaften, Tauschringe,
Eine-Welt-Initiativen oder das „Klimabündnis der
Städte" darstellen. An ihrem Beispiel zeigt sich, wie
sich Nachhaltigkeit über die Ernährung hinaus als Lebensstil etablieren kann und wie eine „private Globalisierung" jenseits von McDonald's, Coca-Cola, Genfood
und BSE-Import aussehen kann.

Regionalisierung – wiederentdeckte Einflußgröße in der Politik

Claude Fussler, Vorstandsmitglied des Chemiekon-
zerns Dow Chemical und einer der wenigen ökologischen Vordenker aus dem Topmanagement, beschreibt für die Epoche der Globalisierung ein völlig
neues Kräfteverhältnis: Die große Verliererin ist die
nationale Politik. Gewinner sind die multinationalen
Konzerne, aber auch die global agierenden Umweltor-
ganisationen – und die Regionen. In dem Maß, in dem
sich nationale Politiker als hilflos erweisen, die Proble-

me der globalisierten Welt zu lösen oder auch nur einzudämmen, besinnen sich die Menschen auf ihren Ak-
tionsradius vor Ort.
Daß Siemens Teile seiner Produktion ins Ausland
verlagert, muß der Kunde ohnmächtig mit ansehen.
Darauf, was um die Ecke passiert, kann der oder die
einzelne aber Einfluß nehmen: Ob der kleine Bäcker
gegenüber sich halten kann, ob die Marktstände mit
Ökogemüse und -eiern Erfolg haben, ob die Filiale der
Steakhauskette oder das Gasthaus mit den lokalen
Spezialitäten besser besucht ist, hängt mit von der eigenen Kaufentscheidung ab.
Hier findet sich ein Hebel für das Wiedererwecken
regionaler Wirtschaftsströme. Ökologische, ökonomische und soziale Gründe sprechen für kleine Kreisläu-
fe: Arbeitsplätze in ländlichen Gebieten bleiben erhalten, traditionelles Handwerk wird gestärkt. Darauf,
daß wirklich umwelt- und gesellschaftsverträglich produziert wird, muß man nicht blind vertrauen – man
kann es mit eigenen Augen sehen und prüfen. Regionalisierung ist deshalb der Angelpunkt für mehr Nachhaltigkeit.

Beispiel: KäseStrasse Bregenzerwald
Österreichs Beitritt zur EU und die dadurch bedingte
Öffnung der Märkte hat der Region Bregenzerwald einen enormen Wettbewerbsdruck beschert. Über 1100
bäuerliche Familien betreiben in der schwierig zu be-
wirtschaftenden Bergregion Milchwirtschaft. Von ihnen stammen 75 Prozent der gesamten Käseprodukti-
on aus dem Vorarlberg. Um in der verschärften Kon-
kurrenzsituation eine neue Perspektive zu bieten, ist
im Mai 1998 die „KäseStrasse Bregenzerwald" eröffnet worden. Landwirtschaft, Tourismus, Handwerk,
Handel und Gastronomie kooperieren, um ähnlich wie
bei den bekannten Weinstraßen die Besonderheit der
Region hervorzuheben und die Beschäftigung zu sichern.
Eine einheitliche Beschilderung weist den Weg zu
den beteiligten Käseerzeugern, Sennereien, Alp- und

„Betonung, Inszenierung, Belebung regionaler Beson-derheiten: In bezug auf die Dimension Arbeit könnte dies dazu führen, daß die Stärkung der Weltmarkt-Stellung nicht daduch ver-sucht wird, daß man das gleiche tut und produziert, was auch alle anderen tun und produzieren - z.B. die ‚Marktwunderwaffen' von Gentechnik und Mikroelek-tronik -, sondern daß man sich auf die regional-kultu-rellen Besonderheiten und Stärken besinnt und daraus Visionen auch für Produkte und Arbeitsformen ent-wickelt, die dann eher kon-kurrenzlos dastehen."
Ulrich Beck

Gastronomiebetrieben, zu traditionellen Handwerkern wie Schindelmachern und Kunsthandwerkern wie zum Beispiel Klöppelspitzereien. Museumsausstellungen illustrieren die Käsekultur und den Bezug zur Region. Rundfahrten und Wanderungen zu den Käse-Strasse-Betrieben mit Besichtigungen sind ergänzende Bausteine. (Quelle: http://www.kaesestrasse.at)

In Deutschland bezog sich der Begriff „Regionalentwicklung" ursprünglich auf strukturschwache Regionen abseits der Zentren der Großindustrie. Sie wurden und werden mit Hilfe von Fördergeldern politisch unterstützt. Die Ansätze waren in der Vergangenheit allerdings oft zu schematisch und bürokratisch, um erfolgreich zu sein. Als tauglicheres Gegenkonzept erwies sich die sogenannte „eigenständige Regionalentwicklung", die auf das Engagement all derjenigen setzt, die sich der Region verbunden fühlen. Die Initiativen streben politische und wirtschaftliche Unabhängigkeit von städtischen Zentren an und versuchen einen ökologischen und sozialen Umbau zu initiieren.

Die lokale Agenda 21 hat Kreativität freigesetzt. Das Motto „Global denken, lokal handeln" vereint alte und neue Aktivität. Politiker entdecken, daß die Vernetzung zwischen Landwirtschaft, Umwelt- und Naturschutz, Tourismus, Handwerk in ihren Wahlkreisen Chancen bietet – und daß auch Geld dafür zur Verfügung steht. Sie fördern Regionalprojekte über Programme der Dorferneuerung, der Agrarinvestitions- oder Marketingförderung.

Träger der Regionalvermarktungsinitiativen sind meist Vereine oder GmbHs. Sie können öffentliche Fördergelder für eigene Regionalentwickler in Anspruch nehmen. Um die Projektideen populär zu machen, hilft die regionale Prominenz: Oft engagieren sich lokal bekannte Persönlichkeiten und fungieren als erfolgreiche Werbe- und Imageträger.

„Es gibt zahlreiche Gründe, warum sich Kommunen für ihre Landwirtschaft einsetzen. Wirtschaftliche, umweltbezogene, beschäftigungspolitische Gründe, aber auch das wachsende Bedürfnis der Bevölkerung nach frischen Produkten aus der Region. Alle hängen miteinander zusammen. Deshalb ist z. B. in der Alpengemeinde Hindelang eine enge und innovative Zusammenarbeit zwischen Bauern, Fleischern, Gaststätten und Gastronomen entstanden. Sie stützen sich gegenseitig durch die Wiederbelebung eines örtlichen Wirtschaftskreislaufs und machen ihren Gästen im Urlaub begreiflich, daß der Genuß einer reizvollen Kulturlandschaft unmittelbar zusammenhängt mit dem, was sie essen."
Kommunen entdecken die Landwirtschaft, Thomas, Schneider, Kraus 1995

Beispiel: Initiative Brucker Land
Westlich von München liegt der Landkreis Fürstenfeld-
bruck – der mit 185 000 Einwohnern und maximal
dreißig Kilometern Durchmesser dichtestbesiedelte
Landkreis Bayerns. Dort haben 1993 engagierte Menschen das Projekt *Brucker Land* ins Leben gerufen. Die
„Brucker Land Solidargemeinschaft e. V.", in der Verbraucher, Landwirtschaft, Handwerk, Kirche sowie
Umwelt- und Naturschutz vertreten sind, überwacht
die Einhaltung der selbst entwickelten Richtlinien und
ist zuständig für die Öffentlichkeitsarbeit. Ziel ist die
Vermarktung und Verbreitung von gesunden Lebensmitteln aus dem eigenen Landkreis.
    Erste Spezialität war das *Brucker Land*-Landkreis-
brot aus lokalen Bäckereien. Mittlerweile umfaßt die
Produktpalette Brot, Bier, Wein, Streuobstapfelsaft,
Honig, Met, Milch, Käse, Butter, Kartoffeln, Gemüse,
Fleisch und Wurst, Eier, verschiedene Nudelsorten sowie erste Erzeugnisse aus dem Non-food-Bereich. Ab-
satzkanäle für Produkte mit dem *Brucker Land*-Logo
sind mehr als 130 Bäckereien, Metzgereien, Super-
marktfilialen, Getränkehändler und Gaststätten. Im
Wirtschaftsjahr 1997/98 wurden 500 000 Liter Milch
und 14 000 Liter Apfelsaft verkauft. Auf 250 Hektar
Ackerfläche wuchsen 1000 Tonnen Getreide, was einem Anteil von 8 Prozent der Anbaufläche des Land-
kreises entspricht. Nach einer Umfrage der Technischen Universität Weihenstephan kannten 92 Prozent
der Landkreisbewohner *Brucker Land*. (Quelle: Jasper
1997c und 1997d, Brucker Land 1998)

In Ostdeutschland hat sich eine neue Form von trotzi-
gem Heimatstolz entwickelt, auch in Abgrenzung zu
Westprodukten. Nach der Wende wurde eine große
Zahl ehemaliger Beschäftigter von Landwirtschaftlichen Produktionsgenossenschaften arbeitslos. Im
Spreewald haben Regionalentwickler in Zusammenarbeit mit der Grünen Liga neue Wege gesucht, um Hei-
matverbundenheit und Selbstbewußtsein in dem land-
schaftlich reizvollen Biosphärenreservat zu stärken,

126

„Konventionelle Betriebe können - wenn sie extensiv wirtschaften und auf eine hohe Strukturvielfalt achten - ebenfalls eine große Artenvielfalt aufweisen. Diese naturverträglich wirtschaftenden Betriebe befinden sich häufig auf weniger begünstigten Standorten. Hierzu gehören die Weidelandschaften der deutschen Mittelgebirge, z.B. der Schwarzwald, Eifel und Thüringer Wald, das Alpenvorland, die Heidelandschaften im Norden..."

Aus „Landschaft schmeckt!",
NABU 1998

ABM-Mittel sinnvoll zu verwenden und neue Wirtschaftskreisläufe zu initiieren.

Biosphärenreservate bieten eine gute Voraussetzung für die Umorientierung auf extensivere Wirtschaftsformen. Hier erhalten die Landwirte von Amts wegen Ausgleichszahlungen für den sogenannten „Vertragsnaturschutz": Das verpflichtet sie, Grünland extensiv zu bewirtschaften und zeitlich gestaffelt zu mähen, um Wiesenbrüter nicht zu stören. Beispiele, wie sich bei dieser Ausgangssituation erfolgreiche Regionalisierungsprojekte entwickeln lassen, bieten Spreewald und Rhön. In beiden Landstrichen fördert ein Logo die Identifikation. Das Symbol, das für die gesamte Region steht und für Aufschwung sorgen soll, ist im Spreewald die Gurke, in der Rhön das Schaf.

Beispiel: Spreewald – Modellregion der Gurkenkönige

Am Anfang standen die überregional bekannten Spreewaldgurken. Es lag nah, aus diesem Symbol ein Logo zu entwickeln. Gewürzgurkenhersteller, die damit werben wollen, müssen nachweisen, daß mindestens siebzig Prozent ihrer Gurken aus der Region stammen und nur frische Kräuter und Gewürze verwendet wurden. Inzwischen gibt es das Spreewaldlogo auch für Meerrettich, Zwiebeln, Möhren, Kartoffeln, Sellerie und Kohl. Neben Obst, Saft, Honig, Milch- und Fleischprodukten werden außerdem Räucherfisch und Fischkonserven vermarktet. Abnehmer sind Restaurants, Handel, Einwohner, Touristen und Pendler.

Ein Schwerpunkt des Projekts ist handarbeitsintensive Bewirtschaftung. Der Spreewaldkahn als Transportmittel in der Landwirtschaft erfährt eine Renaissance. Wie in alten Zeiten soll sich auch die Artenvielfalt auf den Höfen neu etablieren und neben Kühen und Schweinen Schafe, Kaninchen und Gänse gehalten werden. Neue Arbeitsplätze hat das Projekt „Heil- und Gewürzpflanzen" geschaffen, das den Rohstoffbedarf der regionalen pharmazeutischen Industrie aus kontrolliertem und heimischem Anbau sichern will. (Quelle: http://www.grueneliga.de)

Beispiel: Rhön – Echt Schaf hier!
Die Initiativen des Biosphärenreservats Rhön im Drei-ländereck Hessen, Thüringen und Bayern nutzen das Rhönschaf als Sympathie- und Werbeträger für die ge-samte Region und bewahren so die alte Nutztierrasse vor dem Aussterben. Gedient ist damit dem Natur-schutz, der Landwirtschaft und dem Tourismus. Das Rhönschaf erhält die Kulturlandschaft, Landwirte und Fleischereien profitieren von professioneller Vermark-tung, und der Tourismus kann eine weitere Rhöner Spezialität präsentieren. (Quelle: Verein „Natur- und Lebensraum Rhön" 1996)

Produkte aus der Region lassen sich erfolgreich ver-markten, wenn sie sich von der Massenware unter-scheiden und neben Frische und gutem Geschmack ethisch-moralische Qualitäten bieten. Grundsätzlich gilt die Regel: Je spezifischer ein Produkt einer be-stimmten Gegend zuzuordnen ist, um so einfacher ist es, mit der besonderen Qualität zu werben. Spargel aus der Lüneburger Heide oder Äpfel aus dem Alten Land bei Hamburg brauchen kaum Marketing, weil Böden und Klima in diesen Regionen traditionell für diese speziellen Sorten berühmt sind. Bei „gesichtslo-seren" Produkten wie Fleisch, Eiern, Milch oder Mehl sind zusätzliche positive Eigenschaften notwendig, da-mit sich Käufer bewußt für Erzeugnisse aus der Umge-bung entscheiden. In der Regel sind gesicherte Her-kunft, artgerechte Tierhaltung und/oder ökologischer Anbau die überzeugendsten Argumente.

Regionale Vermarktung von Fleisch

Unfreiwilliger PR-Faktor für regionale Produkte sind Lebensmittelskandale. Das gilt besonders für Fleisch. Salmonellenwarnungen und Rinderwahnsinn haben

„Für die Entwicklung eines biologischen Markierungsverfahrens, mit dem sich die Herkunft von Nutztieren und Lebensmitteln wie Fleisch und Milch zweifelsfrei nachweisen läßt, sind zwei Bundesforscher mit dem Oberfränkischen Innovationspreis ausgezeichnet worden. Bei dem immunologischen Verfahren werden den Tieren ähnlich einer Impfung - bestimmte Proteine verabreicht. Gegen sie bilden sie dann spezifische Antikörper. Diese sind in Labortests dann sowohl im Tier selbst, als auch in verarbeiteten Produkten nachweisbar. Manipulationsmöglichkeiten sind im Gegensatz zu den herkömmlichen Verfahren weitgehend ausgeschlossen."
@grar.de Aktuell vom 05.August 99

den Verbrauchern den Appetit gründlich verleidet. Der Fleischverbrauch ist gesunken; die Konsumenten achten mehr auf Qualität statt auf Quantität. Ein wachsender Teil der Bevölkerung macht den Kauf von Hähnchen, Steak, Kotelett und Wurst nicht mehr nur vom Preis abhängig, sondern auch von der Herkunftssicherheit, der Tierhaltung, -fütterung, -schlachtung oder der Fleischverarbeitung.

Immer mehr Menschen kaufen Fleisch, dessen Herkunft bekannt ist – eine Chance für Fleisch aus artgerechter Haltung und von Höfen aus der Region. Transparenz ist auch nötig, weil die unterschiedlichsten Gütesiegel auf dem Markt sind. Wer wissen will, was im gekauften Steak steckt, muß beim Einkauf genauer nachfragen oder auf unverdächtige Siegel zurückgreifen. Die Arbeitsgemeinschaft bäuerliche Landwirtschaft hat das „Neuland"-Programm für umweltschonende tiergerechte Haltung aufgelegt; die AGÖL-Verbände der Arbeitsgemeinschaft Ökologischer Landbau vermarkten Wurst und Fleisch unter ihrem jeweiligen Namen.

Aber es gibt wertlose Siegel. Die Zeitschrift „Öko-Test" hat fast sechzig Marken- und Qualitätszeichen für Fleisch unter die Lupe genommen und nur achtzehn davon als empfehlenswert beurteilt. Zumeist wird zwar deutsche Herkunft garantiert, die Vorschriften für Haltung, Fütterung oder Medikamentenbehandlung gehen aber oft nicht über die gesetzlichen Vorgaben hinaus. Besonders bedenklich stimmt das Prüfsiegel der Centralen Marketing-Gesellschaft der deutschen Agrarwirtschaft (CMA – „Deutsches Qualitätsfleisch aus kontrollierter Aufzucht"). Deren Richtlinien für Rindfleisch verhindern sogar eine artgerechte Tierhaltung, beispielsweise darf ein Jungbulle nicht älter als achtzehn Monate sein, wenn er geschlachtet wird. Für eine Weidehaltung ist das viel zu kurz. Klares Urteil der Ökotester: „nicht empfehlenswert". (Quelle: Brien 1997)

Regionale Vermarktung von Milch und Milchprodukten

Mehr als ein Viertel der Verkaufserlöse in der deutschen Landwirtschaft stammen vom Milchverkauf. Der Milchpreis sinkt allerdings kontinuierlich. Direktvermarktung im eigenen Hof ist für Milchbetriebe aber nur selten ein Ausweg, um dem Preisdruck entgegenzutreten. Die Hygieneanforderungen sind hoch, und Verbraucher achten bei Milchprodukten weniger auf die Herkunft als bei Fleisch. Milch gilt als weiße pasteurisierte und homogenisierte Flüssigkeit, der im Herstellungsprozeß jeglicher Eigengeschmack abhanden gekommen ist.

Der Markt für Trinkmilch ist einer der größten und homogensten überhaupt im deutschen Lebensmittelmarkt. Milch wird ganz überwiegend zu Preisen verkauft, die kaum die Kosten der Anbieter decken.

Eine Ausnahme bilden die wegen ihres Geschmacks geschätzten Rohmilchprodukte von Bio- und Bergbauernhöfen. Das Beispiel einer Kleinmolkerei im Upland zeigt, daß es mit vereinten regionalen Kräften unter günstigen Umständen möglich ist, das Rad der Zentralisierung zurückzudrehen und einen schon wegrationalisierten regionalen Molkereistandort zu neuem Leben zu erwecken.

Beispiel: die Upländer Bauernmolkerei

Im Hochsauerland zwischen Ostwestfalen und Nordhessen liegt das Upland. Die lokale Molkerei in Willingen-Usseln war der Marktkonzentration zum Opfer gefallen. Doch 1996, nur ein Jahr nach der Stillegung, konnte die Milcherzeugergemeinschaft Waldeck, eine Erzeugergemeinschaft von 33 Biobauern, sie wieder eröffnen – samt einem Milchmuseum und einer Schaukäserei. Die Infrastruktur war noch vorhanden, nötige finanzielle Unterstützung leisteten die Gemeinde Usseln, der BUND-Landesverband Nordrhein-Westfalen, verschiedene Geschäftsleute und die hessische Agrarverwaltung aus Mitteln der Dorferneuerung. Die Gemeinde Willingen wurde Besitzerin.

Neben der Biomilch verarbeitet die Molkerei konventionelle Rohmilch. Mitte 1997 umfaßte das Biosortiment bereits 31 verschiedene Artikel, beispielsweise

"Solange wir wählen können zwischen Käse aus der Fabrik und vom Bauernhof, so lange essen wir noch mit Würde. Daß sie uns bei vielen Dingen bereits abhanden gekommen ist, zeigt das Werbefernsehen. Das glückliche Lachen, mit dem der ekelhafteste Schrott zwischen blendendweißen Zähnen verschwindet, diese Szenen des manipulierten Schwachsinns sind nichts anderes als Krankheitssymptome. Ursache der Krankheit ist das Verschwinden der Vielfalt. Individuelle Wünsche werden durch konforme Sehnsüchte ersetzt; Geschmacksdiktatur ist die Folge. Unsere Gesellschaft verblödet durch Abhängigkeit. Darin besteht die Gefahr der Lebensmittelveränderung."
Wolfram Siebeck

Vollmilch, Butter, Buttermilch, Schlagsahne, saure Sahne, Schmand und Trockenquark. Die Spezialität ist Handkäse. Die Produkte sind in einem Umkreis von achtzig Kilometern zu erhalten. Hauptkunde der Bioprodukte ist der Großhandel für Naturkostläden, für die konventionelle Ware der Lebensmitteleinzelhandel. (Quelle: Jasper 1997f und 1997g)

Regionale Vermarktung von Getreide und Obst

Bäckereien, Bierbrauereien und Nudelhersteller sind potentielle Kunden für die regionale Getreidevermarktung. In diesem Fall sind es meist Biobauern, die regionale Vermarktung als zusätzliches Argument für die Qualität ihrer Erzeugnisse ins Spiel bringen. Aber davor stehen einige Hürden. Der Getreidegroßhandel muß garantieren, daß er die Bioware zuverlässig von anderen Lieferungen trennt, weil das Biogetreide nicht mit anderem vermischt werden darf. Eine Mühle muß sich bereit erklären, die anfangs kleineren Mengen gesondert zu mahlen. Zweifel an der kontinuierlichen Lieferung gleichbleibender Qualität müssen ausgeräumt werden. Und die Bäcker müssen überzeugt werden, sich bei der Verarbeitung der regionalen Qualitätssorten wieder auf ihr handwerkliches Können zu besinnen, statt Fertigmischungen anzurühren und in den Ofen zu schieben.

Beispiel: Biobier vom Bodensee
Im Hopfenanbaugebiet Tettnang hat die letzte ansässige Brauerei, ein Familienunternehmen, zusammen mit der Bauerngemeinschaft Bodensee, dem BUND und der Deutschen Umwelthilfe die Idee umgesetzt, Bier aus biologisch angebauten Rohstoffen aus der Region zu brauen. Der Hopfen wird vom einzigen nach ökologischen Richtlinien arbeitenden Betrieb der Gegend geliefert, die Gerste stammt von einer Bauerngemeinschaft aus dreizehn Betrieben. Das Bier wird in Flaschen ohne Alufolien und schwermetallhaltige Eti-

ketten abgefüllt. Kunden sind Gaststätten und Getränkehändler in der Umgebung.

Obst, Gemüse und Getreide sind die Ackerfrüchte, die
überall im großen Maßstab geerntet werden können.
Mancherorts wird inzwischen außerdem mit der Zucht
von Champignons und Austernpilzen Geld verdient
oder der Anbau von Heil- und Gewürzkräutern als
neuer Markt entdeckt. Neben den klassischen Produkten gibt es „Exoten", die für einzelne Regionen von besonderer Bedeutung sein können: zum Beispiel traditionelle Gemüse- oder Obstsorten. In diesem Fall setzen nicht nur ökologische Betriebe auf Regionalisierung, auch konventionell wirtschaftende Höfe erkennen den Reiz lokaler Vertriebswege und der Speziali-
sierung auf Sorten, die in der Region beheimatet sind.

Beispiel: Aprikosen in Sachsen-Anhalt
Im Ballungsraum Halle/Leipzig befindet sich das einzige geschlossene Aprikosenanbaugebiet Deutschlands.
Die noch vorhandenen Streuobstwiesen sollen langfristig erhalten bleiben. Eine Obstbrennereigenossen-
schaft erwarb Brennrechte und stellt nun einen regio-
nalspezifischen Aprikosenschnaps her. Werbeaktio-
nen werden durch Aprikosenfeste, Obstlehrpfade und
geführte Wanderungen unterstützt.

Spielräume in der Landwirtschaft

Intensivlandwirtschaft ist nicht nachhaltig. Die Umstellung auf die ökologische Alternative fügt nicht nur
der Umwelt weniger Schaden zu; durch den Preisverfall für konventionelle Ware wird sie für Landwirte
auch ökonomisch eine Alternative. Im Wirtschaftsjahr
1996/97 haben westdeutsche Ökobetriebe nach Angaben des Bundesministeriums für Ernährung, Landwirtschaft und Forsten unter dem Strich sechs Prozent
mehr Gewinn erwirtschaftet als konventionelle Ver-
gleichsbetriebe. Die Umsatzerlöse je Hektar lagen

„Wasserknappheit beein-
trächtigt in vielen Ländern
die Ernährungssicherung.
Der Wasserspezialist David
Pimentel in den USA hat
ausgerechnet, daß es 500 Liter Wasser braucht, um ein
Kilo Kartoffeln zu produzieren. Für ein Kilo Rindfleisch
dagegen sind unglaubliche
100 000 Liter notwendig!
Das wenigste davon säuft
das Rindvieh selber; der
größte Teil geht für die Fut-
termittelproduktion weg."
EvB-Magazin 4/97

Vergleich zwischen konventionell intensiver und ökologisch artgerechter Landwirtschaft

		konventionell/intensiv	biologisch/artgerecht
Haltung/ Produktion	Rindfleisch	Nach der Geburt wird das Kalb von der Mutter getrennt; 15 Monate Mast bis zur Schlachtung, Futter erst Milchaustauschpulver, danach Kraftfutter; darin zur Infektionsvorbeugung häufig Antibiotika	Das Kalb wächst mit dem Muttertier auf der Weide bzw. im Tierlaufstall auf, Futter ist anfangs Vollmilch, auf der Weide Gras und später Heu mit geringem Kraftfutteranteil; die Mast dauert 2 bis 2,5 Jahre
	Milch	Die Kühe werden ganzjährig in Boxenlaufställen mit vollautomatischen Kraftfutterstationen gehalten; Zuchtziel ist kurzfristig hohe Milchleistung, möglichst über 8000 Liter pro Kuh und Jahr	Stall mit festem Boden und Strohbedeckung, Tiere haben Weidegang; Zuchtziel ist Langlebigkeit und hohe Lebensleistung, die Milchleistung liegt bei ca. 6000 Litern pro Kuh und Jahr
	Eier	Die Legehennen werden auf 450 cm^2 in fensterlosen Ställen bei reguliertem Licht gehalten, nach einem Jahr werden sie zu Suppenhühnern verarbeitet, in dieser Zeit hat jedes Tier ungefähr 280 Eier gelegt	Haltung in Volieren, Freiland- oder Bodenhaltung, pro Tier muß mindestens 2000 cm^2 Platz vorhanden sein, hinzu kommt eine Auslauffläche; die Hennen leben ca. 18 Monate und legen in der Zeit rund 320 Eier
	Getreide	Es werden mind. 500 kg mineralischer Dünger je ha ausgebracht, während des Wachstums werden Herbizide und Fungizide, bei Bedarf auch Insektizide eingesetzt, Ertrag: bis zu 10 Tonnen je ha	Düngung erfolgt durch Vorjahresanbau von Leguminosen und/oder Ausbringen von Stallmist; Konkurrenzkräuter werden mechanisch bekämpft, Ernteerträge liegen bei 3 bis 5 t/ha
Entlohnung für den Landwirt	Rindfleisch	4,80 DM/kg	6,30 DM/kg
	Milch	55 Pfennig/Liter	ca. 70 Pfennig/Liter
	Eier	14 Pfennig/Stück	35 Pfennig/Stück
	Getreide	23 Pfennig/kg	45–65 Pfennig/kg
Preise für Endverbraucher	Rindfleisch	durchschnittlich 16,28 DM/kg	ca. 25 DM/kg
	Milch	zwischen 0,98 und 1,63 DM	ca. 2 DM
	Eier	18 Pfennig/Stück	50–58 Pfennig/Stück
	Getreide	zwischen 0,49 und 1,20 DM	1,80 DM

„Greenpeace Magazin", Februar 1999

zwar niedriger und der Personalaufwand war höher
als bei den Vergleichsgruppen, allerdings wurden diese Ergebnisse durch Einsparungen bei Pflanzenschutz,
Düngemitteln, Tierkauf und Futtermitteln sowie Zula-
gen und Zuschüsse mehr als ausgeglichen.

Der Vergleich zwischen konventionell intensiver
und biologisch artgerechter Landwirtschaft in der Tabelle (S. 132) zeigt, wie sich die unterschiedliche Philosophie der beiden Systeme auswirkt.

Es ist sinnvoll, sich daran zu erinnern, daß der ökologische Landbau fast in den gesamten zwölf Jahrtausenden, in denen der Mensch Landwirtschaft betrieben hat, die einzige Form der Agrikultur war. Erst die
Erfindung des synthetischen Düngers und die Entwicklung chemischer Unkraut- und Insektenbekämp-
fungsmittel haben die moderne Landwirtschaft hervorgebracht.

Die Rückbesinnung auf regionale Märkte und auf
eine naturschonende Arbeitsweise zeigt einen Ausweg
aus der Sackgasse einer Globalisierung, die auf Umwelt und Zukunft wenig Rücksicht nimmt. Nicht nur
der Ökolandbau, auch der integrierte Landbau, der
den Dünger- und Chemikalieneinsatz zu verringern
sucht, orientiert sich in dieser Richtung. Der Ökolandbau demonstriert allerdings am konsequentesten, wie
sich alte Traditionen auf ein modernes Niveau heben
lassen. Er gründet zum Teil auf altüberlieferter Bauernweisheit, zum Teil auf neuen wissenschaftlichen
Erkenntnissen.

Die europäischen Hochburgen des Ökolandbaus
liegen in der Alpenregion, wo sich die Intensivierung
nie so total hat durchsetzen können wie im Flachland.
Zu den Pionieren der Wiederentdeckung des ökologischen Landbaus gehört die Schweiz. Mittlerweile hat
Österreich sie aber überflügelt und die Führungsrolle
übernommen. Deutschland hinkt hinterher. Der absolute Umsatz deutscher Biobauern ist aber im Vergleich
der höchste.

Zukunftsweisend für EU-Mitgliedstaaten ist besonders das Beispiel Österreich. Dort ist inzwischen ein

Eine Übersicht zu den in den vergangenen 50 Jahren publizierten Daten zu ernährungsphysiologischen Vorteilen ökologisch produzierter Nahrungsmittel ergab: In ökologisch produzierten Lebensmitteln kann durchschnittlich ein etwas höherer Nährstoffgehalt nachgewiesen werden. Bio-Erzeugnisse enthalten in der Regel mehr Vitamin C, Eisen, Magnesium, höherwertige Proteine und weniger Nitrat. Als Ursache wird unter anderem eine Nährstoffverdünnung durch den höheren Wassergehalt in konventionell erzeugten Lebensmitteln diskutiert. *Worthington, 1998*

Situation des ökologischen Landbaus in Deutschland, Österreich und der Schweiz

	Deutschland	Österreich	Schweiz
Ökolog. Land- wirtschaftsbetriebe	7.147 (nach AGÖL) (Stand 01/1999)	19.996 (Stand 07/1998)	4.753 (Stand 12/1998)
Anteil Ökoanbaufläche nach EG-VO 2092/91 an landwirtschaftl. Fläche	2,1%	10,1 %	7,3%
Staatl. Förderung seit	1989	1991	1992
Gemeinsames Biolabel	Ab 1999: Öko- Prüfzeichen	Staatl. Regelung seit 1994: Austria Bio- Kontrollzeichen	Seit 1980: Knospe, seit 1992 Zusatz: Bio Suisse
Dachverband der Ökoanbauverbände	Arbeitsgemeinschaft Ökologischer Landbau- verbände (AGÖL)	ARGE-Biolandbau; Österreichische Interes- sengemeinschaft für biologische Landwirt- schaft (ÖIG)	Bio Suisse, Vereinigung schweizerischer biologi- scher Landbauorganisa- tionen
Jahresumsatz Ökolebensmittel	3,5 Mrd. DM (1,8 Mrd. Euro) (Stand 1997)	2 Mrd. ÖS (144 Mio. Euro) (Stand 1997)	580 Mio. sFr (363 Mio. Euro) (Stand 1998)
Vertriebswege und Marktanteile am Bio- Lebensmittel-Verkauf	LEH: 25 % DV: 20 % NKH: 35 % RF: 10 % EHW: 10 %	LEH: 77 % DV: 10 % NKH: 13 %	LEH: 62 % DV: 9 % NKH+RF: 26 % EHW: 3 %

LEH= Lebensmitteleinzelhandel; DV= Direktvermarktung; NKH= Naturkosthandel; RF= Reformhaus;
EHW= Ernährungshandwerk

Haccius u. a., 1998, Vogl u. a., 1998, Niggli, 1998, Bio Suisse, 1999, SÖL, 1999

Viertel der Konsumenten bereit, mehr Geld für Lebensmittel auszugeben, wenn sie aus umweltfreundlicher österreichischer Produktion stammen. Es lohnt sich zu erkunden, wie diese Bereitschaft zustande gekommen ist, die zur Spitzenstellung Österreichs mit fast 20 000 ökologisch arbeitenden Höfen geführt hat.

Ein Grund war die jahrelange kontinuierliche Marketingarbeit der Bioverbände. Christian Vogl vom Institut für Ökologischen Landbau an der Universität Wien und Jürgen Heß, inzwischen Professor für Ökologischen Landbau an der Gesamthochschule Kassel-Witzenhausen, haben untersucht, welche weiteren Aspekte zur positiven Kundenbewertung und zum Biobauernboom beigetragen haben.

Politischer Ausgangspunkt war, daß das Bundesministerium für Land- und Forstwirtschaft Umstellungsbetriebe erheblich stärker gefördert hat. Während bis 1989 nur einzelne Betriebe in einzelnen Bundesländern Geld beantragen konnten, sind seit 1992 alle umstellungswilligen und anerkannten Höfe dazu berechtigt. Parallel dazu veränderte sich das Bild des Biolandbaus in der Öffentlichkeit – weg vom Image einer eingeschworenen Widerstandsbewegung hin zu einem Positivbild: modern, zukunftsweisend und vielversprechend.

Die größten Zuwachsraten bei der Umstellung hat es im Westen Österreichs gegeben, wo viele Bergbauern zu Hause sind. Traditionell dominieren dabei Höfe mit viel Grünland, bei denen die Umstellung zwar eine weitere Extensivierung bedeutet, aber keinen grundsätzlichen Wandel der Philosophie. In diesen Grünlandregionen sind inzwischen zwanzig Prozent der Landwirte Biobauern; und zehn Prozent der österreichischen Milch stammt von ihren Kühen.

Die heftige Diskussion um den EU-Beitritt Österreichs hat den Aufwind für die qualitativ hochwertige Ware aus der eigenen Heimat verstärkt. Dabei hat der Handel die Ökobewegung nicht nur begleitet, sondern seit 1994 auch aktiv unterstützt. Die beiden größten Handelsketten, Billa und SPAR, haben mit „Ja! Natürlich!" und „SPAR Natur pur" eigene Biomarken eingeführt und damit maßgeblich zum Aufschwung beigetragen. Allein diese beiden Ketten haben im Jahr 1995 rund 100 Millionen Schilling (14,3 Millionen Mark) für die Werbung der Bioeigenmarken ausgegeben. Vogl und Heß zitieren den Eigentümer des Billa-Konzerns, Karl Wlaschek, der sagt: „Die Produkte sind besser. Die Leut' sind ganz deppert drauf."

„Das Engagement der einzelnen EU-Mitgliedsstaaten für den ökologischen Landbau ist sehr unterschiedlich. Einige Länder (Schweden, Dänemark, Österreich und einige Bundesländer in Deutschland) haben offiziell festgelegt oder nähern sich dem Ziel, daß zehn Prozent der landwirtschaftlichen Nutzfläche bis zum Jahr 2000 ökologisch bewirtschaftet werden soll. Andere Länder haben geringere Ansprüche oder keine Ziele im Hinblick auf die Entwicklung des ökologischen Landbaus."
Nicolas Lampkin, H. Willer: Ökologischer Landbau in Europa

Nie ohne meine Lobby: Hilfsorganisationen für Feld und Stall

In Österreich vertreten die Österreichische Interessengemeinschaft für biologische Landwirtschaft und die ARGE Biolandbau die Interessen der Biobauern, in der Schweiz ist es die Bio Suisse. Im deutschen Ökolandbau agieren neun Verbände unter dem gemeinsamen Dach der Arbeitsgemeinschaft Ökologischer Landbau (AGÖL). Es sind der Demeter-Bund, Bioland, Naturland, der Biokreis Ostbayern, die Arbeitsgemeinschaft für naturnahen Obst-, Gemüse- und Feldfruchtanbau (ANOG), der Bundesverband Ökologischer Weinbau Ecovin (BÖW), der Verein Ökosiegel e. V., die Vereinigung Ökologischer Landbau Gäa und Biopark.

Weltweiter Dachverband der biologischen Landbauorganisationen in 101 Ländern ist die International Federation of Organic Agriculture Movements IFOAM. Angeschlossen sind mehr als 650 Mitgliedsorgansationen. Die IFOAM hat Beoabachterstatus bei der FAO und der UN.

Die beiden letztgenannten Verbände sind in den neuen Bundesländern ansässig. Gäa mit Sitz in Dresden existiert seit 1989, hat ihre Wurzeln in der kirchlichen Umweltbewegung der ehemaligen DDR und vertritt Betriebe in ganz Ostdeutschland. Biopark wurde 1991 in Mecklenburg-Vorpommern gegründet und ist inzwischen auch in Brandenburg, Sachsen, Schleswig-Holstein und Niedersachsen aktiv.

Insgesamt liegt der Anteil der ökologisch bewirtschafteten Fläche inzwischen im Osten prozentual doppelt so hoch wie im Westen (2,85:1,45 Prozent der gesamten Ackerfläche). Spitzenreiter ist mit 6,8 Prozent Mecklenburg-Vorpommern, Rangletzter mit 0,7 Prozent Niedersachsen. Zurückzuführen ist der Vorsprung des Ostens darauf, daß es Naturschützern in der Wendezeit gelungen ist, dort relativ große Regionen als Naturschutzgebiete auszuweisen. Für extensive ökologische Bewirtschaftung sind in solchen Gebieten Ausgleichszahlungen vorgesehen. Außerdem gingen Landwirte aus den aufgelösten Landwirtschaftlichen Produktionsgenossenschaften pragmatischer an die Frage der zukünftigen Bewirtschaftungsform heran: Die Fronten zwischen „Ökos" und Bauernverband existierten nicht.

Neben den Verbänden sind Hochschulen und Stiftungen die Lobby für den Biolandbau. Isoliertes umweltschonendes Ackern genügt nicht, damit agrarökologisches Gedankengut Wurzeln schlägt: Öffentlichkeitsarbeit, wissenschaftliche Studien, Tagungen, Publikationen, Fortbildungsveranstaltungen sind wichtig und nötig. Irgend jemand sollte beispielsweise dafür sorgen, daß das Gerätepatent zur Beikrautregulierung Verbreitung findet, das per Luftdruckstrahler auch die Unkräuter in Wurzelnähe entfernt. Oder daß auch in osteuropäischen Ländern Literatur zum Biolandbau zur Verfügung steht. Eine Organisation, die auf diesem Feld über die einzelnen Verbände hinaus entscheidend wirksam geworden ist, ist die Stiftung Ökologie und Landbau (SÖL) mit Sitz in Bad Dürkheim.

In der Schweiz forscht das Forschungsinstitut für biologischen Landbau, FiBL, für die Weiterentwicklung des biologischen Landbaus. Es wurde bereits 1974 gegründet. 32 Mitarbeiter arbeiten alleine in Forschungsprojekten. Das FiBL kontrolliert und zertifiziert auch ökologisch wirtschaftende Höfe und Produkte.

1961 mit dem Kapital des 1995 verstorbenen Managers Karl Werner Kieffer gegründet, will die SÖL „Impulse für ganzheitliches Denken und Handeln" geben und engagiert sich besonders für „ökologische Agrar- und Eßkultur" und Umweltschutz. Im Jahr 1998 standen 1,6 Millionen Mark zur Verfügung. Die SÖL gibt unter anderem die Vierteljahreszeitschrift „Ökologie und Landbau", die Buchreihe „Ökologische Konzepte" und einen Beraterrundbrief für den Ökolandbau heraus. Ein weiterer Schwerpunkt sind internationale Vernetzung, Workshops und die Förderung von Dissertationen und Diplomarbeiten.

In Zukunft will die SÖL ihr Engagement erweitern, indem sie ökologisches Wirtschaften vermittelt durch Seminare, Freizeiten und Erlebnistage mit verschiedenen Zielgruppen auf einem eigenen Seminarhof. Kinder, Schüler, Studenten, Lehrer, Entscheidungsträger und Fachleute sollen am Beispiel eines kleinen landwirtschaftlichen Betriebsorganismus anschaulich „begreifen", wie gesunde Lebensmittel in der Kulturlandschaft durch ökologische Bewirtschaftung nachhaltig entstehen. (SÖL online: http://www.soel.de)

Die Arbeitsgemeinschaft bäuerliche Landwirtschaft (AbL) ist ein weiterer Verband, der sich Ökologisierung und artgerechte Tierhaltung auf die Fahnen geschrieben hat. AbL-Mitglieder müssen aber nicht notwendigerweise Ökobauern sein. Die AbL ist seit 1980 ein Gegenpol zum konservativen Bauernverband und vertritt kleine und mittlere landwirtschaftliche Betriebe. Das Wachse-oder-weiche-Diktat der EU bedroht diese Höfe direkt. Ihre Interessen decken sich deshalb nicht mit der offiziellen Agrarpolitik. Doch längst nicht alle von ihnen wollen oder können sich zur Umstellung auf ökologische Produktionsmethoden entschließen. Oft verhindern langfristige Investitionen diesen Schritt. Die AbL versucht in dieser schwierigen Situation, nachhaltige Wirtschaftsformen zu fördern, und diskutiert über umwelt- und tiergerechte Bewirtschaftung in einem viel breiteren Kreis als die AGÖL-Verbände.

Damit ist die Arbeitsgemeinschaft ein wichtiges politisches Sprachrohr geworden: Ihre Publikation, die „Unabhängige Bauernstimme", macht deutlich, daß viele konventionell arbeitende Betriebe einen Ausweg aus der Spirale von Intensivierung, Technisierung, Preisverfall und Degradierung der eigenen Arbeit suchen. Die AbL hat beispielsweise 1994 die Kampagne gegen die Einführung des gentechnisch hergestellten Rinderwachstumshormons rBST koordiniert und bei der Diskussion um die Agenda 2000 eine gemeinsame Position mit dem BUND erarbeitet.

Gemeinsam mit neunzehn anderen Organisationen, unter ihnen SÖL, BUND, Arbeitsgemeinschaft Kritische Tiermedizin und Verbraucherinitiative, bildet die AbL das AgrarBündnis, das 1988 unter dem Namen „Dachverband der deutschen Agraropposition" gegründet wurde. Der Zusammenschluß gibt jährlich als Kontrapunkt zum Agrarbericht des Landwirtschaftsministeriums seinen „Kritischen Agrarbericht" heraus.

Marketing am Ackerrand

Solange Abnahmegarantien und Subventionen gutes Einkommen versprechen, ist Verkaufsförderung unnötig. Marketing war für Landwirte deshalb lange ein Fremdwort. Inzwischen sind die Garantiepreise so niedrig, daß alternative Absatzwege oft überlebensnotwendig sind. Seitdem gibt es Nachhilfe aus dem Reich der Marketingberater.

„Neues Denken für DirektvermarkterInnen" bietet eine niedersächsische Agentur in Tageskursen an. Zu den Trainingsinhalten gehören die Kunst, Stammkunden zu binden, die Auswahl des richtigen Sortiments sowie Gesprächs- und Verhandlungsführung. Im zweitägigen Intensivseminar geht es um konkretere Details wie Etatplanung, Warenpräsentation, Verkaufsortgestaltung und „Verpackung, Licht und Farben".

Nach Umfragen sind die meisten Betriebe, die sich selbst um die Vermarktung kümmern, sehr zufrieden mit diesem Schritt. Sie erschließen sich neue Einkommens- und Entwicklungsperspektiven und erlangen eine gewisse Unabhängigkeit von der allgemeinen Agrarmarktsituation. Das Schlüsselwort dafür heißt Direktvermarktung. Damit kann nicht nur der Zwischenhandel elegant umgangen werden; wer den direkten Kontakt zum Kunden pflegt, hat auch die Chance, die Vorzüge der eigenen Erzeugnisse genauer darzustellen, als das im Geschäft geschehen würde.

Immerhin fünf Prozent aller landwirtschaftlichen Produkte werden in Deutschland direkt vermarktet. Vertrieb in Eigenregie wirkt als Bremse gegen das „Höfesterben", weil die Landwirte den Teil des Preises, der sonst in Handelsspannen fließt, selbst behalten können.

Markt in Zahlen
11 594 bäuerliche Betriebe in Deutschland sind Direktvermarkter; das entspricht rund 3 % der Betriebe. Dazu kommen 5000 Biobauern und saisonale Anbieter. Der geschätzte Umsatz liegt bei rund 6 Milliarden DM.
Lebensmittel Zeitung Spezial 4/98

Verkauf ab Hof

Häufigster und wichtigster Absatzkanal der Direktvermarktung ist in Deutschland der Verkauf ab Hof. Er erfordert in der einfachsten Variante wenig Aufwand, mitunter nur ein Schild am Straßenrand: „Hier Kirschen, Johannisbeeren, Salat". Vielfach werden auch weiterverarbeitete Produkte angeboten und Erzeugnisse von Nachbarhöfen mitverkauft. Mitunter haben sich aus solchen Dienstleistungen neue Karrieren ergeben: Zwischen Landshut und Bad Tölz in Bayern und Syke in Ostfriesland sind sogenannte „Landfrauen-Service-Projekte" entstanden, die als ländlicher Partyservice private Feiern und Dorffeste beliefern und bewirten.

Pionier für die Projektidee war 1993 der „Landshuter Bäuerinnen Service", wo ein gutes Dutzend Landfrauen aus dem Ort aktiv sind. Im Angebot sind bäuerliches Gebäck und Spezialitäten für ein regionaltypisches kaltes Büfett inklusive Rahmenprogramm. Alle Frauen haben ihr Gewerbe als handwerklichen Nebenbetrieb angemeldet. Für die Koordinatorin werden zehn Prozent des Umsatzes auf ein Gesellschafterkonto gezahlt. (Quelle: AgrarBündnis 1998)

Wochen-, Bauern- und Ökomärkte

Wochen-, Bauern- oder Ökomärkte sind eine weitere Form der Direktvermarktung. Weil Landwirte oft Schwierigkeiten haben, einen Platz auf gut laufenden Wochenmärkten zu ergattern, haben sich Bauernmärkte etabliert. Um die Chancen für Neugründungen ausmachen zu können, sollten die Initiatoren sich erfahrungsgemäß mindestens ein Jahr Zeit geben. Für einen wöchentlichen Markt gilt ein Einzugsgebiet von 15 000 bis 20 000 Einwohnern als Mindestumfeld. Ämter sind oft bereit, die neue Attraktion Bauernmarkt zu unterstützen. So hat der Direktvermarkter Rhön-Vogelsberg e. V. mit kommunaler Hilfe fünf Bauernmärkte in der Region initiiert. Das „Landmarkt"-Siegel bürgt für regionale und naturbelassene Produkte.

Jeden ersten Donnerstag im Monat kommen vor der Stadtpfarrkirche in Fulda fünfzehn Direktvermarkter zusammen und verkaufen an ihren Ständen Obst, Gemüse, Brot, Backwaren, Fleisch, Wurst und Milchprodukte. Auch Pullover aus der Wolle der Rhönschafe werden angeboten. Mitgebrachte Kaninchen, Truthähne und manchmal kleine Kälber bringen ländliches Flair in die osthessische „Metropole". Mit diesem Landimage lebt es sich ganz gut. Die Betreiber werten den Markt als erfolgreich; achtzig Prozent der Besucher sind Stammkunden. (Quelle: Krost 1998)

Bauernläden

Bauernläden oder -markthallen sind eine gute und neue Möglichkeit, landwirtschaftliche Produkte an die „Städter" zu bekommen. Im Oktober 1996 hat die Bauernmarkthalle Stuttgart eG im Vogelsang, Stadtteil West, eröffnet. Im Einzugsgebiet von eineinhalb Kilometern gibt es 30 000 Haushalte. Im ehemaligen Straßenbahndepot der Stuttgarter Straßenbahn AG ist nun eine aus Frankreich oder Griechenland bekannte Markthallenatmosphäre zu schnuppern. An fünfzehn Ständen werden Fisch, Fleisch, Gemüse, Milch und Milchprodukte, Brot und Mühlenprodukte, Obst und Non-food-Artikel angeboten. Ein Marktcafé reicht Kaffee und Kuchen; am Fischstand sind täglich wechselnde Gerichte erhältlich. Die Produkte stammen überwiegend aus Baden-Württemberg und müssen mindestens den Standards des „Herkunfts- und Qualitätszeichens" entsprechen. Um im Winter mit einem streng regionalen Angebot die Produktpalette nicht zu eng zu fassen, darf in dieser Zeit die Hälfte des angebotenen Obstes und Gemüses zugekauft werden.

Lieferdienste

In Deutschland gibt es mittlerweile 200 bis 300 Lieferdienste für ökologische Produkte, mit wachsender Tendenz. Dieser bequeme Vertriebsweg hat in den letzten Jahren an Attraktivität und Professionalität gewonnen. Die Arbeitsteilung funktioniert: Hektische Stadtmenschen sind froh, nur ein Kreuzchen machen zu müssen – und schon wird die neue Wochenration an frischem Biogemüse direkt ins Haus geliefert. Die meisten Lieferdienste arbeiten mit Abonnementbestellungen. Wer abonniert, bekommt zum Festpreis eine Überraschungskiste mit Obst und Gemüse der Saison. Extras können zusätzlich bestellt werden. Der Service hat den großen Vorteil, daß die Bauern den Kisteninhalt variabel gestalten können und anliefern, was gerade frisch geerntet worden ist.

Wie flexibel Lieferdienste arbeiten können, zeigt der Verband „Öko-Kiste". Unter diesem Logo haben sich vierzehn ökologisch wirtschaftende Betriebe, hauptsächlich aus Südbayern, zusammengeschlossen. Sie beliefern jede Woche mehr als 10 000 Haushalte. Durch gemeinsame Werbung und eine Aufteilung der Liefergebiete vermeiden sie unnötige Konkurrenz und lange Anfahrtswege.

Die Kunden können insgesamt zwischen sieben verschiedenen Kisten in drei Größen wählen: Für Mutter und Kind werden blähende und treibende Gemüsearten aussortiert; für alle, die es eilig haben, gibt es die Speedykiste mit Gemüse, Salat und Obst für die schnelle Küche, und jede(r) kann Gemüse, mit dem er oder sie sich nicht anfreunden kann, aus seiner/ihrer Kiste verbannen. Der Lieferdienst bringt auf Wunsch auch Käse- oder Wurstpakete, Kartoffeln, Eier, Brot, Gebäck und Getränke nach Hause. (Quelle: Bio-Fach, 18/99. Einen bundesweiten Überblick über Lieferanten von Gemüsekisten kann man im Internet unter http://www.alles-bio.de erhalten.)

Rückbesinnung auf Werte von gestern

„Wir leben mit alten Haustierrassen nicht schlechter als andere Bauern auch. Nur: Wir haben mehr Zukunft." Verena Barth vom Hof Aufurth, einem fast 600 Jahre alten Familienbetrieb (Greenpeace Magazin)

In der Regionalisierung steckt die Chance, alte, angestammte Arten wiederzuentdecken und in den Handel zu bringen. Das gilt für Tiere wie für Nutzpflanzen. Auch hier ist der Rückgang der Vielfalt dramatisch. Weil die Hochleistungsmast sich auf Prototypen konzentriert, die schnell Fleisch ansetzen, sind regionaltypische genügsame und robuste Arten aus der ländlichen Szenerie verschwunden. 58 einheimische Tierarten stehen auf der Roten Liste der Gesellschaft zur Erhaltung alter und gefährdeter Haustierrassen (GEH). In der Pflanzenzucht sieht es nicht besser aus. An die Umgebung angepaßte Sorten sind standardisierten, auf Maximalertrag ausgerichteten Pflanzen gewichen, die einen hohen Einsatz von Pestiziden und Düngemitteln erfordern – und vom Geschmack her längst nicht so variantenreich sind wie alte Sorten.

Alte Haustierrassen

Mit „Ur-Viecher" überschrieb das „Greenpeace-Magazin" im Februar 1997 seine Titelgeschichte über Europas alte Haustierrassen. Fotomodelle waren seltsame Unbekannte: die Thüringer Waldziege und ein Exemplar der imposant gehörnten 3000 Jahre alten Schafsrasse Skudde, die in Ostpreußen vor dem Krieg als „Arme-Leute-Schaf" bekannt war. Es posierten das zierliche Hinterwälder Rind, das mit dem Auerochsen verwandte Englische Parkrind, eine gesprenkelte Hühnerart mit dem furchteinflößenden Namen „Westfälischer Totleger", das ungarische Wollschwein mit dem Lockenfell und das Rotbunte Husumer, ebenfalls eine Schweinerasse.

Es gibt einige Initiativen, die sich für eine Renaissance der alten Rassen einsetzen. Die GEH zum Beispiel, ein gemeinnütziger Verein von Landwirten, Züchtern und Idealisten, hat es sich zur Aufgabe gemacht, Altrassen aufzufinden und für die Nachwelt zu erhalten. In 7 Haustierparks und 22 „Arche-Höfen" werden sie wieder gezüchtet. Eile tut not. Von ehemals 35 früher in Bayern heimischen Rinderrassen existieren beispielsweise nur noch 5.

GEH-Mitglieder, auf deren Höfen Diepholzer Gänse, Pommernschafe oder Schwarzhalsziegen herumlaufen, berichten von „lächerlich niedrigen Tierarztkosten". Und sie machen die gleiche Erfahrung wie ihre Kollegen, die alte Gemüse- und Kräutersorten wiederentdecken: Die Freude an der Arbeit auf dem Land wächst, wenn nicht in jedem Stall und auf jedem Feld ewig gleiche Einheitsarten zu finden sind. Nicht nur ethische, sondern auch kulinarische Gründe sprechen für die Neuzucht alter Rassen. Skuddenbraten gilt beispielsweise wegen seines leichten Wildgeschmacks als Delikatesse.

Alte Sorten

Daß es sich lohnt, alte Pflanzensorten wieder auf den Markt zu bringen, zeigen der Verein zur Förderung der biologisch-dynamischen Gemüsesaatgutzucht e.v., der inzwischen fünfzehn Gemüsesorten neu- oder wieder angemeldet hat, oder der Verein zur Erhaltung der Nutzpflanzenvielfalt, der Delikatessen von gestern für die Zukunft bewahren will.

Blaue Kartoffeln, Gelbe Zuckererbsen, Zimterdbeeren, Weinberglauch: Bei diesen Pflanzen handelt es sich nicht um die neuesten Errungenschaften aus dem Genlabor, sondern um fast in Vergessenheit geratene alte Landsorten. Die Mitglieder des Vereins zur Erhaltung der Nutzpflanzenvielfalt in Arenborn etwa lassen in ihren Gärten alte Gemüse, Kräuter, Obst und Faserpflanzen wachsen. Außerdem ziehen sie Saatgut, doch dessen Verkauf sind juristische Grenzen gesetzt. Sind Pflanzensorten aus den Zulassungslisten des Bundessortenamts gestrichen, dürfen sie nicht mehr kommerziell vertrieben werden. Vor einer Wiederaufnahme steht ein kostspieliges, sich über zwei Jahre hinziehendes Procedere, das sich nur rentiert, wenn die Sorten in größerem Umfang angebaut werden. (Quelle: Schöps 1997)

Alte Traditionen

An den Einsatz von Zugtieren vor Pflug und Karren kann sich nur noch die ältere Generation erinnern. Seit den sechziger Jahren sind Pferde fast völlig von den Äckern verschwunden. Doch langsam besinnen sich Ökobauern wieder auf die „umweltfreundlichsten Arbeitsgeräte" – die lebendigen. Denn Pferdegespanne sind nicht nur für den Boden besser als schwere Maschinen; für kleinere Betriebe gelten sie auch unter wirtschaftlichen Gesichtspunkten als konkurrenzfähig. Zwar dauern Bodenbearbeitung und Transporte länger; dafür stören weder Motorenlärm noch Dieselgestank bei der Arbeit. Und Pferde stehen auf vielen Hö-

fen mittlerweile sowieso wieder im Stall – für das Frei-
zeitreiten.

Die Interessengemeinschaft Zugpferde in Deutschland (IGZ) plädiert beispielsweise dafür, Pferde „als
zeitgemäßen praktischen Beitrag zum Umweltschutz"
wieder für Hobby und Arbeit einzusetzen. Sie hält Kurse ab, um den Umgang mit Gespannen zu vermitteln.
Geeignet sind mittelschwere Kaltblüter, Haflinger oder
Norweger. (IGZ im Internet: http://home.t-online.de/
home/0526110695-001)

Eigenes Saatgut für den Biolandbau

Anders als bei der Gentechnik stehen hinter der Entwicklung von Saatgut für den Biolandbau keine fi-
nanzstarken Konzerne. Doch auch im ökologischen
Landbau ist Saatgutforschung wichtig. Er braucht Sorten, die einen guten Geschmack haben, auf einen Anbau ohne chemische Hilfe zugeschnitten sind und dem
Unkraut „frohwüchsig davonwachsen", wie die alternativen Saatgutzüchter es sagen.

Bis eine neue Sorte erprobt ist, können zehn bis
fünfzehn Jahre ins Land gehen. Beobachten, Vergleichen, Kreuzen heißen die Arbeitsschritte. Beim Urteil
über eine neue Sorte ist eine Vielzahl von Kriterien zu
berücksichtigen: Wie ist die Standfestigkeit, der Un-
krautbefall, das Verhalten bei harten Witterungsbe-
dingungen? Wie „backfähig" ist das Mehl? Gibt es Besonderheiten bei den Ballaststoffen?

Der Darzauhof im Wendland ist ein Zentrum der
ökologischen Getreideforschung. Der promovierte
Agrarbiologe Karl-Josef Müller sucht geeignete Sorten
durch Literatur- und Internetrecherche und durch
Kontakte mit Züchtern aus aller Welt. Oft ist ein kleines
Tütchen aus einer Samenbank, das gerade einen Löffel
füllt, das Ausgangsmaterial für das Brot von morgen.
Zunächst müssen diese kostbaren Körner vermehrt
werden. Wenn genügend unterschiedliche Sorten (bis
zu achtzig) für Versuche vorhanden sind, werden sie

„Die Besorgnis, dem ökologischen Landbau könnte
über kurz oder lang kein ge-
eignetes Saatgut mehr zur
Verfügung stehen, ließ 1987
den ‚Initiativkreis für Gemü-
sesaatgut aus biologisch-
dynamischem Anbau' ent-
stehen. Die Idee: dezentral in
ökologischen Betrieben er-
zeugtes Saatgut wird zentral
gesammelt, aufbereitet und
versandt."
Karin Heinze in „bio-land"
4/99

Zu Beginn des Jahres 1999 hatten die USA 35 transgene Nutzpflanzen genehmigt. Laut Schätzungen sind 35% der Maisanbaufläche und 55% der Ackerfläche für Sojabohnen (dies entspricht 16 Millionen ha) mit veränderten Sorten bepflanzt. In Europa gibt es nur sehr begrenzte Anpflanzungen in Spanien, Frankreich und Deutschland (vor allem 20 000 ha BT-Mais 1998 in Spanien). 28 Anträge für Raps, Mais, Zucker- und Futterrüben warten in Deutschland auf eine Aufnahme in die Sortenliste - eine Grundvoraussetzung für kommerzielle Vermarktung.
OECD Policy Briefing 6/99

auf Testparzellen ausgesät und verglichen. Zur Ernte sind Studenten im Einsatz, die die Ähren sortenrein bündeln, beschriften und in der Scheune aufhängen. (Quelle: Bankspiegel, 1/99)

Während etliche Landwirte die Vorbilder der Urgroßvatergeneration wieder schätzenlernen, sind andere auf zweifelhaftem Innovationskurs. Schon bevor die Zulassung für den Anbau von Gentechpflanzen erteilt war, haben sie mit Sondergenehmigungen die neuen Sorten ausgesät, die ihnen die Hersteller als lukrative Zukunftsinvestition schmackhaft gemacht hatten. Landwirte, die den Versprechungen der Saatgutfirmen Glauben schenken, können aber eine neue Gefahr der Gentechnik kennenlernen: das ökonomische Risiko. Setzen sie auf gentechnisch verändertes Saatgut, kann ihnen das zum Verhängnis werden. Gentechnisch veränderter Körnermais ist in Deutschland nahezu unverkäuflich. Getreidemühlen und Landhandel drohen jedem mit enormen Schadenersatzansprüchen, der ihnen Genmais heimlich anliefert.

Zulassungen für den kommerziellen Anbau von gentechnisch veränderten Pflanzen gibt es in Deutschland noch nicht. Allerdings können sich die Hersteller vom Bundessortenamt schon Sondergenehmigungen für den Anbau einer bestimmten Menge Saatgut erteilen lassen. So geschehen 1998 und 1999: Für Bt-Mais hatte Novartis 1998 eine Zulassung für zehn Tonnen Saatgut erhalten, für 1999 für fünfzig Tonnen. Vom Anbau des Gentechmais versprechen sich die Landwirte Einsparungen beim Insektizideinsatz und somit eine bessere Verkaufsbilanz. Daß diese Rechnung riskant ist, hat die erste Ernte bewiesen. Der Großhandel hat sich geweigert, den Mais abzunehmen.

Ein makaberes Spiel, ist es doch der Landhandel selbst, der den Bauern das Saatgut verkauft hat. Auch der Hersteller, Novartis, will die Ernte auf keinen Fall aufkaufen, falls den Bauern die Abnahme verweigert wird. Lapidar erklären Unternehmenssprecher, daß sich die Landwirte das Risiko vor dem Anbau klarmachen müßten. Einziger Ratschlag: den Genmais inner-

betrieblich verfüttern. Doch auch hier hat sich die
nächste Instanz bereits eingeschaltet. Nach zahlrei-
chen besorgten Verbraucheranfragen hatte sich zum
Beispiel die Breisgau-Milch in Freiburg Ende letzten
Jahres dazu entschlossen, ihre Milchlieferanten zu
verpflichten, keinen Genmais zu verfüttern. Wer gegen
die Vereinbarung verstößt, wird aus dem Lieferanten-
register gestrichen. Weitere Molkereien scheinen dem
Beispiel zu folgen. (Quelle: Bauernstimme, 4/99)

Heute back' ich, morgen brau' ich
Spielräume für Industrie, Handwerk und Verbraucher

Innovationsspirale und Warenströme

Für Industrie und Handwerk sind landwirtschaftliche Erzeugnisse Rohstoff. Für die Verarbeitung sorgen Unternehmen unterschiedlicher Größe und Marktmacht: Riesen wie Nestlé mit weltweit 220 000 Beschäftigten und Zwerge, die sich trotz des Konzentrationsprozesses als eigenständige Bäckereien, Molkereien, Metzgereien oder Brauereien gehalten haben.

Lebensmittelmultis wie Nestlé, Unilever oder CPC führen den Begriff der nachhaltigen Entwicklung gern im Mund. Allerdings legen sie ihn recht eigenwillig aus. Sie verweisen auf Energiesparmaßnahmen in der Produktion, auf bessere Rohstoffausbeute durch den Einsatz von Enzymen, auf Rückstandsprüfung der eingesetzten landwirtschaftlichen Grundstoffe. Aber sie unterschlagen wohlweislich, daß sie durch ihren Dauerausstoß von Innovationen riesige globale Warenströme in Gang setzen und daß sie durch ihre Marktmacht regionale Anbieter verdrängen.

Die Massenströme fließen immer schneller. Dafür sorgen die Innovationsspirale und jene wachsende Zahl von Zusatzstoffen, die den Produktionsprozeß zusätzlich beschleunigen können. War früher für die Käsereifung ein Zeitraum von mehreren Monaten vorgesehen, so bleiben heute wenige Wochen, mitunter nur Tage dafür. Die benötigten Hilfsstoffe lösen dabei einen Dominoeffekt aus: Setzt man einen zu, muß ein

„Mittlerweile nehmen die Menschen mehr industrielle Ingredienzen als echte Lebensmittel zu sich: So verspeisen die Deutschen beispielsweise pro Kopf in jedem Jahr 11 Kilo Bananen und 16,6 Kilo Tomaten, aber 18,8 Kilo industrielle Lebensmittelzutaten. Das sind jene Ingredienzen, die auf den Packungen im Kleingedruckten aufgeführt sind: vom Hühnerpulver bis zum Hefeextrakt, von Aroma bis Zitronensäure, von Flüssigrauch bis Glutamat, dazu Emulgatoren, Stabilisatoren, Säureregulatoren, auch pulverisiertes Huhn, Vollei, Rinderfett, Farbstoffe. Die Briten bringen es auf 24 Kilo, die Niederländer sogar auf 29,9 Kilo."
Hans-Ulrich Grimm, Aus Teufels Topf, 1999

Ungefährliche Lebensmittel? Eine Liste umstrittener Zusatzstoffe

E-Nummer	andere Bezeichnung	Verwendung als	z. B. eingesetzt in	diskutierte mögliche Nebenwirkungen
E 951	Aspartam	Süßstoff, Geschmacksverstärker	Getränken, Süßstofftabletten, Kaugummi	Kopfschmerzen, allergische Hautreaktionen, in der Diskussion: Risikofaktor beim Entstehen von Hirntumoren
E 210 E 211–213	Benzoesäure und Benzoate	Konservierungsmittel	Fleisch- und Wurstsalat, Mayonnaise, Eis, Süßigkeiten, Limonaden	bekanntes Allergen, kann zu Asthma, Nesselsucht und Dauerschnupfen führen
E 620 E 621–625	Glutaminsäure und Glutamate	Geschmacksverstärker	Fertigsuppen, -soßen, Brühwürfel, Fisch- u. Fleischgerichte, Knabbermischungen	Kopfschmerzen, Brechreiz, Asthmaanfälle, Appetitstimulanz
E 235	Natamycin	Konservierungsmittel, Antibiotikum (äußerl. Anwendung bei Mundfäule und Fußpilz)	Käse und Käseumhüllungen, Behandlung von getrockneten und gepökelten Würsten	allergische Reaktionen, Gefahr der Resistenzentwicklung
E 220 E 221–224 E 226–228	Schwefeldioxid und Sulfite	Konservierungsmittel, Antioxidantien, Schönungsmittel, Gärstopper, Bleichmittel	deklarationsfrei in fast allen Weinen, Chips, Pommes frites, Zucker, Trockenobst	Magenschmerzen Kopfschmerzen, Übelkeit
E 102	Tartrazin	Gelber Farbstoff	Likör, Branntwein, Kekse, Kuchen, Pudding, Eis	hohes allergenes Potential: Asthmaanfälle, Hautreaktionen, verschwommenes Sehen

Pollmer u. a., 1998

anderer unerwünschte Nebeneffekte aufheben, und so wird die Liste der Zusatzstoffe immer länger.

Wer sich bemüht, das Kleingedruckte auf der Verpackung zu entziffern, wird nicht mit Durchblick belohnt. Die chemischen Begrifflichkeiten und die langen Listen der E-Nummern stiften eher Verwirrung als

Aufklärung. Transparenz gewährleisten sie nicht. Udo Pollmer und seine Mitautoren haben diese Tatsache in ihrem Buch „Vorsicht Geschmack. Was ist drin in Lebensmitteln" zynisch-realistisch auf den Punkt gebracht. Sie schreiben, daß „was drin ist (...), nicht immer drauf stehen, aber auch das, was drauf steht (...), nicht immer drin sein" muß. Und was drin sein darf, gibt nicht zur Hoffnung Anlaß.

Es ist in absehbarer Zukunft nicht zu erwarten, daß sich die Multis im Lebensmittelgeschäft von ihrer Produktionsweise mitsamt den chemischen Zusatzstoffen verabschieden. Aber es gibt auch in der Ernährungsindustrie Pioniere, die Ökologie und soziale Aspekte in die Unternehmenspolitik einfließen lassen. Beim Arbeitskreis Ökologischer Lebensmittelhersteller (AÖL) handelt es sich zwar nicht um die *global players*, ihre Marktpräsenz ist dennoch beachtlich.

Dem 1994 gegründeten AÖL gehören sieben bayerische Hersteller an, die sich zur Förderung des ökologischen Anbaus und ökologisch erzeugter Produkte verpflichtet haben. Die Betriebe, mit denen die AÖL-Mitglieder zusammenarbeiten, bewirtschaften fast die Hälfte der Ökoanbaufläche in Bayern. Das illustriert, wie stark Lebensmittelverarbeiter zur Steigerung der ökologischen Anbaufläche beitragen können. AÖL-Mitglieder sind (Quelle: Ökologie und Landbau, 1/1999):

- der Babynahrungshersteller Hipp, der weltweit größte Verarbeiter organisch-biologischer Rohwaren;
- die Großbäckerei Hofpfisterei;
- die Brauerei Neumarkter Lammsbräu;
- die Andechser Molkerei;
- Milch- und Käsespezialitäten Scheitz;
- die Meyermühle und
- Salus-Haus, Hersteller von Naturarzneimitteln und Tees

Beachtliche Spielräume, die eigene Produktion um-
zugestalten, haben mittelständische Verarbeiter und
Kleinbetriebe wie Bäckereien und Metzgereien. Sie
sind im ländlichen Raum ein prägender Wirtschaftsfaktor – und ideale Partner auf dem Weg zur Nachhaltigkeit, weil sie sich flexibel an kleine Mengen anpas-
sen können. Die Zusammenarbeit mit Biobauern hat
vielen Betrieben die Umsätze gesichert. Allein 163
Bäckereien in Baden-Württemberg arbeiten inzwischen nach den Richtlinien von Bioland und Demeter.

Nachhaltigkeit im Supermarkt

Alle großen Handelsketten führen inzwischen eine Eigenmarke mit ökologischen Produkten. Vor allem bei
den Frischwaren hat sich in den vergangenen zwei
Jahren einiges getan; in den Supermärkten gibt es ein
breites Angebot an Obst, Gemüse, Molkereiprodukten,
Brot und Backwaren und teilweise auch Ökowurst und
-fleisch. Für die nächsten Jahre rechnen Kenner mit
einer Zunahme des Biosortiments auf bis zu tausend
Artikel. Die Preise sind günstiger als im Naturkosthandel, die Anforderungen an die Produkte allerdings
auch etwas geringer: Der Wurst darf beispielsweise Ni-
tritpökelsalz zugesetzt werden, und Backwaren werden mit biologischem Weißmehl angefertigt.

In der Schweiz ist schon heute ein Goliath der Lebensmittelbranche auch im Biogeschäft führend. Die
Coop hält nach Angaben von Bio Suisse einen Anteil
von 33 Prozent am Biolebensmittelmarkt. Seit 1993
vermarktet Coop Bioprodukte mit der Eigenmarke NA-
TURAplan unter dem Zeichen der Schweizer biologischen Anbauverbände, der Knospe. Innerhalb von nur
vier Jahren hat sich der Umsatz mit NATURAplan-Pro-
dukten von 21 Millionen auf 232 Millionen Franken
mehr als verzehnfacht. Das Sortiment umfaßt mehr als
250 Produkte.

Für das Unternehmen hat sich das Bioengagement
gelohnt – in einem stagnierenden Markt verzeichnet es

„Beim Verbraucher liegen Bioprodukte im Trend, und das Ökomarketing poliert das Image des Einzelhandels auf. Aber auch die Verbraucher haben ihre Kaufprioritäten wesentlich diversifiziert. Mittelfristig wird der Bio-Anteil bei Anbau und Konsum etwa 20 Prozent betragen."
Urs Niggli, Direktor des Schweizer Forschungsinstituts für biologischen Landbau, in Ökologie & Landbau 1/99

Handelsketten und deren Eigenmarken für biologische Produkte

Handelsgruppe	Jahresumsatz	Marken bzw. Eigenmarken	Zahl der Bioprodukte
Deutschland			
REWE	46,6 Mrd. DM	Füllhorn	170
Real	Metro-Gruppe: 60,3 Mrd. DM	Grünes Land	250
Tengelmann	Tengelmann-Gruppe: 26,4 Mrd. DM	Naturkind	120
Karstadt	24,5 Mrd. DM	Herstellermarken	400
Globus	5,8 Mrd. DM	terra pura	90
Kriegbaum	3,0 Mrd. DM	Naturzeit	150
tegut	1,9 Mrd. DM	Inatura, tegut	350
Schweiz			
Coop	7,1 Mrd. sFr	NATURAplan	250
Migros	14,2 Mrd. sFr	M-Sano, M-Bio	100/70
Österreich			
Billa	56,7 Mrd. ÖS	JA! Natürlich!	keine Angaben
SPAR	41,3 Mrd. ÖS	SPAR Natur pur	keine Angaben

Bio-Fach, 1998b, Wüstenhagen, 1997, BILLA online, 1999, SPAR online, 1999

leichte Marktanteilsgewinne. Der ökologische Landbau profitiert ebenfalls: Das professionelle und breite Marketing für die Knospe verhalf dem Siegel zu dem enormen Bekanntheitsgrad von 76 Prozent.

In Deutschland haben die Verbände des Biolandbaus den Weg für ein gemeinsames Ökoprüfzeichen (ÖPZ) freigemacht, das in Zusammenarbeit mit der sonst im konventionellen Bereich aktiven CMA vergeben werden soll. Das einheitliche Siegel soll den Verbrauchern die Orientierung erleichtern, sehen diese sich doch inzwischen einer Flut von mehr als hundert eingetragenen Warenzeichen für biologische Produkte gegenübergestellt. Für die Glaubwürdigkeit des Siegels steht die Überwachung durch die AGÖL. Landwirte, die das Prüfzeichen erhalten wollen, müssen ihren gesamten Betrieb auf ökologischen Landbau umstellen und auf chemisch-synthetische Pestizide, leicht lösliche Düngemittel, Massentierhaltung und Gentechnik verzichten.

Ob das neue einheitliche Prüfzeichen sich durchsetzt, wird sich erst zeigen müssen. Während der Jahrestagung des Öko-Instituts Freiburg im April 1999 wurden Stimmen laut, die den Erfolg anzweifeln. Für einige Handelsunternehmen machen die Vergaberichtlinien es unmöglich, sämtliche Bioprodukte mit dem Label auszuzeichnen. Damit wird eine Lizenznahme für die Händler uninteressant. Und Verbraucher wollen mitunter mehr wissen, als das ÖPZ verrät – AnhängerInnen der Anthroposophie interessieren sich beispielsweise dafür, ob die Erzeugung der Bioprodukte nach Demeterrichtlinien erfolgt ist. Auf der anderen Seite wird das Siegel aber erst ab einem Umfang von tausend gekennzeichneten Produkten eine reelle Chance haben, sich von der Vielzahl der anderen Label abzusetzen; sonst trägt es nur zu zusätzlicher Verwirrung bei.

> „Gütesiegel genießen in Dänemark und Österreich ein hohes Vertrauen und sind ein Grund für den Bioboom in diesen Ländern. Weil es auf dem Markt viele Importprodukte gibt, wäre es ein großer Fortschritt, wenn es ein europäisches Biosiegel gäbe - mit Angabe der Herkunftsregion."
> *Immo Lünzer, Ökologie & Landbau 4/98*

Regional, wo möglich ...

Das Zusatzangebot von Ökoprodukten allein führt nicht zu einem „nachhaltigen Supermarkt". Dringend geboten wäre eine Orientierung an regionalen und saisonalen Kreisläufen auch bei konventioneller Ware. Doch die Zahl unabhängiger Einzelhändler schrumpft, für die regionale Produkte einen Wettbewerbsfaktor darstellen könnten. Und die großen Filialisten sind über die Aufnahme regionaler Produkte nicht immer erfreut. Ein breites Sortiment an regionalen Produkten kann zwar mit Imagegewinn und Umsatzsteigerung verbunden sein. Doch das Angebot kann selten mit den Niedrigpreisen konkurrieren, zu denen die Ketten sonst einkaufen.

Die österreichische Organisation von SPAR läßt den Regionalleitern vor Ort die Wahlfreiheit. Wenn ihnen

154

regionale Produkte interessanter erscheinen als die von der Zentrale angebotenen, können sie sich gegen die Standardware entscheiden und bis zu fünfzig Prozent der Produkte in eigener Verantwortung listen. Das bedeutet auch für die Bioprodukte einen zusätzlichen Vorteil: Während sie bei anderen Ketten zentral erfaßt und transportiert werden, können beim regionalen Absatz die Strecken kurz gehalten werden.

Eines ist dennoch klar: Supermärkte, die nur regionale und saisonale Produkte anbieten, dürften nach kurzer Zeit das Gros der Kundschaft verlieren. Selbst in Biosupermärkten sind inzwischen zunehmend Bananen, Kiwis und Avocados zu finden, die zwischen Flensburg und Bern eher selten wachsen.

... und sonst fair gehandelt

„Bio-Tee boomt. Nachdem die Stiftung Warentest in konventionellen Grüntees jede Menge Pestizidrückstände feststellte, greifen die Verbraucher verstärkt zu biologischen Produkten. Über einen Boom, so Warentest in einer Pressemitteilung, berichtet unter anderem der Förderverein ECO&FAIR e.V., dem sich verschiedene Bio-Firmen angeschlossen haben. ECO&FAIR will mit den Einnahmen (3 Mark Mehrerlös pro Kilo Tee) Fachberater für chinesische Teefirmen ausbilden, um so die Umstellung auf Bio weiter zu fördern. Bei einer Untersuchung des Magazins test (Februar-Ausgabe) war mehr als die Hälfte der 68 Grünteeproben stark belastet".
„Schrot & Korn" 8/99

Keinen Kaffee mehr? Keinen Tee? Keine Bananen? Und nie wieder Schokolade? Bei der Forderung nach mehr Regionalität werden schnell Grenzen sichtbar. Die totale Abkopplung vom Weltmarkt ist wenig realistisch und auch nicht wünschenswert. Denn Nachhaltigkeit bedeutet nicht nur Ökologie, sondern auch soziale Gerechtigkeit. Der faire Handel stellt eine Möglichkeit dar, sie zu verwirklichen.

Schon in den frühen siebziger Jahren gab es die ersten Initiativen, die in Europa Kaffee aus Tansania verkauften, dessen Erlös Kleinbauern zugute kam. 1975 wurde die gepa, die Gesellschaft zur Förderung der Partnerschaft mit der Dritten Welt, gegründet. Und seit Ende der achtziger Jahre gibt es in fast allen europäischen Ländern Initiativen für Gütesiegel unter Namen wie TransFair, Max Havelaar oder FairTrade.

Erster Gedanke des fairen Handels ist die Verbesserung der Lebens- und Arbeitsbedingungen der Kleinbauern in den Erzeugerländern. Wer das Siegel führen will, muß bestimmte Kriterien erfüllen, die je nach Produkt unterschiedlich sind. Im Gegenzug garantieren die Importeure den Kooperativen, Genossenschaften und Plantagen Mindestpreise über dem Weltmarktniveau, langfristige Lieferbeziehungen und die Ausschaltung des Zwischenhandels.

Mit dem Siegel schafften die fair gehandelten Produkte den Sprung in die Supermärkte. Pionierprodukt war 1988 fair gehandelter Kaffee mit dem Max-Havelaar-Siegel in Holland und in der Schweiz. Inzwischen gibt es auch Tee, Schokolade, Honig und Bananen mit diesem Siegel. 1999 soll Orangensaft dazukommen.

Die Marktanteile in Europa sind sehr unterschiedlich: In der Schweiz erzielt fair gehandelter Kaffee inzwischen fünf Prozent des gesamten Kaffeeumsatzes, in Deutschland erst ein Prozent. Grund hierfür ist sicher auch der unterschiedliche Bekanntheitsgrad des TransFair-Siegels. In der Schweiz ist das Ministerium für wirtschaftliche Zusammenarbeit Kofinanzier der Max Havelaar Stiftung, was sogar einen Fernsehwerbespot für das Label ermöglicht hat. In Deutschland stehen nur 150 000 Mark im Jahr für die Öffentlichkeitsarbeit zur Verfügung.

Die Max Havelaar Stiftung Schweiz wurde 1992 nach dem Vorbild der bereits bestehenden Organisation in den Niederlanden gegründet. Getragen von Schweizer Hilfsorganisationen arbeitet sie nicht gewinnorientiert. Ziel ist die Förderung eines Handels, der von benachteiligten Produzentinnen und Produzenten in Entwicklungsgebieten existenzsichernd und umweltschonend betrieben werden kann.

Alles Banane?

Was fairer Handel für die Erzeuger in der Praxis bedeutet, läßt sich gut am Beispiel der Bananenproduktion zeigen. Deutschland liegt beim Bananenverbrauch in Europa an der Spitze. 13,5 Kilogramm hat jede/r Deutsche im Durchschnitt im Jahr 1997 gegessen. *Musa paradisa,* Paradiesfrucht, wird die Banane in den Erzeugerländern in Zentral- und Lateinamerika genannt. Der Anbau stellt sich allerdings nicht paradiesisch dar. Für die PlantagenarbeiterInnen bedeutet er: niedrige Löhne, gesundheitsgefährdende Arbeitsbedingungen, Vergiftung der Umwelt.

Alles Banane?

Die Bundesrepublik liegt mit ihrem Verbrauch an Bananen an europäischer Spitze. Deutschland – eine Bananenrepublik also?

Länder Zentral- und Lateinamerikas werden schon seit Jahren so tituliert. Grund hierfür ist allerdings nicht der Verbrauch, sondern die wirtschaftliche Abhängigkeit von den Exporterlösen der „Paradiesfrucht" (Musa paradisiaca).
Deren Anbau stellt sich allerdings ganz und gar nicht paradiesisch dar. Den Preis billiger Bananen zahlen die Plantagenarbeiterinnen und -arbeiter mit niedrigen Löhnen, gesundheitsgefährdenden Arbeitsbedingungen und der Vergiftung ihrer Umwelt.
Anhand von Costa Rica wird hier gezeigt, unter welchen Umständen Bananen produziert werden:
Seit Beginn des Bananenanbaus vor über 100 Jahren hat sich die Produktivität je Hektar mehr als verzehnfacht. Erzielt wurde dies durch ertragreiche Sorten, die extrem auf Agrochemikalien angewiesen sind.

Beispiel Pestizide:
Der Pestizideinsatz liegt in der Bananenproduktion bei 44 kg je Hektar und Jahr. Zum Vergleich: In der Kaffee-Produktion werden im Jahr 6,5 kg eingesetzt, und in den Industrieländern werden in der konventionellen Landwirtschaft auf gleicher Fläche 2,7 kg Pestizide im Jahr ausgebracht.
Durch die Pestizide werden Gewässer stark belastet, Fischsterben ist verzeichnet worden, und auch das Sterben des Korallenriffs im Cahuita Nationalpark Costa Ricas wird auf die hohe Pestizidbelastung des einströmenden Wassers zurückgeführt.
Knapp zwei Drittel der akuten Vergiftungsfälle in der Landwirtschaft in den Jahren 1995 und 1996 stammten aus der Bananenproduktion. Plantagenarbeiterinnen und -arbeiter leiden vielfach unter chronischen Gesundheitsschädigungen wie Augenleiden, Dermatitis oder auch Sterilität.
Pro Jahr fallen bei der Bananenproduktion 20.000 Tonnen chemisch behandelte Abfallsäcke an, deren Entsorgung sehr problematisch ist.

Bananenrepubliken??

Deutschland		Costa Rica		
Jahr	Pro Kopf Import in Kilogramm	Jahr	Produktion in Tonnen	davon für den Export
1990	15,52	1990	573.31	82.4%
1991	16,98	1991	552.52	89,4%
1992	17,16	1992	601.50	90,1%
1993	15,13	1993	458.72	88,2%
1994	14,47	1994	597.55	93,4%
1995	14,99	1995	671.73	88,0%
1996	14,62	1996	658.71	87,6%
1997	13,55	1997	602.74	83,0%

FAO, online, zitiert am 3.3.1999

Fairer Handel mit Bananen

„Ich wünsche mir, daß die Menschen, die eine Banane in die Hand nehmen, daran denken, daß hinter jeder Frucht Schicksale stehen. Und daß wir, die Arbeiterinnen und Arbeiter, es auch verdienen, gut zu leben."
Doris Calvo (Mitarbeiterin des Frauensekretariats der costaricanischen Gewerkschaften)
BanaFair Info 10/97, S. 5

Um am Fairen Handel als Produzent teilnehmen zu können, müssen verschiedene Kriterien erfüllt werden, zu denen auch die Einhaltung bestimmter arbeitsrechtlicher und ökologischer Mindeststandards gehören, wie beispielsweise

* die Rechte der Arbeiterinnen und Arbeiter auf sichere und gesunde Arbeitsbedingungen

* Gewässer- und Erosionsschutz

* eine erhebliche Einschränkung im Gebrauch von Pestiziden und Zusatzstoffen

* die kontinuierliche Durchführung ökologischer Fortbildungsprogramme

Es geht auch anders:
Ein Beispiel – ebenfalls in Costa Rica

Die Plantage Rio Sixaola

Im Süden des Landes gelegen, werden dort gut 100 Hektar Fläche von 30 Angestellten bewirtschaftet.
Weder Herbizide, Insektizide noch Nematizide finden auf der Plantage Anwendung. Wegen des Sigatoka Negra, der schwarzen Blattfleckenkrankheit, die durch einen Pilz verursacht wird, und die innerhalb kurzer Zeit die gesamte Plantage zerstören könnte, wird in diesem Fall mangels einer biologischen Variante nicht ganz auf die chemische Bekämpfung verzichtet. Fungizide werden eingesetzt. Die Plantage hebt sich aber trotzdem so positiv von der „Normalität" ab, daß ihr schon mehrere internationale Umweltpreise und -zertifizierungen verliehen wurden, wie zum Beispiel die Zertifizierung nach ISO 14001.

Die Sixaola Bananen sind in Deutschland mit dem TransFair Siegel zu erhalten.

Beispiel Costa Rica

Pro Hektar und Jahr werden 44 Kilogramm Pestizide verwendet. Zum Vergleich: In der Kaffeeproduktion werden 6,5 Kilogramm eingesetzt, in der konventionellen Landwirtschaft der Industrieländer 2,7 Kilogramm. Folge ist eine starke Gewässerbelastung. Das Sterben des Korallenriffs im Cahuita-Nationalpark in Costa Rica wird auch auf die Pestizidbelastung des einströmenden Wassers zurückgeführt. Knapp zwei Drittel der akuten Vergiftungsfälle in der Landwirtschaft stammten in den Jahren 1995 und 1996 aus der Bananenproduktion. Plantagenarbeiterinnen und -arbeiter leiden vielfach unter chronischen Gesundheitsschäden wie Augenleiden, Hautverletzungen oder auch Sterilität.

Der faire Handel sichert die Rechte der Arbeiterinnen und Arbeiter auf sichere und gesunde Arbeitsbedingungen und kontinuierliche ökologische Fortbildung. Es gibt Auflagen zum Gewässer- und Erosionsschutz. Der Einsatz von Pestiziden ist erheblich eingeschränkt. Was das bedeutet, zeigt zum Beispiel die Plantage *Rio Sixaola* im Süden von Costa Rica, die mehrere Umweltpreise und -zertifizierungen erhalten hat. Hier bewirtschaften dreißig Mitarbeiter gut hundert Hektar – ohne Herbizide, Insektizide und Nematizide. Fungizide werden eingesetzt, weil die Pilzkrankheit *Sigatoka Negra* die gesamte Plantage gefährden könnte. Sixaola-Bananen sind in Deutschland mit dem TransFair-Siegel zu erhalten.

„Ich wünsche mir, daß die Menschen, die eine Banane in die Hand nehmen, daran denken, daß hinter jeder Frucht Schicksale stehen. Und daß wir, die Arbeiterinnen und Arbeiter, es auch verdienen, gut zu leben."

Doris Carlo vom Frauensekretariat der costaricanischen Gewerkschaften

Der Supermarkt als gentechnikfreie Zone

Ihre gewaltige Marktmacht erlaubt es den Handelsketten, Druck auf die Lieferanten auszuüben. Für ihre Eigenmarken (wie zum Beispiel Erlenhof von REWE) diktieren die Unternehmen genaue Vorschriften über Qualität und Inhaltsstoffe. An dieser Schnittstelle können kritische Verbraucher ansetzen. Es besteht eine realistische Chance, den Handel als Hebel zu nutzen, um die Ernährungsindustrie zu beeinflussen. Einen Durchbruch hat der Verbraucherdruck in Sachen Gentechnik bewirkt. Am intensivsten wird die Diskussion in Großbritannien geführt, wo der BSE-Skandal seine Spuren hinterlassen hat. Dort treten Kontrahenten auf höchster Ebene auf: Als Gentechnikbefürworter agiert Premierminister Tony Blair, als Gentechnikskeptiker Prinz Charles.

Ausgehend von Großbritannien, haben inzwischen etliche Handelsketten in sechs Ländern ihren Ausstieg aus der Gentechnik beschlossen; es dauerte lange, bis die erste deutsche mitzog. Eines ist jetzt schon gewiß: Die Powerplay-Strategie der Genfoodproduzenten ist gescheitert. Sie waren davon ausgegangen, daß für die Pionierpflanzen der Gentechnik, Soja und Mais, innerhalb weniger Jahre keine garantiert gentechnikfreie Ernte mehr in größerem Umfang in den Handel gelangen würde.

Domino-Effekt
Als erste deutsche Supermarktketten haben Tengelmann und REWE im August 1999 mitgeteilt, in Zukunft bei der Herstellung ihrer Eigenmarken auf den Einsatz gentechnisch hergestellter Rohstoffe verzichten zu wollen. Als nächste Organisation zog Edeka nach.

Gentechnikfreie Supermärkte

Einst mit der „Flavr-Savr-Tomate" Vorreiter bei der Vermarktung gentechnisch veränderter Lebensmittel, hat die Supermarktkette Sainsbury aus Großbritannien nun die Seiten gewechselt. Das Unternehmen hat mit anderen europäischen Supermarktketten einen Zusammenschluß gegründet, der bei sämtlichen Eigenmarken auf gentechnisch veränderte Lebensmittel verzichten will. Weitere Pioniere waren

* Mark's & Spencer (Großbritannien)

* Carrefour (Frankreich)

* Superquinn (Irland)

* Migros (Schweiz)

* Delhaiz (Belgien) und

* Effelunga (Italien)

Auch SPAR in Österreich und Iceland (England) haben sich gegen gentechnisch veränderte Lebensmittel ausgesprochen und entsprechende Produkte aus den Regalen genommen. In Großbritannien läßt sich gar die Supermarktkette Tesco von Greenpeace unterstützt, um gentechnikfreie Rohstoffe zu beziehen.

Der Druck der Handelsketten zeigt Wirkung: Die Welle von Unternehmen, die gentechnikfrei werden wollen, hat nun auch die Lieferanten in der Lebensmittelindustrie zu einem ersten Einlenken gebracht. Entgegen der globalen Politik ihrer Mutterkonzerne haben die britischen Niederlassungen von Unilever und Nestlé angekündigt, für ihre Produkte keine gentechnischen Zutaten mehr zu verwenden.

Die Gerber AG, ein zum Novartis-Konzern gehörender, führender Hersteller von Babynahrung will ab September auf die Verwendung von gentechnisch verändertem Mais und Soja verzichten. Das teilte Novartis Schweizer Presseberichten zufolge am Samstag mit. Grund sei die Ablehnung der Gentechnik durch die Verbraucher. Novartis selbst will jedoch auch weiterhin gentechnisch veränderte Lebensmittel produzieren.
@grar.de Aktuell vom 1. August 99

Von wem? Woher? Wie? Transparenz schaffen!

Nachhaltiges Einkaufen setzt voraus, daß Kunden sich über die Herkunft der Waren informieren können. Das wiederum ist nur möglich, wenn die Händler selbst über die Produkte Bescheid wissen, die sie anbieten. Verantwortungsbewußte Einzelhändler machen sich bei ihren Lieferanten über die Biographie der Waren kundig und können ihre Kunden aufklären über Anbau, Herkunft, Transportwege, Verarbeitungsmethoden und Zutaten. Die Händler können diese Kenntnisse auch nutzen, um einen besseren Kundenkontakt aufzubauen.

Wie das geht, zeigt das Beispiel „tegut". Das Einzel-
handelsunternehmen tegut sitzt in Fulda und hat Filialen in Osthessen, Thüringen und im nördlichen Bayern. Neben einem regional orientierten Angebot und
einem breiten Sortiment an biologischen Produkten
zeichnet sich das Unternehmen durch eine innovative
Idee aus: Zusammen mit einem regionalen Veranstal-
ter organisiert es Wochenendreisen zu Produzenten.
Interessierte Konsumenten konnten beispielsweise im

Ländernummern der Strichcodes

00 bis 09	USA und Kanada	750	Mexiko
20 bis 29	Kennzeichen für	76	Schweiz
	interne Numerierung	770	Kolumbien
30 bis 37	Frankreich	773	Uruguay
40 bis 44	Deutschland	775	Peru
471	Taiwan	779	Argentinien
489	Hongkong	780	Chile
49	Japan	789	Brasilien
50	Großbritannien und Irland	80 bis 83	Italien
520	Griechenland	84	Spanien
54	Belgien und Luxemburg	850	Kuba
560	Portugal	869	Türkei
57	Dänemark	87	Niederlande
590	Polen	880	Südkorea
599	Ungarn	885	Thailand
600 bis 601	Südafrika	888	Singapur
64	Finnland	90 bis 91	Österreich
70	Norwegen	93	Australien
729	Israel	94	Neuseeland
73	Schweden		

ARGE Müllvermeidung (Hrsg.), 1998

März 1999 einen Biobauernhof besuchen, der das Unternehmen mit Eiern aus Freilandhaltung beliefert. Die sonst anonymen Produkte gewinnen so an Profil, und Verbraucherinnen und Verbraucher sind eher bereit, die höheren Kosten zu tragen.

Woher Lebensmittel stammen, die im Supermarkt stehen, können Kenner dem Strichcode entnehmen. Er richtet sich nach dem Europäischen Artikelnummern-Code, kurz EAN, der aus dreizehn Ziffern besteht. Die ersten zwei bis drei Ziffern sind Ländernummern. Sie zeigen, aus welchen Ländern die Ware stammt bzw. wo sie verarbeitet wurde.

Fein, aber nicht immer klein: Bioläden

Greening Goliaths – so bezeichnet Rolf Wüstenhagen das Konzept der Ökologisierung der Unternehmen mit großer Marktmacht. Die parallele Strategie auf dem Weg zu einem ökologischen Massenmarkt nennt er *multiplying Davids*. Sie verheißt die weitere Verbreitung und Professionalisierung der Bioläden: Der Trend geht hin zu größeren Verkaufsflächen, einem breiten Warensortiment, das – wie in konventionellen Supermärkten – neben Lebensmitteln auch Haushaltsartikel, Wasch- und Reinigungsmittel, Kosmetika, Nahrungsergänzungs- und Heilmittel umfaßt.

In Deutschland ist die durchschnittliche Fläche von Naturkostläden so groß wie eine Vierzimmerwohnung: etwa 100 Quadratmeter. Allerdings gibt es schon dreißig bis vierzig Geschäfte mit einer Verkaufsfläche von 200 bis 600 Quadratmetern. Auch die Zahl der Artikel wird in den großen Biosupermärkten stark ansteigen, Schätzungen gehen von 4000 bis 6000 Artikeln statt der bisherigen 2000 aus.

„In Deutschland gibt es derzeit 30 bis 40 Bio-Supermärkte. Bis zum Ende des nächsten Jahrzehnts könnten es durchaus zehn- bis zwanzigmal soviele sein. Nichtsdestotrotz wird es in städtischen Randlagen und in ländlichen Gebieten die Naturkostläden gewohnten Zuschnitts von 50 bis 100 m2 Verkaufsfläche geben."
Kai Kreuzer, Ökologie & Landbau 1/99

Basic – der Biosupermarkt in München

Ende September 1998 wurde Münchens erster Biosupermarkt mit einer Verkaufsfläche von über 400 Quadratmetern eröffnet. Frischprodukte stammen zum Großteil aus dem Umland. An Theken mit Bedienung sind Brot, Käse, Wurst und Fleisch erhältlich. Das Weinsortiment umfaßt über 100 Bioweine, 3000 Artikel stehen insgesamt zur Auswahl. Mit der Vision „Bio für alle" vermarkten die Gründer unter der Basic-Eigenmarke 60 Produkte des täglichen Bedarfs zu besonders günstigen Preisen. Der geplante Umsatz für das erste Geschäftsjahr soll sich auf drei bis vier Millionen Mark belaufen, später sollen fünf bis sechs Millionen erzielt werden. Weitere Ökosupermärkte sind von der Firma Alnatura eröffnet worden. Filialen gibt es bisher in Darmstadt, Freiburg, Karlsruhe, Kassel, Ludwigshafen, Mannheim, Mosbach und Neu-Ulm.

BioFach, 17/98, BioFach, 18/99

Spielräume für die Großverbraucher

Gastronomie

Ein natürlicher Bündnispartner für Nachhaltigkeit in Ernährungsfragen sind Köche. Wer am Wochenende oder im Urlaub essen geht, will sich etwas gönnen – es dürfen auch einmal regionale Spezialitäten wie Labskaus, Schwarzsauer und Aalsuppe im Norden oder Saumagen, Schupfnudeln und Kässpätzle im Süden sein. Baden-Württemberg hat die Regionalisierung der kulinarischen Attraktionen als Chance erkannt und umgesetzt. Im Projekt „Regionale Speisekarte" unter dem Motto „Schmeck den Süden" arbeiten Tourismus, Landwirtschaft und Gastronomie zusammen.

In der Schweiz hat Bio Suisse das Signet ökologischer Produkte, die Knospe, auch in der Gastronomie eingeführt. Interessierten Gaststätten stehen nach einer Schulung zwei Möglichkeiten offen. Wollen sie das Label für ihre gesamte Küche, müssen sie sämtliche Speisen mit Knospe-Zutaten zubereiten und auch Getränke in Knospe-Qualität anbieten. Rohstoffe, die nicht in biologischer Qualität erhältlich sind, müssen sie in der Speisekarte als konventionell kennzeichnen. Die Einhaltung wird regelmäßig durch einen unabhängigen Kontrolldienst überprüft. Die andere Möglichkeit besteht in der Verwendung von Knospe-Zutaten, die in der Karte gekennzeichnet werden können.

Eine Vorreiterrolle gegen Einheitsgeschmack und „Frankenstein-Food" spielt Eurotoques, der Verband jener Köche, deren Restaurants in Reiseführern in der Regel mit den meisten Kochmützen ausgezeichnet werden. Eurotoques wurde 1986 gegründet und vereint über 3200 Spitzenköche. Grund für ihren Zusammenschluß ist die Gefährdung kulinarischer Traditionen: Nahrungsmittelindustrie und Food-Designer kreieren mit Hilfe von chemischen Zusätzen, Aromen, Geschmacksverstärkern und Konservierungsstoffen uniforme Lebensmittel ohne Identität. Dem wollen die Köche mit ihrem Wissen und Können entgegentreten, indem sie qualitativ hochwertige, den Jahreszeiten entsprechende Lebensmittel aus der Region verwenden. Vorgefertigte Nahrungsmittel sind tabu; der Gentechnik erteilen die Köche eine klare Absage. (Eurotoques im Internet: http://www.eurotoques.de)

Gemeinschaftsverpflegung

Ungefähr ein Fünftel der Deutschen, Österreicher und Schweizer nehmen täglich eine Mahlzeit in Kantinen oder Mensen ein – die Gemeinschaftsverpflegung ist also ein bedeutendes Marktsegment. Was Genuß und Qualität betrifft, hat sie allerdings eher einen schlechten Ruf. Sie gilt bisher hauptsächlich als Möglichkeit, preiswert satt zu werden. Die Esser interessieren sich nur mäßig dafür, woher die Rohstoffe kommen, die ihnen die Kantinenköche auftischen.

Dabei sind zumindest Studenten und gutbezahlte Angestellte ein Kundenkreis, der gegenüber Gesundheits- und Umweltargumenten aufgeschlossen ist. In Kindergärten sind die Eltern oft dankbar, wenn sich Alternativen zu konventioneller Kost finden lassen. Und bei anderen Gruppen bietet sich die Möglichkeit, ökologische Produkte von Skeptikern ausprobieren zu lassen, die sie für den heimischen Herd nicht kaufen würden.

Fünf Hürden stehen vor dem Einzug von Ökoprodukten in die Großküchen:

1. Kosten: Die Preisunterschiede zwischen ökologischen und konventionellen Produkten sind für Kantinen oft zu hoch.

2. Mengen: Die benötigten Mengen sind entweder zu groß oder zu klein. Großkantinen überfordern meist das regionale Angebot; kleine Kantinen hingegen benötigen so geringe Mengen, daß sich der Aufbau einer neuen Logistik nicht rentiert.

3. Logistik: Große Einrichtungen werden fast täglich beliefert, Lagerhaltung findet nur in sehr geringem Umfang statt. Den Lieferanten wird deshalb ein hohes Maß an Pünktlichkeit und Zuverlässigkeit abverlangt. Neuen Anbietern schlägt deshalb Mißtrauen entgegen, und sie haben es schwer, sich durchzusetzen.

4. Vorverarbeitung: Viele Waren werden von Großverbrauchern bereits in vorverarbeiteter Form gekauft; Convenience-Produkte sind aus dem Bereich der Großküchen nicht mehr wegzudenken. Anbieter ökologisch erzeugter Produkte können in diesem Sektor noch selten mithalten.

5. Aufklärung der Endverbraucher: Tischgäste bedürfen noch einiger Aufklärung, was die Vorzüge des ökologischen Landbaus und die höheren Kosten angeht. Kleine Anbieter sind aber häufig nicht in der Lage, den Großverbrauchern entsprechende Kommunikationsmittel an die Hand zu geben.

Trotz dieser Schwierigkeiten steigt das Interesse an einer Umstellung von der „Massenspeisung" zur ökologisch-kulinarischen Variante. In einigen Fällen engagieren sich die Verantwortlichen in der Küchenleitung oder im Einkauf aus persönlichem Interesse für den Umstieg. In anderen Fällen wünscht ihn die Geschäftsführung, zum Beispiel im Rahmen eines Öko-Audits

Politik mit dem Kochtopf

Der Welternährungsgipfel 1996 gab den Anstoß für das Projekt „Mahlzeit". Während Politiker in Rom nach politischen Strategien gegen den Welthunger suchten, wollten „Brot für die Welt" und die Evangelischen Akademien zeigen, wie ökologisch und sozial verantwortliche Ernährung machbar ist. Eine ausführliche Rezeptsammlung und ein Faltblatt mit Hintergrundinformationen sollten Leiterinnen und Leiter von Großküchen und ihre Gäste dazu bewegen, durch Änderungen in der Ernährung auf Agrar- und Ernährungswirtschaft einzuwirken. Während des Ernährungsgipfels folgten mehr als 130 Einrichtungen dem Aufruf zur Aktion. Seitdem wird das Projekt „Mahlzeit" in einigen Institutionen regelmäßig wiederholt.

wegen des Imagegewinns. Mitunter gibt auch die Nachfrage der Gäste den Ausschlag. Der letztgenannte Grund hat besonders seit den Diskussionen um BSE oder Gentechnik in Lebensmitteln an Bedeutung gewonnen.

Für „ethisches Essen" besonders aufgeschlossen sind die kirchlichen Akademien. Die Beschäftigung mit den Ungerechtigkeiten in der Welt hat Mitarbeiter und Besucher sensibel für die sozialen und ökologischen Probleme der Welternährung gemacht. Wer Wasser predigt, sollte keinen Wein trinken.

Wie es gelingen kann, „eine neue Agrar- und Eßkultur" dauerhaft zu etablieren, zeigt das Beispiel der Evangelischen Akademie Bad Boll. 30 000 Mahlzeiten werden dort im Lauf eines Jahres serviert. Früher waren Fertigsuppen, -saucen und -desserts an der Tagesordnung; Bratenportionen wurden eingeschweißt angeliefert. Die Idee, weltweite Gerechtigkeit und die Bewahrung der Schöpfung vor Ort zu fördern, hat zu einer neuen Einkaufspraxis geführt. Heute wird die Kost weitgehend frisch zubereitet, und es gibt mehr Obst und Gemüse und weniger Fleisch als früher. Zwei Drittel der Lieferanten stammen aus einem Umkreis von zehn Kilometern. Der Anteil von Produkten aus Verbänden des Biolandbaus liegt im Schnitt bei dreißig Prozent; bei Gemüse und Salat sind es sechzig, bei Getreide und Kartoffeln hundert Prozent. Kaffee und Tee stammen aus dem fairen Handel.

Die konsequente Umstellung half, 250 000 Kleinverpackungen pro Jahr beim Frühstück zu sparen und den Verpackungsmüll um vier Fünftel zu reduzieren. In einer Beispielrechnung stellt die Akademie ein Menü von 1985 (Suppe, Salat, Schweinebraten mit Spätzle, Schokoladencreme) einem Menü von 1997 (Salat, Dinkel-Mandel-Küchle, Gemüseplatte mit Karotten, Lauch, Brokkoli, Apfelgrütze) gegenüber. Bei der ersten Variante lag die Transportstrecke für die Zutaten bei 710 Kilometern; bei der neuen sind es 105 Kilometer.

Die „rundum verträgliche Küche" hat auch und vor allem Stolz und neue Harmonie ins Akademieleben gebracht. In der Selbstdarstellung „Akademie in aller Munde" heißt es: „Nicht nur der Kopf, auch der ‚Bauch' lernt in der Akademie mit, während vorher das Essen oft in krassem Widerspruch zu den Inhalten der Tagung stand und alles andere als ‚zukunftsfähig' war."

Dabei haben die Einkäufer die Erfahrung gemacht, daß der Umstieg auf Ökoprodukte für Großverbraucher günstiger ist als für Privatkunden. Während Privathaushalte zwanzig bis dreißig Prozent mehr zahlen müssen, sind es bei der Großküche nur fünfzehn bis zwanzig Prozent, weil der Einkauf direkt beim Erzeuger statt wie früher beim Großhandel stattfindet. Die Mehrkosten konnten teilweise ausgeglichen werden, weil es nicht mehr so häufig Fleisch gibt. Allerdings stiegen der Personalbedarf und die damit verbundenen Kosten um zwanzig Prozent.

Kirchlich gesponsorte Modellprojekte sind sicherlich nicht ohne weiteres zu verallgemeinern; für die Verpflegung im Altersheim, im Krankenhaus oder in der Fabrikkantine gelten unterschiedliche Regeln. Das Vorgehen in Bad Boll deckt sich aber mit den Vorschlägen von Robert Hermanowski, der sich wissenschaftlich mit der Einführung von Ökoprodukten in Großküchen beschäftigt hat. Er rät, sie schrittweise in die

Kantinen und Gemeinschaftsküchen sind auch Abnehmer von fair gehandeltem Kaffee und Tee. Fast 40% des Umsatzes von fair gehandeltem Kaffee wird über diesen Vertriebsweg erwirtschaftet.

Speisepläne zu integrieren. Preiserhöhungen lassen sich dabei durch Mischkalkulation abpuffern; Lieferant und Großverbraucher können die Geschäftsbeziehung langsam aufbauen. Außerdem empfiehlt er, lieber einzelne Zutaten auszutauschen als das ganze Menü. Der Vorteil dabei: Alles wird gleichmäßig in einem vom Endverbraucher akzeptablen Rahmen teurer.

Kirchliche Institutionen und Kindergärten sind Vorreiter beim Einsatz ökologischer Produkte in der Gemeinschaftsverpflegung. Mitunter bieten Großkantinen im Rahmen spezieller Frische- und Diätwochen einzelne Gemüse aus dem Ökolandbau an. In Hamburg hat der Party-Service „Tafelfreuden" Ökokost als Marktnische für Feste und Feiern entdeckt. Daß beim Catering noch große Chancen liegen, belegt das Schweizer Unternehmen SV-Service.

Der SV-Service hat 1996 mit der Bio Suisse einen Lizenzvertrag abgeschlossen. Seit 1997 führt das größte Schweizer Catering-Unternehmen, das 370 Betriebe versorgt, Knospe-Produkte. Mit der Linie „Bio logisch" gibt es in einigen Verpflegungseinrichtungen ein komplettes Menü aus Ökozutaten. Das Engagement beweist, daß trotz des enormen Kostendrucks im Catering eine ökologische Ausrichtung möglich ist. Mit Hilfe eines innovativen Marketings können Caterer durch das Ökoangebot sogar neue Auftraggeber gewinnen, legen doch immer mehr Unternehmen Wert auf eine ökologische Ausrichtung ihrer Personalrestaurants, um nach ISO 14001 (Umweltzertifikat) zertifiziert zu werden.

König Kunde inspiziert sein Reich

In ihrem Buch „Lügen, Lobbies, Lebensmittel" haben Ingrid Reinecke und Petra Thorbrietz wichtige politische Forderungen zum Verbraucherschutz aufgestellt. Zu diesen Forderungen gehört die Verankerung eines internationalen Verbraucherschutzabkommens in der

Welthandelsorganisation, die damit verpflichtet würde, den Konsumentenschutz bei Handelskonflikten zu berücksichtigen. Weitere Punkte sind der Abbau der fehlgeleiteten Subventionen in der EU, ein verbessertes Kartellrecht als Schutz vor der Dominanz des Lebensmittelhandels gegenüber den Verarbeitern und die Umkehr der Beweislast beim Streit um Lebensmittelstandards: Statt darlegen zu müssen, daß hohe Standards nötig sind, sollte bewiesen werden müssen, daß niedrige Standards dauerhaft ungefährlich sind.

Internationale Abkommen verändern, Hormone in der Viehzucht verbieten, Gentechnikmoratorien durchboxen – dies und anderes wäre nötig für eine neue Weichenstellung in der Welternährungspolitik. Die Ziele erfordern allerdings geduldige Lobbyarbeit und einen langen Atem. Das Beispiel des Gentechnikvolksbegehrens in Österreich zeigt, daß Regierungen sensibel auf öffentlichen Druck reagieren, wenn sie auch nicht immer gewillt sind, demokratische Beschlüsse in Parlamenten in politisches Handeln umzusetzen.

1,2 Millionen Österreicher (21,25 Prozent der Wahlberechtigten) haben sich am Gentechnikvolksbegehren im April 1997 beteiligt. Es war das zweiterfolgreichste Volksbegehren in der Nachkriegsgeschichte. Es richtete sich gegen die Freisetzung gentechnisch veränderter Organismen, gegen gentechnisch manipulierte Lebensmittel und gegen Patente auf Leben. Zwar reichten die Stimmen nicht aus, die Ziele durchzusetzen, doch es gab Teilerfolge: Österreich trägt die EU-Entscheidung gegen ein Importverbot für Gentechmais nicht mit. Es will die Zulassung von Gentechraps verbieten und sich für eine Trennung von gentechnikfreien und genmanipulierten landwirtschaftlichen Rohstoffen einsetzen.

Eine Hochburg des Widerstands bildete Salzburg: 86 000 Salzburgerinnen und Salzburger haben sich am Volksbegehren beteiligt. Im Herbst 1997 forderte der Landtag die Landesregierung auf, das Naturschutzgesetz dahingehend zu novellieren, daß eine

„Wenn es eine Errungenschaft gibt, auf die wir stolz sind, dann ist es die Liberalität unserer Gesellschaft. Das bedeutet im privaten Bereich gerade mal eine kleine Freiheit. Und die wollen wir uns bewahren. Das heißt nichts anderes, als entscheiden zu können, ob die Erdbeeren mit Heringsgenen manipuliert sind oder, wie in den vergangenen tausend Jahren, dem biblischen Erdbeergesetz folgen: Und Erdbeer zeugte Erdbeervater, Erdbeervater zeugte Erdbeermutter, Erdbeermutter gebar Erdbeersohn und Erdbeertochter. Und viele andere Erdbeeren seitdem. Ohne Retorte."
Wolfram Siebeck

Freisetzung genmanipulierter Organismen verboten wird. Bis heute ist die Landesregierung diesem politischen Auftrag aber nicht nachgekommen. Um eine Änderung des Naturschutzgesetzes durchzusetzen, haben sich der Landesverband „Ernte für das Leben", der Naturschutzbund, die örtliche Greenpeace-Gruppe und die Erzeuger-Verbraucher-Initiative Salzburg zur Initiative „Natur statt Gentechnik" zusammengeschlossen. Sie wollen gemeinsam Druck ausüben, zum Beispiel durch Protestpostkarten an die Landesregierung. (Greenpeace online: http://www.greenpeace.at/vb/gen/gen19.htm)

Aber auch einzelne können einiges erreichen. Die „Politik mit dem Einkaufskorb" ergänzt die Arbeit von Initiativen und Parteien. Jeder kann jeden Tag Einkaufskorbpolitik betreiben. Der Einsatz lohnt sich auch für einen selbst – und setzt mitunter Denkprozesse bei den Herstellern in Gang. Zwar versuchen die Lebensmittelkonzerne den Verbrauchern ein Ohnmachtsgefühl zu vermitteln. Sie beschwören ihre Vision von der schönen neuen Welt des *Novel food*. Doch hinter den Kulissen haben Verbraucherproteste längst für heftige Auseinandersetzungen zwischen Herstellern und Handel gesorgt.

Gentechnik? Kommt gar nicht in die Tüte!

Der Widerstand gegen Gentechnik in der Ernährung wird in den nächsten Jahren ein wichtiges Aktionsfeld für Umwelt-, Natur- und Verbraucherschützer bleiben. Trotz bedrohlicher Entwicklungen können Verbraucher nach wie vor gentechnikfrei einkaufen. Sie müssen dabei die folgenden fünf Punkte beachten:

1. Frische und unverarbeitete Lebensmittel sind im Jahr 1999 noch nicht gentechnisch manipuliert, da

bisher noch keine Genehmigungen für einen kommerziellen Anbau erteilt worden sind.

2. Produkte aus dem ökologischen Landbau sind auch langfristig sicher: Weder auf dem Acker noch im Stall ist Gentechnik erlaubt, und die Anbauverbände sind bemüht, Verunreinigungen auszuschließen.

3. Bei verarbeiteten Produkten aus dem Bioladen oder dem Reformhaus überwachen die Verbände der Naturkosthersteller die Gentechnikfreiheit. Die Stiftung Ökologie und Landbau unterstützt den Aufbau einer Datenbank über Betriebsmittel, Zutaten und Zusatzstoffe konventionellen Ursprungs, die für die Verwendung in Ökolebensmitteln zugelassen sind und deshalb besonders unter die Lupe genommen werden sollten. Wissenschaftler der Fachhochschule Fulda begleiten das Projekt.

4. Bei Produkten vom Bauernmarkt kann man die Gentechnikfreiheit selbst kontrollieren; auch bei Produkten von konventionell bewirtschafteten Betrieben kann jeder nachfragen, ob Gentechnik im Spiel ist.

5. Wohl eher für den Urlaub: Einige ausländische Supermarktketten (siehe Seite 160) wollen für ihre Eigenmarken Gentechnikfreiheit gewährleisten. In Deutschland sind vor allem die Regionalfilialisten tegut (Fulda) und Bremke & Hörster in dieser Richtung engagiert.

Die Richtlinien für den kontrolliert biologischen Anbau lassen keine Genmanipulation zu. Seit kurzem gibt es dafür auch eine gesetzliche Grundlage. Durch die Ergänzung der EU-Verordnung zum ökologischen Landbau (Abschnitt über Tierhaltung und tierische Produkte) wird das Verbot ausdrücklich festgeschrieben. Um die Gentechnikfreiheit lückenlos dokumentieren zu können, haben verschieden Öko-Verbände eine vielbeachtete Datenbank aufgebaut, die ab September im Internet unter www.infoXgen.com einsehbar ist.

Das Einlenken so großer Ketten wie Sainsbury und Migros hat deutlich gezeigt: Die VerbraucherInnen sollten sich nicht von den Beteuerungen der Konzernvorstände beeindrucken lassen, Gentechnik in Nahrungsmitteln werde in Zukunft nicht zu vermeiden sein, ob man das nun wolle oder nicht. Die Versuche in Labors und auf den Äckern haben inzwischen schmerzlich illustriert, daß das globale Freilandexperiment Gentechnik keineswegs unter Kontrolle ist. Nun ist vom

üblichen Restrisiko die Rede, das nie ganz auszuschließen sei. Noch ist der Streit um die Zukunft der Ernährung nicht entschieden – die Gentechnik wird im Mittelpunkt der Auseinandersetzungen um eine nachhaltige Ernährung bleiben.

Neue technische Möglichkeiten wie E-Mail tragen
dazu bei, daß selbstbewußte Verbraucher Macht gewinnen. Der Unmut über Gennahrung oder Hormone
und Antibiotika in der Tiermast kann in kurzer Zeit effizient auch an ferne Adressaten gelangen, zum Beispiel an Saatgutmultis in den USA, an Gesundheitsbe-
hörden, Ministerien oder die Europäische Kommission
in Brüssel. Die Sorge um die eigene Gesundheit und die
der Kinder ist ein Thema, das im Zeitalter von Allergien, Lebensmittelinfektionen und BSE aufrüttelt.
Nach dem Erfolg der EinkaufsNetz-Aktion überlegt
Greenpeace, seine Aktivität zum Verbraucherschutz
auszudehnen.

EinkaufsNetz gibt es seit März 1997. Greenpeace
hat es im Rahmen seiner Gentechnikkampagne gegründet und will so Verbrauchern die Möglichkeit geben, sich über Gentechnik in Lebensmitteln zu informieren und durch Aktionsideen selbst aktiv zu werden
– zum Beispiel indem sie dem damaligen Gesundheitsminister Horst Seehofer (CSU) Schokoladennikoläuse
schickten, um gegen das eventuell darin enthaltene
Gensoja zu protestieren und eine Kennzeichnungspflicht für Genprodukte zu fordern. Der Minister
brachte der Kritik wenig Verständnis entgegen und
verweigerte die Annahme.

Daß die Idee der direkten Aktion die Bedürfnisse
der Konsumenten trifft, zeigt der starke Zuspruch. Bereits ein halbes Jahr nach Gründung hatten sich beim
EinkaufsNetz rund 210 000 Menschen engagiert. Eine
Aktion bestand darin, Lebensmittelherstellern Erklä-
rungen zuzusenden, in denen sie zusagen sollten, daß
sie auf gentechnisch veränderte Zutaten in der Lebensmittelproduktion verzichten. An dieser Aktion beteiligten sich so viele Leute, daß sich die Hersteller an
Greenpeace wandten. Sie baten um die Einstellung der

Aktion, da sie mit der Beantwortung der Fragen nicht mehr nachkamen. So einen starken öffentlichen Ansturm hatten die Hersteller laut eigener Aussage noch nie erlebt.

Mit Hacke und Kräutertopf in Richtung Nachhaltigkeit

Ohne ein paar Hektar Land kann man sich von den Food-Konzernen kaum abkoppeln. Die größte Chance für teilweise Unabhängigkeit bietet Nichtlandwirten eine Laube oder Datsche. Schrebergärtner werden vielerorts als Spießer geschmäht. Doch in einigen Kolonien wuchert längst ökologisches Gedankengut. Die grüne Bewegung schlägt Wurzeln. Der Bundesverband der Gartenfreunde hat einen Preis für die ökologischste Kolonie ausgeschrieben. Ein Kleingarten, in dem Obst, Gemüse und Kräuter gedeihen, liefert im Sommer und im Herbst Frischware satt für Familie, Freunde und Verwandte. Und wer seine Wochenenden hackend und jätend verbringt, kommt nicht auf den Gedanken, aus lauter Langeweile einen Schnupperkurztrip nach New York oder Hongkong zu buchen.

1987 startete die Stiftung Naturschutz in Berlin das Projekt „Ökolaube". In Britz steht der Prototyp, eine Laube aus Holz mit Solarpaneelen und Kompostklo, Dach- und Fassadenbegrünung. Dort können Interessierte sich in die Praxis des ökologischen Kleingärtnerns einführen lassen und lernen, alte Kulturpflanzen wie Kerkelrübe, Sauerampfer und Pastinake zu kultivieren. Ein Seminarprogramm in Zusammenarbeit mit der Volkshochschule sorgt für Weiterbildung in Bodenpflege oder Nützlingseinsatz. (Ökolaube im Internet: http://snb.blinx.de/oekolaube/oekolaube.html)

Wer keine Lust auf die Verpflichtungen hat, die mit einer Pachtscholle verbunden sind, kann sich für die kleine Lösung entscheiden. Küchenkräuter stehen in vielen Wohnungen auf dem Fensterbrett oder auf dem Balkon. Seltener ist die private Zucht von Sprossen.

Ein Eurotoques-Rezept: Sauerampfersüpple mit Löwenzahnknospen
0,1 l trockenen Weißwein, 0,4 l Geflügelbrühe und 0,3 l Sahne erhitzen. Mit dem Mixstab 100 g kalte Butter und 1 Bund gehackte Sauerampfer unterarbeiten, mit Salz würzen. Löwenzahnknospen waschen, in Mehl wenden und in Olivenöl braten. In die Suppe geben, obenauf ein Sauerampferblatt legen. Heiß servieren.
Greenpeace Magazin 2/98

Dabei ist sie eine einfache, bequeme und vergleichsweise billige Möglichkeit, eine Zutat für Rohkost, Salate oder Pfannengemüse zu bekommen, die mehr als nur schmackhaft ist: Sprossen sind kalorienarm, haben aber einen hohen ernährungsphysiologischen Wert, denn sie sind reich an Vitaminen, Mineralstoffen und Eiweiß.

In trockenen Samen befinden sich Nährstoffe quasi im Dornröschenschlaf. Sobald sie in Kontakt mit Feuchtigkeit kommen, beginnen sie zu keimen. Beliebt für die Zucht zu Hause sind Kresse, Alfalfa, Rettichsaat, Bohnen. Geeignet sind darüber hinaus alle im Bioladen erhältlichen Getreidesorten. Sprossen gedeihen im Dunkeln; der einzige Aufwand, den sie erfordern, ist regelmäßiges Wässern, dessen Häufigkeit sich von Sorte zu Sorte unterscheidet. Die knackige Ernte ist zum Beispiel bei Buchweizen schon nach zwei oder drei Tagen „einzufahren" und hält sich eine Woche im Kühlschrank. Für die Zucht eignen sich im Handel erhältliche stapelbare Tonschalen mit kleinen Löchern, aus denen das Wasser jeweils in die nächste Etage abfließt.

Eigenproduktion ist ein privater Beitrag, lange Transportwege und aufwendige Verpackungen zu vermeiden, die Rohstoffe verschlingen, Lärm und Abgase verursachen und zum CO_2-Ausstoß beitragen. Auch beim Einkaufen kann man darauf achten, Stoffströme zu verringern. Mineralwasser aus Frankreich, Bier aus Australien und Wein aus Kalifornien gehören nicht zu den besonders nachhaltigen Nahrungsmitteln.

Aber auch beim Verzicht auf Lebensmittel mit Langstreckenbiographie ist es im Detail oft schwierig, zu entscheiden, welche Alternative in der Ökobilanz günstiger abschneidet. Darüber, ob bei Dosen, PET- oder Glaspfandflaschen weniger Umweltbelastung zu erwarten ist, streiten sich die Experten seit Jahren. Immerhin: Für all diejenigen, die Wasser trinken und dabei nicht auf Kohlensäure verzichten wollen, gibt es in-

zwischen eine Alternative zum Kastenschleppen, nämlich die eigene Mineralwasserbrauerei.
Verschiedene Hersteller bieten inzwischen Soda-
maschinen an, die Trinkwasser mit Kohlensäure ver-
setzen. Die Kohlensäurepatronen reichen für das
Äquivalent von etwa sieben Kästen. Wenn sie leer sind,
werden sie vom Fachhandel gegen neue ausgetauscht.
Im Angebot sind außerdem Sirupvarianten verschiedener Geschmacksrichtungen, so daß auch Limonade
oder Cola im Selfmadeverfahren herstellbar ist.

Learning by eating

Fast-food-Kindern gesundes Essen schmackhaft zu
machen, gehört zu den heiklen erzieherischen Aufgaben der Gegenwart. Ein einfaches Rezept dafür gibt es
nicht – es sei denn, man läßt Experten in den Schulun-
terricht kommen. Die bei Eurotoques organisierten
Köche engagieren sich inzwischen in der kulinarischen Bildung von groß und klein. Als Lehrerfortbil-
dung oder im Rahmen von Seminaren bieten sie Kurse
zur Geschmackssensibilisierung an. Oder sie kommen
in Schulküchen und Klassenzimmer. Für Kinder zwischen acht und dreizehn Jahren haben die Köche inzwischen „Geschmacksunterricht" im Programm: Ein
Küchenchef aus der näheren Umgebung hält eine Un-
terrichtsstunde ab.
Eine andere Eurotoques-Idee ist das Projekt „Kinder kochen für ihre Eltern". Es umfaßt ein „Koch-
Happening", bei dem ein Koch gemeinsam mit den
Schülern ein Drei-Gänge-Menü zaubert, das dann gemeinsam mit den Eltern verspeist wird. Die Kosten
werden meistens von Sponsoren übernommen.
Ein anderer Weg, gesunde Nahrung schätzen zu
lernen, sind Schulgärten, in denen Kinder eigene Tomaten und Möhren züchten. Ausflüge aufs Land in die
Welt von Ei und Milch können Kindern und Jugendli-
chen aus Asphaltdschungelumgebungen den landwirtschaftlichen Alltag näherbringen. Und mitunter im-

Bei einer Umfrage in Kiel
und Toulouse nannten Ju-
gendliche ihre spontanen
Assoziationen zum Begriff
„Ökoprodukte". Die häufig-
sten Antworten:
Kiel: 1. Gesundheit, 2. Müsli,
3. Vollkornbrot, 4. Milch, 5.
schlechter Geschmack.
Toulouse: 1. Natur, 2. Gesundheit, 3. Ökologie, 4. Gemüse, 5. Nicht belastet.
Ökologie & Landbau 3/98

Schulprojekte des Ökomarkt e. V. in Hamburg

Das Schulprojekt des Ökomarkt e. V. organisiert und gestaltet Hofbesuche und Aktionstage für Kinder und Jugendliche auf Hamburgs Ökohöfen. Dort werden Methoden und Ziele der ökologischen Landwirtschaft erkundet. Aber auch konventionelle Landwirtschaft wird vorgestellt; nicht als „Feind" des Ökolandbaus, sondern als Opfer der EU-Agrarpolitik und der anonymen Absatzwege. Während der Hofbesuche lernen die Kinder alle Bereiche des Betriebs kennen; bei den Aktionstagen wird mit angefaßt: Beete anlegen, Pflanzen säen, Boden untersuchen oder die Tiere versorgen stehen auf dem Programm. Wünschen die Schulen oder Kinder selbst einen tieferen Einstieg, können sich Projekttage bestimmten Themen wie artgerechter Tierhaltung widmen. LehrerInnenschulungen sind ein weiterer Baustein, den der Verein für das Ziel einer bleibenden Wirkung bei den „Verbrauchern von morgen" anbietet.

Ökomarkt Magazin, 4/96

portieren Erzieher und Sozialarbeiter auch ein bißchen Landleben in die Innenstädte. Ob Bronx oder Berlin-Kreuzberg: In einigen Großstadtzentren gibt es zwischen Spielhallen und Video-Centern ein „exotisches" Kontrastprogramm, nämlich Höfe, wo Hühner gackern, Hähne krähen und Kaninchen herumlaufen.

Mit Bedacht genießen

Was ist die Quintessenz all der Überlegungen und Mahnungen zu nachhaltigerem Essen? Die römischen Legionäre, so heißt es, haben die Welt mit einer Tagesration von 800 Gramm Getreide erobert. Sitzmenschen von heute, die nicht gegen feindliche Soldaten, sondern höchstens gegen ihren Computer kämpfen, bräuchten eher weniger, um ihre körperlichen Bedürfnisse zu befriedigen. Wäre die Rückkehr zum asketischen Einheitsmahl der Königsweg zu nachhaltiger Ernährung? Es lassen sich weniger radikale Maßstäbe finden. Karlheinz Hillebrecht von der Stiftung Ökologie und Landbau wünscht sich von aufgeklärten Verbrauchern folgende Grundeinsichten:

- Hochwertige, gesunde Lebensmittel haben ihren Preis: Billigangebote sind nur möglich, weil sie durch Steuergelder subventioniert werden und weil die teuren Folgekosten von Umweltzerstörung und sozialer Ausbeutung nicht eingerechnet werden. Umwelt- und sozialverträglich erzeugte Lebensmittel sind ihren Preis wert – und preiswert, weil sie keine Folgekosten verursachen.

- Gute und gesunde Lebensmittel stammen aus ökologischer, regionaler Produktion und entsprechen der Saison. Solche Lebensmittel sind unverfälscht und möglichst wenig verarbeitet, der Bezug zur Jahreszeit verschafft den Reiz des Raren und der zur Region steigert die Attraktivität des ländlichen Raums.

- Eßkultur erfordert Zeit und schenkt Muße. Die durch Fast food und Fertiggerichte „gewonnene" Zeit zeichnet sich dagegen seltsamerweise nie durch mehr Ruhe, sondern durch mehr Hektik aus.

Eine kulinarische Alternativbewegung, die diese Grundsätze unterschreiben würde, nennt sich Slow Food und tritt unter dem Zeichen der Schnecke auf. Sie verbindet politisches Engagement mit persönlichem Koch- und Eßgenuß, und das ist vielleicht das Geheimnis ihres Erfolgs.

Die Slow-Food-Bewegung entstand spontan. Als 1986 an der Piazza di Spagna in Rom ein Fast-food-Restaurant eingerichtet wurde, ging dies ein paar Italienern doch zu weit. Um ein Zeichen gegen den hektischen Verzehr internationaler Einheitsware zu setzen, bauten sie am Eröffnungstag im Eingangsbereich des Hamburgerbräters eine große Tafelrunde auf; den ganzen Tag lang wurde gekocht, gegessen und gefeiert. Dabei wurde die Idee des Slow Food geboren: Die „internationale Bewegung zur Wahrung des Rechts auf Genuß" stellt dem Fast food den Reichtum der Geschmäcker aller regionalen Küchen gegenüber.

„Slow Food ist nicht einfach eine Gegenbewegung zu Fast food. Slow Food will vor allem eines: Dem menschlichen Rhythmus gegenüber dem Maschinentakt und der Computergeschwindigkeit wieder Geltung verschaffen. (...) Die regionalen kulinarischen Kulturen spielen deshalb bei Slow Food eine wesentliche Rolle. Sie zu erkunden, neu zu beleben und zu stärken, ist eine wichtige Aufgabe von Slow Food. (...) Im Mittelpunkt der Aktivitäten von Slow Food soll der Genuß stehen."
Auszug aus der deutschen Website: www.slowfood.de

Weltweit haben sich der Bewegung mehr als 60 000 Menschen angeschlossen. In sogenannten Convivien treffen sie sich zu gemeinsamen Tafelrunden. Aber es geht der Bewegung um mehr als die pure Eßlust. Beispielsweise setzt sich das ARCHE-Projekt für die Erhaltung bedrohter Arten ein; für Hersteller regionaler Raritäten werden Abnehmer gesucht; Wein- und Reiseführer werden herausgegeben, und bei den „Tafeln der Brüderlichkeit" werden notleidende Menschen mit einheimischem schmackhaftem Essen versorgt. (Slow Food im Internet: http://www.slowfood.de)

Aufgegessen – und dann?

Nachhaltige Ernährung ist Teil eines grundlegenden Wertewandels. Nicht allein Produktion, Verarbeitung, Handel und Verbrauch von Lebensmitteln müssen sich ändern. Aber davor stehen einige Hindernisse.

Die Versorgung mit guter und gesunder Nahrung stellt eine Dienstleistung dar, die auch im Informationszeitalter noch mindestens ebenso wichtig ist wie zum Beispiel eine Fernsehreparatur oder die Datenverarbeitung. Viele Landwirte müssen aber mit Stundenlöhnen auskommen, über die Handwerker oder Angestellte nur mitleidig lachen würden. Wer in der Stadt mit verpackter Supermarktware aufwächst, verliert diese Dimension aus dem Auge, denn es fehlt der Kontakt zu jenen, die das Getreide für das tägliche Brot und die Milch für den handlichen Ein-Liter-Brickpack liefern. Über die Bedingungen, unter denen Höfe im EU-Zeitalter wirtschaften, gibt es meist nur grobe Klischeevorstellungen – es sei denn, die Städter entdecken das Landleben wieder, etwa im Urlaub oder im Arbeitsurlaub, wie ihn einige Höfe inzwischen anbieten.

„Dennoch ist es klar, daß in einer modernen Gesellschaft ein unerhörter Aufwand getrieben wird, die Bedürfnisse der Menschen zu schaffen - sonst gäbe es nicht derartig viel Werbung. Zwar setzen ein funktionierender Markt und ein wirklicher Wettbewerb voraus, daß der Konsument zwischen verschiedenen Angeboten vergleichen kann; aber der Vergleich objektiver Daten ist nicht immer das Ziel der Flut von Werbung, die uns heute bedroht. Viele Werbungen manipulieren - das heißt, sie versuchen Bedürfnisse zu schaffen, für die es keinen Grund gibt."
Vittorio Hösle im Hoechst Magazin „Future" 2/98

Schnupperkurs am Misthaufen

„Aufenthalt mindestens ein Monat, alle Arbeiten je nach Eignung in Betrieb und Haushalt, Sprachen: Deutsch, Französisch, Englisch, Tschechisch" – so lautet eines von 615 Angeboten der Schweizer Organisation Bioterra, deren Broschüre Lehrstellen, Praktika, feste Anstellungen oder Kurzzeitjobs auf Biohöfen vermittelt. Allein 170 Höfe sind interessiert an einer Kurzzeithilfe, wie etwa ein Bio-Suisse-Hof im Kanton Luzern, der Ackerbau und Viehwirtschaft betreibt mit Freilandschweinen, dreißig Milchkühen im Laufstall und einem Arbeitspferd. (Bioterra im Internet: http://www.bioterra.ch/biolandschaft/bioland.htm)

Kooperation mit den Erzeugern

Um die zunehmende Entfremdung zwischen Stadt und Land zu überwinden, entstanden Erzeuger-Verbraucher-Gemeinschaften. In ihnen schließen sich Landwirte und Städter mit dem Ziel zusammen, ökologische Landwirtschaft zu fördern. Dabei treten sie in eine engere Beziehung, als Verkäufer und Kunden es üblicherweise tun. Die beteiligten Höfe bieten Tage der offenen Tür an; Kunden übernehmen Genossenschaftsanteile, organisieren „Food-Kooperationen" und übernehmen mitunter einen Teil des Vertriebs. Das schafft neben fairen Preisen für beide Seiten auch eine stärkere soziale Bindung. Beispiele gibt es quer durchs Land. So hat die zehn Jahre alte Bremer Erzeuger-Verbraucher-Genossenschaft (EVG) inzwischen über 500 Mitglieder aus Bremen und dem Umland. Noch älter ist das bayerische „Tagwerk", das inzwischen mit eigenen Läden auftritt und mehr als siebzig Mitarbeiterinnen und Mitarbeitern (Teilzeit-)Arbeitsplätze bietet.

Im Großraum München haben sich bereits 1984 unter dem Namen „Tagwerk Genossenschaft" Erzeuger, Verarbeiter und Verbraucher zusammengeschlossen, um Produkte aus regionalem ökologischem Anbau einer breiten Verbraucherschaft zugänglich zu machen. Die Produktion und Verarbeitung der Lebensmittel erfolgt nach den Richtlinien der ökologischen

180

Anbauverbände. Heute ist Tagwerk durch ein dichtes Netz von Verkaufsstellen vertreten. Wochenmärkte, Lebensmittelläden, Hofläden und ein Lieferdienst im Verband der Ökokisten werden mit verschiedenen Produkten bedient. Der Hauptsitz ist Dorfen; dort ist ein mit ökologischen Finessen eingerichteter Neubau mit Tagungszentrum und Hotel entstanden.

Zusätzlich kümmert sich ein Förderverein um die Beratung von Erzeugern, Öffentlichkeitsarbeit und Landschaftspflege. Um einen direkten Kontakt zwischen den Erzeugern und Verbrauchern herzustellen, können Tagwerkbetriebe besichtigt, Felder begangen und Hoffeste besucht werden. Fahrradtouren zu Biobauern gehören zum festen Programm. Freundschaften haben zu Kooperationen mit Ökobauern in Italien und Griechenland und zu Begegnungsreisen dorthin geführt. Zu verschiedenen Themen werden auch Vorträge organisiert, und bei einem jährlich stattfindenden bundesweiten Treffen der Erzeuger-Verbraucher-Genossenschaften können Erfahrungen ausgetauscht werden.

Rohmilchkäse als Zinsertrag

Eine wichtige Hilfe, um ökologische Landwirtschaft voranzubringen, sind private Kredite. Höfe, die ihre Produktion vom konventionellen auf ökologischen Landbau umstellen wollen, brauchen in der Regel in den ersten Jahren Geld für die Überbrückung. Ein Institut, das sich dem Ziel widmet, in dieser Situation möglichst vielfältige kreative Lösungen zu finden, ist die anthroposophisch ausgerichtete Bochumer Gemeinschaftsbank und ihre Gemeinnützige Treuhandstelle. Das Angebotsspektrum für die Kunden reicht von ganz normalen Privatdarlehen über Fonds und Bürgengemeinschaften bis hin zu Schenkungen.

Im Umfeld der Gemeinschaftsbank sind verschiedene Modelle zur finanziellen Unterstützung biologischer Landwirtschaft entstanden. Mehr als 30 Millionen

Mark konnten bisher verliehen oder verschenkt werden. Ein neues Konzept ist der „Landwirtschaftsfonds", ein Zwischending zwischen Darlehen und Schenkung, das in Kooperation mit dem BUND geboren wurde. Für die Beteiligung ist ein Betrag ab 2500 Mark nötig, er kommt Ökohöfen in gemeinnütziger Trägerschaft zugute. Die Laufzeit ist normalerweise lebenslang, in persönlichen Notfällen jedoch kündbar. Im Todesfall geht der Anteil auf den Betrieb über. Als Ertrag gibt es jährlich einen Bezugsschein für Ökoprodukte, der in Naturkostläden eingelöst werden kann.

Auch Saatgutprojekte in aller Welt werden gefördert: der Darzauhof im Wendland genauso wie Bio Mater, ein Tauschring für Saatgut von Bauernorganisationen in Argentinien, Brasilien, Chile, Peru, Paraguay und Uruguay, der verhindern will, daß die genetischen Ressourcen vollends in die Hände internationaler Konzerne gelangen. Oder das Projekt Nayakrishi Aridolon, das mit dem gleichen Konzept in Bangladesch arbeitet.

Raus aus dem Hamsterrad: anders arbeiten

Zukunftsfähiges Wirtschaften erfordert einen anderen Umgang mit Geld und Zeit. Wirtschaftsexperten sind sich einig, daß die Vollbeschäftigung der Wirtschaftswunderzeit mit Vierzig-Wochenstunden-Arbeitsplätzen nach altem Muster nie wiederkommen wird. Es wird weniger bezahlte Arbeit geben und auch weniger Lohn.

Prima, finden Vordenker wie der amerikanische „New-work-Guru" Frithjof Bergman. Er glaubt, daß sich nun eine neue Philosophie durchsetzen kann, die Arbeit und Freizeit ganz anders definiert: Das Mehr an freier Zeit ist für ihn kein Grund, mit dem Schicksal zu hadern, sondern ein Gewinn. Die Muße kann dazu dienen, kaputte Dinge wieder zu reparieren, statt sie wegzuwerfen und Ersatz zu kaufen. Wer Zeit hat, kann sein Essen wieder selbst zubereiten, statt eine Fertigmahlzeit in die Mikrowelle zu schieben. Handwerkli-

„Wer der Herr seiner Wünsche bleiben will, der wird das Vergnügen entdecken, Kaufoptionen systematisch nicht wahrzunehmen. Bewußt ein Desinteresse für zuviel Konsum zu pflegen, ist eine recht zukunftsfähige Haltung, für einen selbst und auch für die Welt."
Wolfgang Sachs

che Tätigkeiten wie Nähen, Stricken, Tischlern, Klempnern könnten eine Renaissance erleben. Nachbarschaftshilfe ersetzt teure Handwerker. All das spart Geld.

New work klingt innovativ und modern. Bergman wird in der deutschen Wirtschaftspresse als Visionär gefeiert. Daß es auch vor der eigenen Haustür Projekte gibt, die erfolgreich mit einer neuen Arbeitsphilosophie experimentieren, ist weniger bekannt. Ein Beispiel ist die AnStiftung in München.

Die Münchener AnStiftung ist als gemeinnützige Forschungsgesellschaft angetreten, im eigenen Leben wieder mehr Raum für Selbstbestimmung zu eröffnen. Ihr Motto: „Wir wollen nicht nur einzelne Blumen zum Blühen bringen, wir wollen Wiese machen." Seit ihrer Gründung im Jahr 1982 fördert sie Projekte mit den Schwerpunkten Nachbarschaft, Eigenarbeit, Zukunftssicherung. Ein neuer, interdisziplinärer Forschungsschwerpunkt ist Eigenversorgung. Darunter verstehen die AnStifter „Mittel und Maßnahmen, die zu einem reduzierten Konsum von Gütern und Dienstleistungen anregen". Die Finanzen stammen aus dem Vermögen des Gründers Jens Mittelsten Scheid, einem Erben der Staubsaugerfirma Vorwerk.

Vorzeigeprojekt der AnStiftung ist HEi, das Haus der Eigenarbeit in München-Haidhausen, das sich seit 1987 als Nachbarschaftszentrum besonderer Art etabliert hat. Das Zentrum bilden Werkstätten für Holz, Metall, Textilien, Glas, Papier, Schmuck, Steine und Keramik. Jeder kann sie nutzen und sich dabei von erfahrenen Handwerkern fachlich beraten lassen. Darüber hinaus gibt es das Schrott-Café mit Möbeln aus kreativ wiederverwertetem Schrott und eine Infobörse. Die Werkstatträume lassen sich schnell in Bühnen- und Konzerträume umwandeln, wo Theater- und Musikgruppen, die im HEi agieren, Aufführungen organisieren.

„Formen der sozialen Organisation, des kulturellen Lebens und der materiellen Versorgung, die die Würde des Menschen und seiner Mitwelt schützen und bestärken helfen", ist Ziel der AnStiftung. Die Hinwendung zu neuen Formen von Eigenarbeit und Eigenversorgung zeigt einen Ausweg aus einer Welt, die nur Geldverdienen und Anhäufen von Dingen als höchste Güter kennt. Gerhard Scherhorn, Professor für Konsumtheorie und Verbraucherpolitik an der Universität Hohenheim in Stuttgart, sieht in der Eigenarbeit eine „subversive Chance", auch den formellen Sektor zu unterwandern, weil sie andere Schwerpunkte setzt: Bedarfsdeckung im Gegensatz zur Erwerbsorientierung, selbstbestimmtes und nichtentfremdetes Tun als Gegensatz zur Fremdbestimmung und „zur hedonistischen Hingabe an flüchtige Reize".

Nachbarschafts- und Selbsthilfegruppen, Second hand, Teilen, Mieten, Leihen, Schenken bekommen im Zeitalter knapper Ressourcen ein neues Gewicht – aus ethischen und aus praktischen Gründen. Eine Initiative in diesem Feld, die sich weltweit formiert hat, ist die LETS-Bewegung. Was in den USA und Kanada als *Local Exchange Trade System* oder *Local Employment and Trade System* bekanntgeworden ist, nennt sich auf deutsch Tauschring. Geld spielt keine Rolle – jedenfalls nicht in Form von Münzen und Scheinen. Die Teilnehmer bieten Leistungen an, die sie selbst gut beherrschen, und beanspruchen im Gegenzug andere Dienste, die ihnen weniger liegen. Dabei revanchieren sich nicht unbedingt die direkten Nutznießer. Ein Verrechnungssystem sorgt für Ausgleich.

Es gibt viele Gründe mitzumachen: um andere Menschen kennenzulernen, einen Beitrag zu kulturübergreifender Verständigung zu leisten oder sich für Reparieren statt Wegwerfen stark zu machen.

Seit Beginn der neunziger Jahre erfreut sich die Tauschringbewegung immer größerer Beliebtheit, ungefähr 200 solcher Tauschsysteme gibt es in Deutschland. Das Tätigkeitsspektrum reicht vom Vorlesen und Babysitten über Gärtnern bis hin zu Umzugshilfe und Hausrenovierung. Schulden auf dem Verrechnungskonto sind erwünscht, halten sie doch die Tauschaktivität in Bewegung. Die Verrechnungseinheiten sind

„Das Prinzip ist alt: Gibst Du mir Paprika aus Deinem Garten, geb' ich Dir Tomaten aus meinem. Getauscht hat jeder schon mal und meistens profitiert davon. Wenig verwunderlich also, daß sich immer mehr Tauschbegeisterte einem organisierten Tauschring anschließen."
Böhm 1999

von Tauschring zu Tauschring unterschiedlich, mal werden „Kröten" abgebucht, mal sind es „Batzen" oder auch „Talente". Guthaben werden nicht real ausgezahlt, so daß eine Gewinnmaximierung wenig sinnvoll ist. (Quelle: Böhm 1999)

Experiment Gemeinschaft

Den Gegenpol zur Existenz des freischwebenden, gutverdienenden Singles in der Penthouse-Eigentumswohnung in der Metropole bilden Kommunen und Dorfgemeinschaften, die versuchen, zusammen ein weitgehend autarkes Leben abseits der Großstadt zu organisieren. Nach der Bewegung von 1968 gab es einen Boom von Aussteigern und Hippies, die mit Seymours Standardwerk „Das große Buch vom Leben auf dem Lande" ins Grüne zogen und mehr oder weniger schnell an der Tücke des Idylls scheiterten.

Danach ist es um die Kommunebewegung stiller geworden. Und doch gibt es sie. Heute heißen die Varianten allerdings „sozialökologische Modellsiedlungen", werden von der Bundesstiftung Umwelt gefördert, vom Institut für Urbanistik wissenschaftlich begleitet und sind pragmatischer und realistischer als ihre Vorgänger.

Die Wohnungs- und Siedlungsgenossenschaft Ökodorf e. G. zum Beispiel betreibt in Groß Chüden (Sachsen-Anhalt) seit Ende 1993 in einem alten Fachwerkgehöft das Ökodorfprojektzentrum. Neben einem Seminarzentrum und Handwerksbetrieben hat sie bereits einige Wohnungen eingerichtet. Das Seminarprogramm umfaßt Themenkomplexe wie Selbstversorgung durch ökologischen Gartenbau oder den Bau von Solar- oder Pflanzenkläranlagen.

Mit einer wachsenden Zahl an Mitarbeitern und vielen Seminarteilnehmern versucht die Genossenschaft, alle Bereiche einer nachhaltigen Lebensweise praktisch zu erproben. Die Projektbausteine dienen der Vorbereitung einer sozialökologischen Modellsiedlung. Etwa 300 Menschen wollen dort in weitgehender Selbstverantwortung und Selbstversorgung leben und arbeiten.

Ein anderes Beispiel ist die Modellsiedlung Sieben-linden im altmärkischen Banau/Ortsteil Poppau. Sie besteht seit 1997. Ein fester Bestandteil der Siedlung ist ein Regionalzentrum. (Quelle: TAT-Orte – Gemein-den im ökologischen Wettbewerb: http://www.difu.de/ tatorte/chueden.text.shtml)

Globalisierung privat

Eine „Abrüstung" des Konsumstils in den Industrielän-dern ist ein Baustein für eine gerechtere Zukunft; die Kooperation mit den Ländern des Südens ein anderer. Seit fast dreißig Jahren existieren inzwischen die „Weltläden". Früher waren sie auch bekannt unter den Bezeichnungen „Dritte-Welt-Laden" oder „Welt-markt". In ganz Europa gibt es inzwischen schätzungs-weise 3000 dieser Läden, in denen 50 000 Menschen, vielfach ehrenamtlich, mitarbeiten. 750 Läden sind in Deutschland, 400 in der Schweiz angesiedelt. „Trans-Fair ist gut, aber Weltläden sind besser!" sagen die In-itiatoren selbstbewußt. Den Produzenten aus Übersee kommt bei ihren Waren in der Regel ein größerer An-teil am Erlös zugute.

Bereits 1964 wurde durch Oxfam in Großbritannien die erste alternative Handelsor-ganisation gegründet. Mitt-lerweile existieren in 16 eu-ropäischen Ländern ca. 70 faire Importorganisationen.

Ein Schwerpunkt der Waren, die Weltläden anbie-ten, liegt bei Kunsthandwerk und Lebensmitteln. Mit-unter haben die Initiativen direkte Kontakte zu Projek-ten in den Ländern des Südens und verkaufen Waren aus dieser Zusammenarbeit. Doch nicht nur durch den Verkauf soll die Öffentlichkeit eine faire Zusammenar-beit zwischen Menschen aus reichen und armen Län-dern kennenlernen: Auch Lesungen, Tanz, Kunstauk-tionen und andere Veranstaltungen bieten Möglichkei-ten der Auseinandersetzung.

Heute versuchen sich die Läden zunehmend mo-dern zu präsentieren. Erweiterte Öffnungszeiten, Um-zug in bessere Geschäftslagen und eine attraktive

Schaufensterdekoration sollen neue Kunden ansprechen. Ehrenamtliche Mitglieder sind für den Verkauf zuständig, doch werden manchmal schon Teilzeitstellen für die Geschäftsführung geschaffen, wie zum Beispiel in den baden-württembergischen Ortschaften Murrhardt und Backnang. Im Weltladen „La Tienda" in Münster ist eine Sozialpädagogin aktiv, die entwicklungspolitische Bildungsarbeit initiiert. Sie unternimmt mit interessierten Gruppen aus Gymnasien, Grundschulen und sogar Kindergärten zum Beispiel eine erzählerische „Reise zum Orangenbaum", in der die Gruppen die Biographie der Apfelsine kennenlernen und erfahren, was alles passiert, bevor die Früchte zu ihnen nach Hause kommen. (Quelle: Streiff 1999 und Selbstdarstellung La Tienda)

Unter dem Motto „Land Macht Satt" haben der deutsche Weltladen-Dachverband und das *Network of European World Shops* (NEWS) 1999 eine Kampagne gestartet, um die Wirkungen des globalisierten Agrarweltmarkts auf die Lebenssituation der Kleinbauern in den Ländern des Südens deutlich zu machen. Dabei wollen sie die anstehende Neuverhandlung des Weltagrarabkommens in der WTO kritisch begleiten und den fairen Handel als Alternative bekannter machen. Kooperationspartner bei der Kampagne ist die Arbeitsgemeinschaft bäuerliche Landwirtschaft. Beide Gruppierungen versuchen, die bäuerliche Landwirtschaft zu erhalten und die negativen Wirkungen des Weltmarkts zu verringern.

Die Bemühungen um den Schutz der Regenwälder und der Umweltgipfel von Rio haben ein weiteres Modell der Nord-Süd-Partnerschaft wachsen lassen: das Klimabündnis europäischer Städte mit den indigenen Völkern der Regenwälder. Rund tausend europäische Städte aus elf Ländern gehören dem Klimabündnis an. Die Mitglieder verpflichten sich, ihre CO_2-Emissionen bis zum Jahr 2010 zu halbieren und die Partner im Amazonasgebiet bei der aktiven Regenwalderhaltung zu unterstützen.

„Wir sind verantwortlich, auch wenn wir es nicht wollen, selbst wenn wir es nicht können. Lehnen wir die Verantwortung ab, werden wir sie nicht los, sondern sind verantwortungslos. Wir können zwischen Verantwortlichkeit und Verantwortungslosigkeit wählen, aber wir entkommen der Wahl nicht. Entweder machen wir uns verantwortlich für den Globus, oder wir nehmen teil an seiner Zerstörung."
Franz J. Hinkelammert, Leiter des Ökumenischen Forschungsinstituts DEI in San José, Costa Rica

Partner in Amazonien sind eine Million Indianer der rund 400 Völker des Amazonasbeckens, die sich seit 1984 im Dachverband COICA organisiert haben. Seit 1992 gibt es einen ähnlichen Zusammenschluß in Asien; die Erweiterung des Klimabündnisses auf die Regenwaldvölker aller Kontinente ist geplant.

Ein Beispiel für direkte Entwicklungszusammenarbeit: Die Klimabündnis-Stadt Bad Oeynhausen ist Patin der indianischen Kommune Yana Yacu in Ecuador in der Nähe der peruanischen Grenze. Mit Geld aus dem Topf des Klimabündnisses konnten Fortbildungskurse über wichtige Ernährungspflanzen finanziert, eine Samenaufzuchtstation und ein Gewächshaus errichtet werden.

Ziel ist es, die Quichuaindianer zu unterstützen, die die rechtliche Anerkennung ihres Gemeindegebiets durchsetzen wollen, um sie damit vor Holzfällern und Siedlern zu schützen. Nur wenn die Besitzverhältnisse klar sind, lassen sich die traditionelle Lebensweise und der nachhaltige Umgang mit dem Regenwald langfristig unterstützen.

Ein anderes Beispiel ist der Schweizer Verein EcoSolidar. Er unterstützt Projekte in Südamerika und Afrika, die von den Betroffenen selbst gewünscht werden. EcoSolidar hilft mit Geld, der Vernetzung verschiedener Projekte und bei Austauschreisen.

Eine Partnergruppe ist die Frauenorganisation OCMA in Bolivien mit Gruppen in fünf Dörfern. Auch hier geht es um eine Alternative zur Brandrodung des Regenwalds. Ziel der Arbeit ist gegenseitige Fortbildung in Sachen naturschonende Anbaumethoden oder Bau von Bewässerungssystemen.

In der Lipangwe Organic Farm in Malawi hat EcoSolidar zum Teil den Bau eines Gästehauses mit Workshop-Räumen finanziert und den Austausch mit Zentren in Sambia ermöglicht, wo mit angepaßter Technologie gearbeitet wird. Die Bauernfamilien in Malawi bauen traditionell Mais an – mit ihrem „wertvollsten Handwerkszeug", einer Hacke im Wert von umgerechnet drei Mark. In der neuen Farm lernen sie, auch Ge-

„Wenn alle Menschen so unbedacht mit den natürlichen Lebensgrundlagen umgingen, wie es die Bevölkerung in den reichen Ländern der Erde praktiziert, müßten wir auf Reserven von mindestens fünf Planeten zurückgreifen können. Da dies unmöglich ist, müssen wir unser Verhalten ändern."
Weltkursbuch - Globale Auswirkungen eines „Zukunftsfähigen Deutschlands"

müse, Bohnen und Hirse mit Kompost anzupflanzen. Wie oft gehörten auch in diesem Fall geklärte Besitzverhältnisse zu den wichtigsten Grundlagen einer echten Entwicklung: Ein wesentlicher Schritt war, daß die Farm von der Regierung anerkannt wurde und einen Landtitel erhalten hat.

Die Beispiele zeigen: Direkte Kooperationen, die mit minimalen Finanzmitteln, aber gezieltem Engagement arbeiten, sind oft sehr viel wirksamer als große Träger, die Summen ausstreuen, die im Partnerland unangemessen sind und die Eigeninitiative ersticken. EcoSolidar sieht den Hauptteil der Arbeit im Wissensaustausch zwischen in- und ausländischen NRO und in einem kleinen Grundkapital, das in Form rotativer Kleinstkredite weitergegeben wird. Außerdem will die Organisation Mitglieder, vor allem Frauen, so ausbilden, daß sie unterrichten können und die Organisation nach außen vertreten.

Aktionen für die Selbstversorgung der Armen

„Food first!" So heißt die Forderung der Gruppen, die den Armen und Landlosen in Hungerregionen das Menschenrecht auf Nahrung und Selbstversorgung sichern wollen. Als Organisation, die sich aktiv dafür einsetzt, arbeitet das *FoodFirst Information and Action Network* (FIAN) mit Hauptsitz in Heidelberg und Stützpunkten in 45 Ländern auf drei Kontinenten. Die Organisation hat Konsultativstatus bei den Vereinten Nationen und unterhält ein weltweites Netzwerk von Forschern, die sich ein Bild von der Situation vor Ort machen können. Ziel von Kampagnen ist es zum Beispiel, öffentliches Land zugänglich zu machen, um Landlosen die Möglichkeit zu geben, dort Getreide und Gemüse für den Eigenbedarf anzubauen.

Wie Amnesty International baut FIAN auf internationalen Druck: Mitglieder und Förderer senden höflich formulierte Faxe, E-Mails und Briefe an Staats-

„Die Versprechungen von Rom
Die Regierenden haben am Welternährungsgipfel 1996 in ihrem Aktionsplan zur Beseitigung des Welthungers versprochen:
1. Wir werden wirtschaftliche, politische und soziale Rahmenbedingungen schaffen, um die Armut zu bekämpfen und dauerhaften Frieden zu erhalten, basierend auf der Gleichberechtigung von Frauen und Männern, was unabdingbar ist für Ernährungssicherheit.
2. Wir werden politische Strategien zur Armutsbekämpfung einsetzen und den Zugang verbessern zu ausreichender und gesunder Nahrung für alle Menschen zu jeder Zeit.
3. Wir werden eine nachhaltige Entwicklung der Landwirtschaft, Fischerei und Forstwirtschaft anstreben in Gebieten mit hohem und niedrigem Ertragspotential, was essentiell ist für eine angemessene und verläßliche Nahrungsmittelversorgung sowohl der Privathaushalte wie jener der Regionen und Länder. Wir werden Seuchen, Dürre und Wüstenbildung bekämpfen und dabei den multifunktionalen Charakter der Landwirtschaft berücksichtigen.
4. Wir werden dafür sorgen, daß die Ernährungssicherheit gefördert wird durch Nahrungsmittel- und Agrarpolitiken in einem fairen, marktorientierten Welthandelssystem.
5. Wir werden uns anstrengen, Naturkatastrophen und von Menschen verursachten Krisen vorzubeugen und bereit sein, Nahrungsmittelhilfe zu leisten, die zu Wiederaufbau und Entwicklung ermutigt.
6. Wir werden eine optimale Zuweisung und Nutzung öffentlicher und privater Investitionen fördern, um die Humanressourcen, nachhaltige Systeme der Ernährung, Landwirtschaft, Fischerei und Forstwirtschaft sowie die ländliche Entwicklung in Gebieten mit hohem und niedrigem Ertragspotential zu stärken.
7. Wir werden diesen Aktionsplan einführen und sichern, daß der Folgeprozeß auf allen Ebenen der internationalen Gemeinschaft überwacht wird."
EvB-Magazin 4/97

oberhäupter und fordern sie auf, Ungerechtigkeiten in ihrem Land zu beenden.

Ein Beispiel für eine Dringlichkeitsaktion stammt aus Guatemala. Die ArbeiterInnen der Kaffeeplantage „Nueva Florencia" hatten im Jahr 1997 beschlossen, sich gewerkschaftlich zu organisieren, weil die Löhne, die sie bekamen, nur die Hälfte ihrer Lebenshaltungskosten deckten. 32 wurden daraufhin entlassen. Die Familienmitglieder durften ihren Mais nicht mehr in der Gemeinschaftsmühle mahlen. Den Kindern wurde der Schulbesuch und der Zugang zu Impfungen verweigert. Schließlich wurden Familien gezwungen, Häuser zu verlassen, in denen sie vierzig Jahre gewohnt hatten. Arbeit bekamen sie jedoch nirgends; der Arbeitgeber hatte ihre Namen an die anderen Plantagen weitergegeben. Am 16. Juni 1998 erging das Urteil gegen das Unternehmen. Das zuständige Gericht erklärte alle Maßnahmen für unrechtmäßig und verlangte die sofortige Wiedereinstellung. Doch noch ein halbes Jahr später war nichts geschehen. Grund für FIAN, eine *urgent action* zu starten. (FIAN im Internet: http:/www.fian.org/u9901.htm)

Szenarios für Nachhaltigkeit

In diesem Teil geht es darum abzuschätzen, was Veränderungen des Lebens- und Konsumstils bedeuten: Was kosten sie? Was für Folgen haben sie? Welche Unterschiede im Verbrauch von Düngemitteln, Pestiziden und Energie ergeben sich im Vergleich? Was bedeutet fairer Handel für die Erzeuger und ihre Umwelt?

Ausgaben für Nahrungsmittel, Getränke und Tabakwaren auf der Basis von 1996, aktualisiert mit dem Preisindex für März 1999

Nahrungsmittel	609,31 DM
davon tierischen Ursprungs	262,71 DM
darunter Fleisch und Fleischwaren	146,13 DM
davon pflanzl. Ursprungs	346,60 DM
darunter Brot und Backwaren	99,70 DM
darunter Zucker, Süßwaren und Marmelade	62,17 DM
Getränke	149,16 DM
Tabakwaren	29,49 DM
Essen außer Haus	141,48 DM
Ausgaben insgesamt	929,44 DM

Einer Kaufentscheidung für biologische Produkte stehen oft die höheren Ausgaben im Weg. Auf der Grundlage der statistischen Angaben zu den Ausgaben für Nahrungsmittel, Getränke und Tabakwaren haben wir ein Szenario berechnet, bei der eine vierköpfige Familie einige wesentliche Grundnahrungsmittel aus konventioneller Produktion durch solche aus biologischem Anbau ersetzt.

Grundlage für die Berechnung sind die Angaben des Statistischen Bundesamts zu durchschnittlichen Ausgaben für Nahrungsmittel, Getränke und Tabakwaren. Zwei Drittel werden für Nahrungsmittel, jeweils knapp ein Fünftel für Getränke und für den Verzehr außer Haus getätigt. Hinzu kommen noch Ausgaben für Tabakwaren, die immerhin drei Prozent des Gesamtbudgets ausmachen.

Weil Umfragen zeigen, daß VerbraucherInnen am liebsten an einem Ort einkaufen, stammen die im Szenario ausgetauschten Lebensmittel alle aus einem Biosupermarkt. Der Austausch umfaßt zehn Grundnahrungsmittel und soll als erster Schritt hin zu einem ökologischen Konsumstil verstanden werden. Der neu zusammengesetzte Szenarienwarenkorb verursacht Mehrkosten von 79,05 Mark im Monat. Wie es noch billiger geht, zeigt Szenario 2.

Ärzte und Ernährungswissenschaftler empfehlen den Verbrauchern, weniger Fleisch und Süßigkeiten zu essen. Ein zweites Szenario orientiert sich deshalb an Szenario 1, reduziert aber gleichzeitig exemplarisch den Verbrauch an Fleisch, Fleischwaren, Zucker, Süßwaren und Marmeladen um ein Drittel. Das gleicht die Zusatzkosten fast völlig aus, der ökologische Warenkorb ist nur noch 10 DM teurer als der des Statistischen Bundesamts.

Berücksichtigt man, daß auch der Konsum von Alkohol und Zigaretten aus Gesundheitsgründen eingeschränkt werden sollte, ist noch weiteres Potential für den Kauf biologisch erzeugter Produkte vorhanden, ohne die Haushaltskasse zusätzlich zu belasten.

Schätzungen gehen davon aus, daß allein im Jahr 1995 130 Millionen Europäer nahrungsmittelbedingte Krankheiten durchlitten haben.

Szenario 1: Eine vierköpfige Familie mit mittlerem Einkommen stellt den Verbrauch folgender Produkte von konventionell auf biologisch um:

Produkte	Menge in kg (soweit nicht anders vermerkt)[1]/Monat	Ausgaben konventionell[1]/Monat	Ausgaben bio[2]/ Monat
Milch (Liter)	18,4	19,90 DM	29,26 DM
Butter	1,2	8,64 DM	14,16 DM
Eier (Stück)	34	8,54 DM	16,66 DM
Kartoffeln	6,0	5,11 DM	11,94 DM
Weizenmehl	1,5	1,29 DM	2,93 DM
Reis	0,5	1,81 DM	1,83 DM
Teigwaren	1,6	5,69 DM	6,24 DM
Brot	8,3	33,82 DM	49,63 DM
Kaffee	1,2	17,49 DM	38,35 DM
Bananen	2,9	7,03 DM	17,37 DM
Ausgaben für die Auswahlprodukte		109,32 DM	188,37 DM
Ausgaben insgesamt		929,44 DM	1008,49 DM

[1] Statistisches Bundesamt, Statistisches Jahrbuch 1997: Ausgaben ausgewählter privater Haushalte für Nahrungsmittel, Getränke und Tabakwaren 1996; die Preise wurden mit dem Nahrungsmittelpreisindex für März 1999 bereinigt.
[2] Eigene Berechnung: Grundlage sind Preise im Alnatura-Supermarkt in Freiburg, Stand April 1999.

Szenario 2: Varianten bei Ausgaben für Nahrungsmittel, Getränke und Tabakwaren je nach Einkaufsverhalten

Szenario 1	Statistischer Durchschnittswert	Szenario 2 = Szenario 1 minus 1/3 Fleisch, Fleischwaren, Zucker, Süßwaren und Marmelade
1008,49 DM	929,44 DM	939,06 DM

StBA, 1997, eigene Berechnungen

Die Verbesserungen für die Umwelt wären spürbar. Ihr blieben bei einer Ausweitung der ökologischen Anbaufläche von im Moment etwas mehr als zwei Prozent auf zehn Prozent 143 000 Tonnen Stickstoff, knapp 32 000 Tonnen Phosphat und mehr als 50 000 Tonnen

Potentielle Dünger- und Pestizideinsparungen bei einer Ausweitung der Ökoanbaufläche auf zehn Prozent

	97,9% konventionell 2,1% Ökoanbaufläche:	90% konventionell 10% Ökoanbaufläche:
	Aktueller Verbrauch (t/a)	Potentielle Einsparung (t/a)
Stickstoff	1.738.000	143.000
Phosphat	392.000	32.000
Kali	630.000	51.000
Pflanzenschutzmittelwirkstoff	27.974	2.256

Kali erspart. Für exakte Berechnungen zur Pestizideinsparung reicht das Datenmaterial nicht aus, weil Angaben über die ausgebrachten Mengen fehlen. Nimmt man an, daß die gesamte im Inland verkaufte Menge zum Einsatz kommt, lassen sich bei dem Szenario „Zehn Prozent Anbaufläche" 2256 Tonnen einsparen.

Brot unter der Lupe

Das tägliche Brot ist das sprichwörtliche Grundnahrungsmittel in europäischen Ländern. Im Jahr 1995/96 wurden in Deutschland 62,7 Kilogramm Brot und Brötchen pro Kopf verzehrt – insgesamt 6,6 Millionen Tonnen, umgerechnet ein Würfel von rund 200 Metern Kantenlänge. Der Backwarenmarkt erwirtschaftet 12,6 Milliarden Mark pro Jahr.

In der EU werden im Durchschnitt 71 kg Brot und Brötchen pro Jahr verzehrt. *„Profil" 2/99*

In einer Studienarbeit im Fach Systemanalyse und Agrarökologie der TU Braunschweig, angefertigt im Öko-Institut Freiburg, hat Kirsten Wiegmann eine Produktlinienanalyse von Roggen-Weizen-Vollkornbrot unternommen. Analysiert wurde die Energiebilanz bei der Getreideproduktion in der Mühle, in der Bäckerei und während der Transporte. Statt realer Betriebe waren drei virtuelle Modellbetriebe am Start:

1. Ökobrot mit Natursauerteig aus einer mittelständischen Bäckerei,

2. konventionelles Brot aus einer mittelständischen Bäckerei auf Grundlage einer Backmischung,

3. konventionelles Brot mit einer Hefe-Sauerteig-Kombination aus einer Großbäckerei.

Zugrunde gelegt wurde in allen Fällen ein Transportweg vom Landwirt zur Mühle von 50 Kilometern. Sonst galten folgende Vorgaben: *Ökobäcker* backen ein „Brot der kurzen Wege". Das Mehl stammt aus der Region (50 km), und der Vertrieb erfolgt lokal (10 km). Die *mittelständische Bäckerei* bezieht ihre Mischung vom Großhandel (400 km) und vertreibt lokal (10 km). Die *Großbäckerei* hat beim Einkauf (100 km) einen mittleren und beim Vertrieb (30 km) einen größeren Radius, verbucht aber durch Großfahrzeuge einen Effizienzgewinn.

Das Ergebnis: Beim *Getreideanbau* schneidet die ökologische Produktion am besten ab. Die mechanische Unkrautregulierung erfordert zwar mehr Treibstoff; dafür wird auf Pflanzenschutzmittel verzichtet. Der konventionelle Landbau schneidet schlecht ab, weil die vorgelagerte Kunstdüngerproduktion viel Energie braucht, die im Biolandbau wegfällt.

In der *Mühle* unterscheiden sich die drei Varianten nicht. Daß ökologisches Getreide nicht chemisch gegen Lagerschädlinge behandelt wird, floß nicht in die Bilanzierung ein.

Die mittelständische Bäckerei hat den größten Anteil am *Energiebedarf*. Hier ist die Großbäckerei am effizientesten. In Backstraßen werden die Geräte gut ausgelastet, und Abwärme kann besser genutzt werden. Beim Ökosauerteig trägt die längere Gärungszeit zum höheren Energieverbrauch bei.

Im Vergleich schnitt der mittelständische Betrieb am schlechtesten ab. Von der reinen Energiebilanz her ist das Brot aus der Großbäckerei am effizientesten – sofern die Transporte nicht länger sind als im Modell. Das Ökobrot hat gegenüber dem aus dem Großbetrieb

„Nur durch die Anpassung der Teige an die Maschinen ließen sich teure Bäckerhände durch billigere Automaten ersetzen. Das ist auch beim ‚Bäcker um die Ecke' nicht anders. Für nahezu jedes Produkt steht inzwischen eine Fertigmasse zur Verfügung - egal ob Bauernbrot oder Berliner. Etwa 98 Prozent aller Bäcker kaufen bei Backmittelherstellern - und die liefern ihnen die Aufkleber ‚Aus eigener Herstellung' gleich mit."
Greenpeace-Magazin 2/98

Brot unter der Lupe

Das Öko-Institut hat Roggen-Weizenvollkorn-brote verschiedener Bäckereien unter die Lupe genommen.

Statt realer Firmen waren drei virtuelle Modell-betriebe am Start:

1. eine mittelständische Bäckerei mit Ökobrot aus Natursauerteig
2. eine mittelständische Bäckerei mit konventio-nellem Brot aus einer Backmischung (Hefe-Sauerteig Kombination)
3. eine Großbäckerei mit konventionellem Brot (mit einer Hefe-Sauerteig Kombination)

Mühle
Die drei Varianten unterscheiden sich nicht hin-sichtlich der Vermahlung.

- ökologisches Getreide wird nicht chemisch gegen Lagerschädlinge behandelt (nicht bi-lanziert)

Backmittelhersteller
Nicht bilanziert mangels Datengrundlage. Die Branche der Backmittelhersteller zeigte sich zu keiner Kooperation bereit.

- Zunahme der Wegelängen siehe unter Trans-porte

Bäckerei
Hier wird lediglich die Prozeßenergie für das Backen selbst und für die Teiggäre betrachtet.

- Großbäckereien backen in effizienten „Back-straßen" und lasten zudem die geheizten Ge-räte aus

- die Arbeitsorganisation in Großbetrieben er-möglicht oft eine bessere Nutzung von Ab-wärme als dies in Kleinbetrieben der Fall ist

- im Ökobrot wird Natursauerteig verwendet, der 22 Stunden lang gären muß, die betrach-teten konventionellen Brote haben kürzere Gärzeiten (0,5 bis 3 Stunden)

Die Bäckerei hat den größten Anteil am Ener-giebedarf der Produktlinie Brot, nämlich ein Drittel bis die Hälfte.

Landwirtschaft

- der ökologische Anbau von Getreide spart insgesamt Energie ein

- die Mineraldüngerherstellung (v.a. Stickstoff) für den Intensivlandbau bedarf alleine 30 bis 66% des Energieinputs in die Landwirtschaft

- der ökologische Anbau arbeitet dagegen mit organischen Düngern (z.B. Mist, Legumino-senanbau)

- durch mechanische Unkrautregulierung wird im Ökolandbau mehr Treibstoff benötigt, da-für aber auf Pflanzenschutzmittel verzichtet

- der langfristige Vergleich von ökologischem und konventionellem Getreideanbau ergibt gleiche Erträge und gleiche ökonomische Ge-winne, aber ungleich größeren Erhalt der Bo-denfruchtbarkeit im ökologischen Landbau

Insgesamt hat der Getreideanbau den zweit-größten Anteil am Energiebedarf der Produktli-nie Brot.

Transporte
(zugrundegelegte, literaturgestützte Annahmen)

- der Transportweg Landwirt–Mühle ist in aller Fällen je 50 km lang

- der Ökobetrieb backt ein „Brot der kurzen Wege": das Mehl stammt aus der Region (50 km), der Vertrieb erfolgt lokal (10 km)

- die Großbäckerei hat zwar einen größeren Einkaufs- und Vertriebsradius (100 km und 30 km), verbucht aber durch größere Fahr-zeuge einen Effizienzgewinn

- die mittelständische Bäckerei bezieht ihre Backmischung über einen Großhandel mit ei-nem Lieferweg von insgesamt 400 km, das Brot wird lokal vertrieben

allerdings Zusatzvorteile: den ökologischen Getreideanbau, die kurzen Transportwege, den Verzicht auf
chemische Behandlung des Lagergetreides und einen
höheren Nährwert durch die Verwendung von Natursauerteig. Auch von der Qualität der Arbeit her gibt es
Unterschiede. Im Ökobrot steckt mehr menschliche
Arbeitskraft und mehr Zufriedenheit – sowohl auf dem
Acker wie auch in der Bäckerei.

Kaffeezeit: für drei Pfennig pro Tasse ein gutes Gewissen

300 Kooperativen aus 20 Ländern stehen inzwischen
im Produzentenregister von TransFair. Für sie bedeutet die Kooperation die Ausschaltung des Zwischenhandels, garantierte Mindestpreise über Weltmarktniveau, zusätzliche Prämien für biologischen Anbau und
langfristige Lieferbeziehungen.

Ein Szenario, das den Verbrauch an fair gehandeltem Kaffee von derzeit einem Prozent auf zehn Prozent
anhebt, orientiert sich an den aktuellen Verbrauchs-
zahlen. Im Durchschnitt lag der Verbrauch in Deutschland im Jahr 1997 bei 6,8 Kilogramm Röstkaffee pro
Kopf. Jeder Bundesbürger ab dem 15. Lebensjahr hat
damit rund 970 Tassen Kaffee getrunken. Zehn Prozent wären also mit 680 Gramm pro KaffeetrinkerIn
und Jahr erreicht. Würden tatsächlich alle mitmachen,
lägen die Zusatzkosten für das Zehn-Prozent-Szenario
bei vergleichbaren Qualitäten bei drei Pfennig Mehrkosten pro Tasse oder bei drei Mark im Jahr pro Kopf.

„In unserer Genossenschaft haben sich 155 Familien zusammengeschlossen. Seit vier Jahren
können wir gut ein Viertel unserer Ernte über den fairen Handel vermarkten. Vor allem als die
Börsenpreise ganz unten waren, hat das unser Überleben gesichert. Inzwischen können wir
unseren Mitgliedern auch Fortbildungsmaßnahmen sowie landwirtschaftliche Beratung beim
Anbau weiterer Produkte anbieten."
José Santos Martinez; Quelle: TransFair

Fairer Handel mit Lebensmitteln: Beispiel Kaffee

Bei TransFair sind inzwischen über 300 Kooperativen aus 20 Ländern in das Produzentenregister aufgenommen.

Für die Produzenten bedeutet der Faire Handel unter anderem:

* die Aussparung des Zwischenhandels

* garantierte Mindestpreise, die über dem Weltmarktniveau liegen

* zusätzliche Prämien für biologischen Anbau

* langfristige Lieferbeziehungen

Der Faire Handel erzielt Verbesserungen, die nicht nur den direkt am Handel beteiligten Produzenten nutzen. Mit den Mehrerlösen wurden beispielsweise:

* Landapotheken eingerichtet

* Schul- und Unterrichtsmaterial erstanden

* Einrichtungsmaterial für Schulen finanziert

Durch den Fairen Handel werden bei den beteiligten Produzenten und ihrem sozialen Umfeld Verbesserungen in wirtschaftlicher, sozialer und ökologischer Hinsicht erzielt, die ihn auch als einen Beitrag zu einer nachhaltigen Entwicklung auszeichnen.

„Der wichtigste Vorteil, den wir vom Fairen Handel haben, ist: Auch bei niedrigen Weltmarktkursen können wir mit einem festen Mindestpreis rechnen. Das gibt uns eine gewisse Planungssicherheit - und bringt natürlich auch bessere Preise."
Altagracia Candelario,
Dominikanische Republik
(TransFair: Eine Idee hat Erfolg)

„In unserer Genossenschaft haben sich 155 Familien zusammengeschlossen. Seit vier Jahren können wir gut ein Viertel unserer Ernte über den Fairen Handel vermarkten. Vor allem als die Börsenpreise ganz unten waren, hat das unser Überleben gesichert. Inzwischen können wir unseren Mitgliedern auch Fortbildungsmaßnahmen sowie landwirtschaftliche Beratung beim Anbau weiterer Produkte anbieten."
José Santos Martinez,
Honduras
(TransFair: Eine Idee hat Erfolg)

Die aktuelle Situation auf dem Kaffeemarkt

Kaffee mit TransFair Siegel erzielt einen Marktanteil von ungefähr einem Prozent.
In Ländern wie der Schweiz oder Holland erreicht Kaffee, der mit dem Max Havelaar Siegel ausgezeichnet ist, einen Marktanteil bis zu fünf Prozent. Max Havelaar ist eine Schwesterorganisation von TransFair.

10% FairTrade Kaffee – Ein Szenario

Im Durchschnitt konsumiert jeder Bundesbürger ab dem 15. Lebensjahr pro Jahr 6,8 Kilo Röstkaffee (Stand 1997). Mit einem Verbrauch von 680 Gramm hätte man also bereits die 10 Prozent pro KaffeetrinkerIn erreicht. Die Menge entspricht ungefähr 97 Tassen TransFair Kaffee. Es wird bei vergleichbaren Qualitäten mit einem Mehrpreis von 3 Pfennig pro Tasse gerechnet. Das 10 Prozent Szenario mutet den Kaffeetrinkerinnen und -trinkern einen Mehraufwand von nicht einmal drei Mark im Jahr zu.

Und was ist Ihnen eine gerechtere Welt wert?

Anhang

Selbst aktiv werden?

Initiativen, Verbände und Unternehmen

Deutschland
Alnatura Produktions- und Handels GmbH
Darmstädter Str. 3, 64404 Bickenbach
Tel.: 06257-932226, Fax: 06257-932244

AnStiftung gemeinnützige Forschungsgesellschaft
Daiserstr. 15 Rgb., 81371 München
Tel.: 089-747460-0, Fax: 089-747460-30
Internet: http://www.anstiftung.arg.net

Arbeitsgemeinschaft bäuerliche Landwirtschaft –
Bauernblatt e. V.
Marienfelderstr. 14, 33378 Rheda-Wiedenbrück
Tel.: 05242-48476

Arbeitsgemeinschaft Ökologischer Lebensmittelhersteller (AÖL)
c/o König Kommunikation, Kreilinger Str. 33, 90408 Nürnberg
Tel.: 0911-350 5616, Fax: 0911-350 5648

BNN-Hersteller e. V.
Robert-Bosch-Str. 6, 50354 Hürth
Tel.: 02233-9633833, Fax: 02233-9633830

Brot für die Welt
Diakonisches Werk der Evangelischen Kirche in
Deutschland e.V.
Stafflenbergstr. 76, 70184 Stuttgart
Tel.: 0711-21590, Fax: 0711-2159288

Bundesarbeitsgemeinschaft der Lebensmittelkooperativen
c/o Anette Hoffstiepel, Im Mailand 131, 44797 Bochum
Internet: http://home.t-online.de/bag.d.lebensmittel-
kooperativen
Adressen deutscher Food-Coops.

Eurotoques Deutschland
c/o Schassbergers Kur- und Sporthotel, Winnendingerstr. 10,
73667 Ebnisee
Tel.: 07184-292 102, Fax: 07184-292 138
Internet: http://www.eurotoques.de

Evangelisches Bauernwerk
74638 Waldenburg-Hohebuch
Tel.: 07942-1070
Fax: 07942-10777

FIAN
International Secretariat, Postfach 102243, 69012 Heidelberg
Tel.: 06221-830620, Fax: 06221-830545
Internet: http://www.fian.org

Gesellschaft zur Erhaltung alter und gefährdeter
Haustierrassen
Postfach 1218, 37202 Witzenhausen
Tel.: 05542-72560
Internet: http://www.g-e-h.de

Greenpeace
Große Elbstr. 39, 22767 Hamburg
Tel.: 040-306180
Internet: http://www.greenpeace.de

IFOAM
66636 Tholey-Theley
Tel.: 06853-5190, Fax: 06853-30110
Internet: http://ecoweb.dk/ifoam

Interessengemeinschaft Zugpferde in Deutschland (IGZ)
Bundesgeschäftsstelle, Dr. Reinhard Scharnhölz,
Altenkirchender Str. 3, 55773 Hennef-Uckerath
Internet: http://home.t-online.de/home/0526110695-001

Klimabündnis der Städte
European Coordination Office, Galvanistraße 28,
60486 Frankfurt/M.
Tel.: 069-70790083, Fax: 099-703927
Internet: http://www.klimabuendnis.org

Naturschutzbund Deutschland e. V. (NABU)
Herbert-Rabius-Str.26, 53190 Bonn
Tel.: 0228-975610, Fax: 0228-9756190

Öko-Institut e.V.
Postfach 6226, 79038 Freiburg
Internet: http://www.oeko.de

Öko-Prüfzeichen GmbH
Rochusstr. 2, 53123 Bonn
Tel.: 0228-9777 700, Fax: 0228-9777 799

Slow Food Deutschland
Geiststr. 81, 48153 Münster
Tel.: 0251-793 368, Fax: 0251-793 366
Internet: http://www.slowfood.de

tegut
Gerloser Weg 72, 36039 Fulda
Tel.: 0661-104 0

TransFair Deutschland
Remigiusstr. 21, 50937 Köln
Tel.: 0221-9420400, Fax: 0221-94204040
Internet: http://www.transfair.org
Infomaterial rund um den fairen Handel.

Upländer Bauernmolkerei
Korbacher Str. 6, 34508 Willingen-Usseln
Tel.: 05632-94860

Verband der Reformwarenhersteller e. V.
Postfach 2445, 61294 Bad Homburg
Tel.: 06127-40680, Fax: 06127-406899

Verein zur Erhaltung der Nutzpflanzenvielfalt
c/o Ludwig Watschong, Ahornweg 6,
34399 Arenborn (Oberweser)
Tel.: 05574-1345

Verein zur Erhaltung Natur und Lebensraum Rhön
Georg Meilinger Str. 3, 36115 Ehrenberg

Österreich
Greenpeace
Siebenbrunnengasse 44, 1050 Wien
Tel.: 01-5454580, Fax: 01-5454588
Internet: http://www.greenpeace.at

Klimabündnis Österreich
Wolfgang Mehl, Mariahilfer Straße 89/24, 1060 Wien
Tel.: 01-5815881, Fax. 01-5815880

Österreichische Bergbauernvereinigung
Herklotzgasse 7–21, 1150 Wien
Tel.: 01-8929400, Fax: 01-8929400

Slow Food
Convivium Güssing/Burgenland
Leitung: Frau Trixi Jandresits, c/o Das Kaffehaus,
Hauptstraße 27, 7540 Güssing
Tel.: 03322-42410 oder 01-524943611
http://garum.com/club/members/

TransFair Österreich
Wipplingerstr. 23, 1010 Wien
Tel.: 01-5330956, Fax: 01-5330957
Internet: http://www.oneworld.at/transfair

Schweiz
Bio Suisse
Missionsstrasse 60, 4051 Basel, Tel.: 061-3859610
Internet: http://www.bioswiss.ch
Knospe-Lieferantenverzeichnis, Direktvermarkterverzeichnis,
diverses Informationsmaterial für Verbraucher.

Coop Schweiz
Thiersteinerallee 12, Postfach 2550, 4002 Basel
Tel.: 061-336 66 66, Fax: 061-336 60 40
Internet: http://www.coop.ch

EcoSolidar
Für aktive Entwicklungszusammenarbeit, Langstrasse 187,
Postfach, 8031 Zürich
Tel.: 01-2724200, Fax: 01-2724200
Internet: http://www.swix.ch/ecosolidar

Erklärung von Bern
Quellenstr. 25, Postfach 1327, 8031 Zürich
Tel.: 01-2716434, Fax: 01-12726060
Internet: www.access.ch/evb

Eurotoques Switzerland
Place de la Navigation 2, 1006 Lausanne
Tel : 02-16131007, Fax : 02-16131005
Internet: http://www.euro-toques.org

Greenpeace
Postfach 276, 8026 Zürich
Tel.: 01-4474141, Fax: 01-4474199
Internet: http://www.greenpeace.ch

Klimabündnis-Städte Schweiz
c/o Stadtökologie Zug, Emil Stutz, Postfach 1258, 6301 Zug

Max Havelaar Stiftung Schweiz
Malzgasse 25, 4052 Basel
Tel.: 061-2717500, Fax: 061-2717562

Pro Natura
Postfach, 4020 Basel
Tel.: 061-3179134, Fax: 061-3179166
Internet: http://www.pronatura.ch

Slow Food
Klosbacher Str. 85, Postfach, 8030 Zürich
Tel.: 01-2685223

SV-Service
Neumünsterallee 1, 8032 Zürich
Internet: http://www.sv-service.com

Vereinigung Umweltbewusste Gastronomie
Hofmattweg 55, 4144 Arlesheim
Tel.: 061-7013830, Fax: 061-7013830
Internet: http://www.gastro-umwelt.ch

Verein kleiner und mittlerer Bauern (VKMB)
Schützengässchen 5, 3011 Bern
Tel.: 031-3126400, Fax: 031-3126303

Regionale Initiativen
(die Angaben erheben keinen Anspruch auf Vollständigkeit)

Deutschland

Baden-Württemberg

Bauernmarkthalle Stuttgart e.G.
Herderstr. 13, 70193 Stuttgart

Modellprojekt Konstanz
am Amt für Landwirtschaft, Landschaft und Bodenkultur, Winterspürer Straße 25, 78333 Stockach
Tel.: 07771-922 157/158, Fax: 07771-922 103
Modellprojekt gefördert vom Land Baden-Württemberg und der EU, nachhaltige Sicherung und Entwicklung der Umwelt im Trinkwassereinzugsgebiet des Bodensees.

Regionale Tafelrunde
Reischstr.15, 79102 Freiburg
Tel./Fax: 0761-33581

Bayern

Artenreiches Land – Lebenswerte Stadt e. V.
Spitalstr. 5, 91555 Feuchtwangen
Tel.: 09852-1381, Fax: 09852-4895

Brauerei und Gasthof zur Krone
Tauscher GmbH & Co., Bärenplatz 7, 88069 Tettnang
Tel.: 07542-7452, Fax: 07542-6972

Brucker Land Solidargemeinschaft
Elsbeth Seiltz, Adelshofenerstr. 8, 82276 Nassenhausen
Tel.: 08145-6269

Dampfsäge u. K. Bilgram
Westerheimer Str. 10, 87776 Sonthofen
Tel.: 08336-226
Mischung aus Kultur, Kunst und Landwirtschaft, organisiert durch Kneipe mit Landwirtschaft, die Seminare, Ausstellungen usw. ausrichtet.

Landshuter Bäuerinnen Service
Frau Engelbrecht, Hummelsberg 7, 84098 Hohentann
Tel.: 08784-507

Tagwerk Verbraucher Erzeuger Genossenschaft
Erdinger Str. 32, 84405 Dorfen
Tel.: 08081-4764
Internet: http://www.leibi.de/takaoe/84_11.htm

Berlin

Kreuzberger Tauschring
c/o Nachbarschaftsheim, Urbanstr. 21, 10961 Berlin
Tel.: 030-6922351
Sammelt Adressen aller deutschen Tauschringe.

Öko-Laube. Stiftung Naturschutz Berlin
Potsdamer Str. 68, 10785 Berlin
Tel.: 030-90 17 23 23, Fax: 030-90 17 97 82
Internet: http://snb.blinx.de/oekolaube

Queerfood KG
Muskauer Str. 24, 10997 Berlin-Kreuzberg
Tel.: 030-611 34 73, Fax: 030-611 34 73
Internet: http://www.iq-consult.com/querfood
Lieferservice von Bioprodukten, Kooperation mit
Car-Sharing-Unternehmen.

Brandenburg

Jugendhof Brandenburg e. V.
Frau Klinner, Behnitzer Weg 12, 14641 Berge bei Nauen
Tel.: 03321-44 32 0, Fax: 03321-44 32 13
Engagement in Land- und Forstwirtschaft, ökologisches Bauen,
Energie.

Bremen

Bremer Erzeuger Verbraucher Genossenschaft e.G.
Donandtstr. 4, 28209 Bremen
Tel.: 0421-349 907
Internet: http://www1.uni-bremen/~rolf/evg
Zusammenschluß von über 600 Verbrauchern und Erzeugern in
und um Bremen, regionale Vermarktung über Bauernläden.

Hamburg

Öko-Markt e. V.
Kurfürstenstr. 10, 22041 Hamburg
Tel./Fax: 040-656 5042
Internet: http://www.oekomarkt-hamburg.de

Öko-Markt Schulprojekt
Osterstr. 58, 20259 Hamburg
Tel.: 040-432 70 600, Fax: 040-432 70 602

Tafelfreuden
Jens Witt, Farmenser Landstr. 73, 22359 Hamburg
Tel.: 040-644 0230
Partyservice mit Produkten aus ökologischem Landbau unter
Berücksichtigung der Saison und mit EU-Bio-Zertifikat.

Hessen

Vereinigung der hessischen Direktvermarkter e. V.
Hofgut Fortbach, 35085 Ebsdorfergrund-Hachborn
Tel.: 05651-96157, Infotelefon: 06424-6204 (Mo.–Fr. 9–12 und
14–17 Uhr)

Regional-Netz e. V.
Gerhard Müller-Lang, Alter Bahnhof, 37269 Eschwege
Z. B. Broschüre (80 Seiten) über landwirtschaftliche Direktver-
markter und Kunsthandwerkerinnen im Werra-Meißner-Land

Mecklenburg-Vorpommern

Ökologische Beschäftigungsinitiative Krummenhagen e. V.
Dorfstr. 34, 18442 Krummenhagen
Tel.: 038327-60138
Ökodorf Krummenhagen: Ökolandwirtschaft, eigene Käserei,
Spezialitäten wie Brot aus dem Lehmbackofen.

Niedersachsen

*Wurzelwerk Erzeuger-Verbraucher-Genossenschaft zur Direkt-
vermarktung bäuerlicher und handwerklicher Erzeugnisse e. G.*
Friedrichstr. 9, 33330 Gütersloh
Tel.: 05251-14628

Bereits vor zwanzig Jahren haben sich rund hundert Öko-Betriebe und Verbraucher der Region zusammengeschlossen; es wird ein eigener Wurzelwerkladen geführt.

Nordrhein-Westfalen

LandfrauenService NRW
Servicebüro Kreis Gütersloh, Wedeking, Graswinkel 51, 33397 Rietberg-Mastholte
Tel.: 02944-58441
Fortbildungsmaßnahmen für Landfrauen zu marktfähigen Themenschwerpunkten, daraus entstand z. B. ein Bauernhofcafé.

Sachsen

Verbraucher-Gemeinschaft Dresden
Barbara Rische, Schützengasse, 01067 Dresden
700 Mitglieder beziehen Bioprodukte aus einem Umkreis von vierzig Kilometern, beschäftigen sich aber auch mit anderen Themen.

Sachsen-Anhalt

Biosphärenreservat Mittlere Elbe
Verwaltung Kappenmühlen, Postfach 118, 06813 Dessau
Tel.: 0340-21 4503, Fax: 0340-21 4503

Schleswig-Holstein

Ökozentrum Werkhof – EVG Landwege
Kanalstr. 70, 23552 Lübeck
Erzeuger-Verbraucher-Genossenschaft, mit eigenem Laden, einem monatlichen Bauernmarkt sowie Hoffesten und -besichtigungen als Öffentlichkeitsarbeit.

Thüringen

Vereinigung der landwirtschaftlichen Direktvermarkter Thüringens e. V.
Naumburger Str. 98, 07743 Jena
Tel.: 03641-683405, Fax: 03641-683390

Österreich

BERSTA Waldviertler Produktevermarktung, Erzeuger und Verbraucher reg.Gen.mbH
Ritterkamp 4, 3911 Rappottenstein
Tel.: 02828-7623

Biomobil
(Zustellservice), Feyregg 39, 4552 Wartberg/Krems
Tel.: 07587-7178, Fax: 07587-71789
E-Mail: biomobil@demut.or.at

Bio-Partyservice Oberösterreich/Tischlein deck dich OÖ
Mag. Margit Mairinger, Auf der Gugl 3, 4021 Linz
Tel.: 0732-606662, Fax: 0732-6902478
Gibt es auch noch in anderen Bundesländern.

EVI Naturkost (Erzeuger-Verbraucher-Initiativen)
Klostergasse 25, 3100 St. Pölten
Tel.: 02742-352092
Kuenringerstrasse 3, 3910 Zwettl
Tel.: 02822-53055

Fremdenverkehrs-Informationsbüro Eibiswald
8552 Eibiswald 82
Tel.: 03466-43256

Grüne Börse
Löwelstr. 16, 1014 Wien
Tel.: 01-53441430, Fax: 01-53441429

KäseStrasse Bregenzerwald
Geschäftsstelle, Hof 579, 6861 Alberschwende
Tel.: 05579-7106, Fax: 05579-71069
Internet: http://www.kaesestrasse.at

Kooperative Direktvermarktung Erde & Saat
Gahrleitner Hans, Eckersberg 5, 4122 Arnreit
Tel.: 07282-7007

Lammfleischvermarktung Tauernlamm
Robert Zehentner
Eschenau 11, 5660 Taxenbach
Tel.: 06416-517, Fax: 06416-6127

Landesverband bäuerlicher Direktvermarkter Kärnten
Museumgasse 5, 9020 Klagenfurt
Tel.: 0463-5850411, -412, Fax: 0463-5850419

Mühlviertler Alm
Mag. Walter Pötsch, 4273 Unterweißenbach 20
Tel.: 07263-7154, Fax: 07263-7150

Natur und Leben Bregenzerwald
Reinhard A. Lechner, Hof 579, 6861 Alberschwende
Tel.: 05579-710647, Fax: 71069

ÖAR Regionalberatung GmbH
Mag. Josef Maitz, Alberstrasse 10, 8010 Graz
Tel.: 0316-3188480, Fax: 0316-31884888

Ökoregion Retzer Land GmbH
Hannes Weitschacher, Althofgasse 14, 2070 Retz
Tel.: 02942-20010, Fax: 20011

Talente Tauschkreis
Mag. Michael Graf, Anzengruberstraße 6, 6020 Innsbruck
Tel.: 0512-394169

Verein Schilcherland Spezialitäten
Uta Hübel, Schulgasse 28, 8530 Deutschlandsberg
Tel.: 03462-226421

Weizer Schafbauerngenossenschaft
Karl Deixelberger, Marburgerstraße 45, 8160 Weiz
Tel.: 03172-30370, Fax: 03172-30370-04
Lammfleisch- und Schafmilchprodukte.

Schweiz

*Freiland KAG Konsumenten-Arbeitsgruppe für Tier- und
Nutztierfreundlichkeit*
Engelgasse 12a, 9001 St. Gallen

Bio-Gemüse AVG
Ernst Maurer, Zährli 9, 3285 Galmiz
Tel. 026-670 42 42, Fax 026-670 27 72

Biofarm Genossenschaft Kleindietwil
Nikolaus Steiner, Postfach, 4936 Kleindietwil
Tel. 062-965 20 10, Fax 062-965 20 27

Progana
Christian Hockenjos, ch.de Serix, 1501 Palézieux
Tel. 021-907 89 08, Fax 021-908 08 29

Italien (Südtirol)

Bund Alternativer Anbauer (BAA)
Schwaigerweg 4, 39020 Morter
Tel./Fax: 0473-742008

Südtiroler Bauernbund
Brennerstr. 7a, 39100 Bozen
Tel.: 0471-999333, Fax: 0471-981171

Ökologische Landbauorganisationen

Deutschland

*AG für naturnahen Obst-, Gemüse und Feldfruchtanbau e. V.
(ANOG)*
Pützchens Chaussee 60, 53227 Bonn
Tel.: 0228-4612 16, Fax: 0228-461558
Internet: http://www.bonnet.de/ANOG/

Arbeitsgemeinschaft Ökologischer Landbau (AGÖL)
Brandschneise 1, 64295 Darmstadt
Tel.: 06155-2081, Fax: 06155-2083
Internet: http://home.t-online.de/home/AGOEL/

Beratung Artgerechte Tierhaltung e. V. (BAT)
Postfach 1131, 37201 Witzenhausen
Tel.: 05542-72558, Fax: 05542-72560

Biokreis Ostbayern e. V.
Heiliggeist, Ecke Hennengasse, 94032 Passau
Tel.: 0851-32333, Fax: 8051-32332

Bioland Bundesverband
Kaiserstr. 18, 55118 Mainz
Tel.: 06131-140868, Fax: 06131-23 9797
Internet: http://www.bioland.de/

Biopark e. V.
Karl-Liebknecht-Str. 26, 19395 Karow
Tel.: 038738-70309, Fax: 038738-70024
Internet: http://www.biopark.de

BTQ – Gesellschaft für Boden, Technik und Qualität
Bundesverband für Ökologie in Land- und Gartenbau, Weinstra-
ße Süd 51, 67098 Bad Dürkheim
Tel.: 06322-8069, Fax: 06322-989701

Bundesverbände Naturkost Naturwaren (BNN)
Robert-Bosch-Str. 6, 50354 Hürth
Tel.: 02233-9633819, Fax: 02233-9633810
Internet: http://www.naturkost.de/bnn

Demeter-Bund e. V.
Brandschneise 2, 64295 Darmstadt
Tel.: 06155-84690, Fax: 06155-846911
Internet: http://www.demeter.de/

ECOVIN
Bundesverband Ökologischer Weinbau e. V.
Zuckerberg 19, 55276 Oppenheim
Tel.: 06133-1640, Fax: 06133-1609
Internet: http://www.ecovin.de/

Gäa e. V. Vereinigung Ökologischer Landbau
Am Beutlerpark 2, 01217 Dresden
Tel.: 0351-4012389 und 403 319 18, Fax: 0351-4012389
Internet: http://www.tira.de/GAEA

Gesellschaft für ökologische Tierhaltung (GÖT)
Untergasse 6–8, 34628 Willinghausen
Tel.: 06697-919042, Fax: 06697-919041

Naturland – Verband für naturgemäßen Landbau e. V.
Kleinhaderner Weg 1, 82166 Gräfelfing
Tel.: 089-89 8545071, Fax: 089-89 855974
Internet: http://www.naturland.de/

neuform – Vereinigung Deutscher Reformhäuser
Waldstr. 6, 61440 Oberursel
Tel.: 06172-30030, Fax: 06172-303967

Ökosiegel e. V.
Barnser Ring 1, 29581 Gerdau-Barnsen
Tel.: 05808-1834, Fax: 05808-1834

Österreich

ARGE Bio-Landbau
Arbeitsgemeinschaft zur Förderung des biologischen Landbaus,
Wickengasse 14/9, 1080 Wien
Tel.: 01-4037050, Fax: 01-4027800
Internet: http://www.bioclub.at/

BAF Verein der biologisch wirtschaftenden Ackerbaubetriebe
2124 Gut Prerau
Tel.: 02523-8412, Fax: 02523-8412

Biolandwirtschaft Ennstal
8950 Stainach 160
Tel.: 03682-24521 306, Fax: 03682-24723

DINATUR Verein für fortschrittlich kontrollierte biologische
Landwirtschaft
Schlag 14, 2871 Zöbern
Tel.: 02642-865314, Fax: 02642-865320

Erde und Saat
Mairing 3, 4141 Pfarrkirchen i. M.
Tel.: 07286-7397, Fax: 07286-7396

Ernte für das Leben
Europaplatz 4, 4020 Linz
Tel.: 0732-654884, Fax: 0732-65 488440

Förderungsgemeinschaft für gesundes Bauerntum (ORBI)
Helga Wagner, Nöbauerstraße 22, 4060 Leonding
Tel.: 0732-675363

Freiland Verband
Wickeburggasse 14/9, 1080 Wien
Tel.: 01-408 88 09, Fax: 01-408 78 00

Hofmarke
Hausmanning 43, 4560 Kirchdorf
Tel.: 07582-610 17, Fax: 07582-610 17

Konsumenten-Produzenten-Arbeitsgemeinschaft (KOPRA)
Hirschgraben 15, 6800 Feldkirch
Tel.: 05522-79687

Ludwig-Boltzmann-Institut für biologischen Landbau
Rinnböckstraße 15, 1110 Wien
Tel.: 01-7951497940, Fax: 01-795147393

Ökowirt-Informationsservice für Bauern und Konsumenten
Feyregg 39, 4552 Wartberg
Tel.: 07587-71770, Fax: 07587-71779

*Österreichische Interessengemeinschaft für Biologische Land-
wirtschaft (ÖIG)*
Schlag 14, 2871 Zöbern
Tel.: 02642-86 53 19, Fax: 02642-86 53 20
Internet: http://www.oekoland.at/

Österreichischer Demeter-Bund
Hietzinger Kai 127/2/31, 1130 Wien
Tel.: 01-8794701, Fax: 01-8794722

Verein organisch-biologischer Landbau Weinviertel
Peigarten 52, 2053 Peigarten
Tel.: 02944-8263, Fax: 02944-8402

Schweiz

*Bio-Forum Möschberg, Zentrum für organisch-biologischen
Landbau*
Postfach 24, 4936 Kleindietwil
Tel.: 062-9652010, Fax: 062-9652027

Bio Suisse
Missionsstr. 60, 4051 Basel
Tel.: 061-385 9623, Fax: 061-385 9611
http://www.bioswiss.ch

Bioterra Schweizerische Gesellschaft für biologischen Landbau
Dubstrasse 33, 8003 Zürich, Tel.: 01-4635514, Fax: 01-4634849
Internet: http://www.bioterra.ch

Forschungsinstitut für biologischen Landbau (FiBL)
Ackerstrasse, 5070 Frick
Tel.: 062-8657272, Fax: 062-8657273
Internet: http://www.fibl.ch

Informationen zu Gentechnik in Landwirtschaft und Lebensmitteln

Deutschland

Arbeitsgemeinschaft Lebensmittel ohne Gentechnik (ALOG)
Dr. Robert Hermanowski, Rödelheimer Landstr. 50,
60487 Frankfurt/M.
Tel.: 069-774224, Fax: 069-706266
http://home.t-online.de/home/food.media/alog.htm

Bund für Umwelt und Naturschutz (BUND)
Im Rheingarten 7, 53225 Bonn
Tel.: 0228-400970, Fax: 0228-4009740

Die Verbraucher Initiative e. V.
Breite Str.51, 53111 Bonn
Tel.: 0228-7263393, Fax: 0228-7263399
Internet: http://www.transgen.de
Die transgen-Datenbank dokumentiert alle auf dem Markt
zugelassenen transgenen Pflanzen und Produkte.

Greenpeace
EinkaufsNetz. Große Elbstr. 39, 22767 Hamburg
Tel.: 040-30618-0, Fax: 040-30618
Internet: http://www.greenpeace.de

Gen-ethisches Netzwerk e. V.
Schönweider Str. 3, 12055 Berlin
Tel.: 030-8657073, Fax: 030-6841183

Umweltinstitut München e. V.
Schwere-Reiter-Str. 35/1b, 80797 München
Tel.: 089-3077490, Fax: 089-30774920

Österreich

ARGE Gentechnik-frei
Geusaugasse 9, 1030 Wien
Tel.: 01-71581910, Fax: 01-715819114

Global 2000
Flurschützstr. 13, 1120 Wien
Tel.: 01-81257300, Fax: 01-8125728

Schweiz

Basler Appell gegen Gentechnologie
Postfach 74, 4007 Basel
Tel.: 061-6920101, Fax: 061-6932011

Gut statt Gen
Postfach, 4002 Basel
Tel. und Fax: 061-3810200

Schweizerische Arbeitsgruppe Gentechnologie (SAG)
Postfach 1168, 8032 Zürich
Tel.: 01-262-2563, Fax: 01-2622570

WWF Schweiz
Hohlstr. 110, 8004 Zürich
Tel.: 01-2972121, Fax: 01-2972100

Biosaatgut: Erzeuger und Versender

Deutschland

Baden-Württemberg

Verein zur Erhaltung der Nutzpflanzen e. V. (VEN)
Bötzen 37, 79219 Staufen
Tel.: 07633-5569

Bayern

Naturgarten e. V.
Görrestr. 33, 80798 München
Tel.: 089-5234770, Fax: 089-8543491

Hamburg

Greenpeace Produkte
Vorsetzen 53, 20459 Hamburg
Tel.: 040-31184311, Fax: 040-31184310

Hessen

AG für Biologisches Saatgut
Martina Bünger, Am Schwiemelgraben 7, 37213 Witzenhausen

Mecklenburg-Vorpommern

Neubrandenburger Saaten
H. Schönherr, Ihlenfelderstr. 119, 17034 Neubrandenburg
Tel.: 03994-205818, Fax: 03994-205831

Niedersachsen

Gesellschaft für geotheanische Forschung
Karl-Josef Müller, Darzauhof, 29490 Neu Darchau
Tel.: 05853-1397, Fax: 05853-1397

Nordrhein-Westfalen

Dreschflegel
Föckinghauser Weg 9, 49324 Melle
Tel. 05422-8994

Öko-Saat Westerland
Fred Schumacher, Hauptstr. 14, 57632 Giershausen
Tel.: 02685-1266, Fax: 02685-8638

Rheinland-Pfalz

Bornträger und Schlemmer
67501 Offstein
Tel.: 06243-7079

Sachsen-Anhalt

Saale Saaten Torner
Merseburgerstr. 41, 06112 Halle
Tel.: 0345-5009 420, Fax: 0345-5009 430

Schleswig-Holstein

Saatzucht Carl Sperling
Postfach 2640, 21316 Lüneburg
Tel.: 04131-301 170, Fax: 04131-301 745

Österreich

Arche Noah
Obere Str. 40, 3553 Schloß Schiltern
Tel.: 02734-8626, Fax: 02734-8627

Öbiogen
Schlag 14, 2871 Zöbern
Tel.: 02642-8651, Fax: 02642-86519

Biohof Gemeinschaft
Wr. Neustädter Str. 34, 7032 Sigless
Tel.: 02631-2202

Projekt Leben, Art und Vielfalt
8385 Mühlgraben 46
Tel.: 03329-43000

Erde und Saat
Hans Gahleitner, Eckersberg 4, 4122 Arnreit
Tel.: 07282-7002, Fax: 07182-7002

Schweiz

Biosem
Susanne und Adrian Jutzet, 2202 Chambrelien
Tel.: 038-451058, Fax: 038-451718

Fructus
Stoll, Waisenhauserstr. 4, 6810 Uster 3
Tel.: 01-78043679

Pro Specie Rara Sortenzentrale
Béla Bartha, Postfach 95, 5742 Kölliken
Tel.: 062-723 7301, Fax: 062-723 7301

Sativa Genossenschaft für Demeter Saatgut
Chartreusestr. 7, 3626 Hünibach

Saveguard of Agricultural Varieties in Europe (SAVE)
Projektbüro Schweiz, Peter Grünenfelder, Schneebergstr. 17,
9000 St. Gallen
Tel.: 071-2227420, Fax: 071-2227440

Verbraucherberatung

Deutschland

Arbeitsgemeinschaft der Verbraucherverbände e. V. (AgV)
Heilsbacherstr. 20, 53123 Bonn
Tel.: 0228-64890, Fax: 0228-644258
Internet: http://www.verbraucherzentralen.de/

Die Verbraucher Initiative e. V.
Breite Straße 51, 53111 Bonn
Tel.: 0228-7263393, Fax: 0228-7263399
Internet: http://umwelt.de/initiative/verbraucher
Umfangreiches Infomaterial.

Deutsche Gesellschaft für Ernährung
Im Vogelsang 40, 60488 Frankfurt/M.
Tel.: 069-9768030
Internet: http://www.dge.de

Europäisches Institut für Lebensmittel- und Ernährungswissenschaften e. V. (EU.L.E.)
Amselweg 7, 65239 Hochheim-Massenheim
Tel.: 0645-970201, Fax: 0645-970202
Internet: http://www.eule.com
Das Institut des Lebensmittelchemikers Udo Pollmer setzt sich für Transparenz im Ernährungsbereich ein und gibt den wissenschaftlichen Informationsdienst „EU.L.E.N-Spiegel" heraus.

Ökologische Verbraucherberatung e. V.
Humboldtstr. 81, 90459 Nürnberg
Tel.: 0911-459069
Internet: http://www.oeko.com/oevb.html

Verbraucherzentrale Baden-Württemberg e. V.
Paulinenstr. 47, 70178 Stuttgart

Verbraucherzentrale Bayern e. V.
Mozartstr. 9, 80336 München

Verbraucherzentrale Berlin e. V.
Bayreuther Straße 40, 10787 Berlin

Verbraucher-Zentrale Brandenburg e. V.
Hegelallee 6–8, Haus 9, 14467 Potsdam

Verbraucher-Zentrale des Landes Bremen e. V.
Altenweg 4, 28195 Bremen

Verbraucher-Zentrale Hamburg e. V.
Kirchenallee 22, 20099 Hamburg

Verbraucher-Zentrale Hessen e. V.
Reuterweg 51–53, 60323 Frankfurt/M

Verbraucherzentrale Mecklenburg-Vorpommern e. V.
Strandstr. 98, 18055 Rostock

Verbraucher-Zentrale Niedersachsen e. V.
Herrenstr. 14, 30159 Hannover

Verbraucher-Zentrale Nordrhein-Westfalen e. V.
Mintropstr. 27, 40215 Düsseldorf

Verbraucherzentrale Rheinland-Pfalz e. V.
Große Langgasse 16, 55116 Mainz

Verbraucherzentrale des Saarlandes e. V.
Hohenzollernstr. 11, 66117 Saarbrücken

Verbraucher-Zentrale Sachsen e. V.
Bernhardstr. 7, 04315 Leipzig

Verbraucher-Zentrale Sachsen-Anhalt e. V.
Steinbockgasse 1, 06108 Halle

Verbraucherzentrale Schleswig-Holstein e. V.
Bergstr. 24, 24103 Kiel

Verbraucherzentrale Thüringen e. V.
Eugen-Richter-Straße 45, 99085 Erfurt

Schweiz

Stiftung für Konsumentenschutz (SKS)
Monbijoustr. 61, 3007 Bern
Tel.: 031-3713444, Fax: 031-3720027

Internetadressen

Deutschland

Adreßlisten Direktvermarkter:
http://www.soel.de/infos/adressen/direktvermarkter.htm

Allgemeine Infos zu Landwirtschaft und Umwelt:
http://www.agrar.de

Bio-Direktvermarkter: http://www.alles-bio.de

Direktvermarkter im Allgäu, nach Orten sortiert:
http://www.allgaeu.org/landwirtschaft/regional/direktv/d-markte.htm

Direktvermarkter im Landkreis Freyung-Grafenau:
http://www.ladis.de/direktve/direktve/dv.html

Direktvermarkter von Biofleisch:
http://www.tira.de/GAEA/gaa_bfl.htm

Direktvermarkter von Biokartoffeln:
http://www.tira.de/GAEA/gaa_bkrt.htm

Diverse Direktvermarkter:
http://www.webtrailer.com/trailer/dv/direktdb.htm

Einkaufen auf dem Bauernhof; Suchmaschine:
http://www.stmelf.bayern.de/ernaehrung/einkaufen

Bio-Saatguterzeuger:
http://www.agrar.de/infothek/bio-erzeuger.htm

http://www.soel.de/infos/adressen/saatlist.htm

Gemüsekisten-Abo:
http://www.naturkost.gemuesekiste.de/auswahlr.html

Tauschringe:
http://www.tauschring.de

http://home.t-online.de/home/h.-j.Werner

Österreich

Adressen von 1500 Direktvermarktern und deren Produkten:
http://www.bmlf.gv.at/lebensm/fbioa1.htm

Marktkalender, geordnet nach Bundesländern:
http://www.bioclub.at/markt01.htm

Adressen von Biobäckereien, Bio-Metzgereien und weitere Einkaufsmöglichkeiten:
http://www.bioclub.at/shop_co.htm

Bauernmärkte, Buschenschenken, Hofläden, Veranstaltungen, Angebote und Neuigkeiten in Kärnten:
http://www.IK-Kaernten.or.at/boerse/bauenm.html

Adressen von Landwirten und deren Schilcherland-Spezialitätenprodukten:
http://www.schilcherland.at/schilcherland/bauern.htm

Schweiz

Direktvermarkter, gegliedert nach Lebensmitteln; Hinweise auf regionale Bauernmärkte:
http://www.blueland.ch

Weiterführende Literatur

Deutschland

Die Verbraucherinitiative, Stiftung Ökologie und Landbau (Hrsg.), Einkaufen direkt beim Bio-Bauern: 3400 Adressen von direktvermarktenden Betrieben in der Bundesrepublik Deutschland, Deukalion Verlag, Holm 1997

Angelika Meier-Ploeger (Hrsg.), „Young & Hungry" CD-ROM, Food Media, Fulda 1999, *Eine CD-ROM, die jungen Menschen Lust zum Kochen bereitet.*

Baukhage, Manon; Wendl, Daniel, Tauschen statt Bezahlen, Rotbuch Verlag, Hamburg 1998

Österreich

Ernte für das Leben – Steiermark (Hrsg.), Der Bio-Einkaufsführer: 200 Adressen aus der Steiermark, Bezug: Ernte für das Leben – Steiermark, Hammerlinggasse 3, 8011 Graz, Tel.: 0316-8050312

Ludwig Maurer, Bio-Konsument, Österreichischer Agrarverlag

Schweiz

Bioterra, Arbeit auf dem Biohof / Ferien auf dem Biohof. Bezug für beide Broschüren: Bioterra, Dubstrasse 33, 8003 Zürich

Vertiefende Literatur

Agrarbündnis (1998), Landwirtschaft 98. Der kritische Agrarbericht, Kassel

Alföldi, T., Spiess, E., Niggli, U., Besson, J.-M. (1997), Energiebilanzen für verschiedene Kulturen bei biologischer und konventioneller Bewirtschaftung, Ökologie & Landbau, 101, 39ff.

Allerstorfer, H. (1997), Ökoland Österreich. Von der Zusammenarbeit des ökologischen Landbaus und des Handels, in: Akademie für Natur- und Umweltschutz Baden-Württemberg (Hrsg.), Umweltgerecht erzeugte Lebensmittel in der Produktvermarktung, Stuttgart, 39ff.

Altpeter, R. (1997), Shrimp-Aquakulturen – ökologische, soziale und menschenrechtliche Folgen, Beitrag der EU-Generaldirektion „Landwirtschaft", Tagungsbericht der Friedrich-Ebert-Stiftung und FIAN Deutschland zur gleichnamigen Tagung, Bonn

Angres V., Ribbe, L. (1998), Bananen für Brüssel, München

Anstiftung (1997), 1982–1997. Ein Rückblick, München

Anstiftung (1998), Soziale Erfindungen für eine menschliche Zukunft, Jahresbericht 1997, München

AÖL, Arbeitskreis Ökologischer Lebensmittelhersteller (1994), Presseinformation, Nürnberg

Arai, S. (1996), Studies on Functional Foods in Japan – State of the Art, Bioscience, Biotechnology and Biochemistry, 60, 9–15

ARGE Müllvermeidung (1998), Von weit weg da komm' ich her. Abfallter Oktober 98, Graz, 24

ATBC-Study Group (Alpha-Tocopherol Beta Carotene Cancer Prevention Study Group) (1994), The effect of vitamine E and beta carotene on the incidence of lung cancer and other cancers in male smokers, in: The New England Journal of Medicine, 330, 1029–1035

Bankspiegel (1999), Ein Fonds für ökologische Saatgutforschung, Bochum, 16

Beck, Ulrich (1998), Was ist Globalisierung, Frankfurt

Belz, F. (1998), Regionale Produkte aus Sicht des Lebensmittelhandels. Systematisierung und wettbewerbsstrategische Beurteilung, in: Hofer, K., Stalder, U. (Hrsg.), Regionale Produktorganisationen in der Schweiz. Situationsanalyse und Typisierung, Diskussionspapier Nr. 9, Geografisches Institut, Universität Bern, 67–72

Berg, R. D. (1998), Probiotics, prebiotics or ,conbiotics'?, in: Trends in Microbiology 6, 89–92

Bill, H.-C. (1999), Land Macht Satt. Unabhängige Bauernstimme, Rheda-Wiedenbrück, 4

Billa online (1999), Bio-Musterregion Salzburg; http://www.janatuerlich.at/framesets/trends_.htm, zitiert am 23. 4. 1999

Bingham, S. A., Atkinson, C., Liggins, J., Bluck, L., Coward, A. (1998), Phyto-oestrogens – where are we now?, in: British Journal of Nutrition, 79, 393–406

Bio Suisse (1999), Medienunterlagen – BIO-Barometer steigt. Bio Suisse Medienkonferenz vom 23. März 1999 in Bern

Bio-Fach (1998a), Biobrot. Konzept für eine nachhaltige Regionalentwicklung. Bio-Fach, 17/98, bioPress Verlag, Eschelbronn, 47

Bio-Fach (1998b), Bio-Frische im Lebensmitteleinzelhandel, Bio-Fach, 17/98, bioPress Verlag, Eschelbronn, 4–8

Bio-Fach (1998c), Bio-Supermarkt in München, Bio-Fach, 17/98, bioPress Verlag, Eschelbronn, 50

Bio-Fach (1999a), Kundenservice Lieferdienst. Wie Gemüseabos und Heimlieferservice den Markt erobern, Bio-Fach, 18/99, bioPress Verlag, Eschelbronn, 12f.

Bio-Fach (1999b), Die Öko-Kiste. Verband der bäuerlichen Ge-
müselieferbetriebe, Bio-Fach, 18/99, bioPress Verlag,
Eschelbronn, 15

Bio-Fach (1999c), Basic in München, Bio-Fach, 18/99, bioPress
Verlag, Eschelbronn, 8

Bio-Land (1998), Öko-Bauern machen mehr Gewinn, Bio-Land,
2/98, Bioland, Göppingen, 5

Böhling, M. (1997), Der Bauernmarkt. Produkte aus der Region
in der Region verkaufen, in: AbL (Hrsg.), Leitfaden zur Regionalentwicklung, AbL Bauernblatt Verlags-GmbH, Rheda-
Wiedenbrück, 279–285

Böhm, G. (1999), Habe Paprika, was hast Du? So funktionieren
Tauschringe, Politische Ökologie, 57/58, ökom Verlag München, 128f.

Borchhardt, K. D. (1994), Kommentierung zu Art. 38–Art. 45, in:
Lenz (Hrsg.), EG-Vertrag Kommentar, Köln

Brien, M. (1997), Gütesiegel. Kontrolliert, irritiert. Öko-Test,
6/1997, Öko-Test Verlag, Frankfurt, 22–35

Brot für die Welt, Evangelische Akademien in Deutschland e. V.
(1997), Projektbericht „Mahlzeit", Stuttgart und Bad Boll

Brucker Land (1998), Vortragsfoliencharts zu BRUCKER LAND,
Nassenhausen

BUKO Agrar (1998), Saatgut, Dossier 20, Schmetterling-Verlag,
Stuttgart

Chérrez, C. (1997), Shrimp-Aquakulturen – ökologische, soziale
und menschenrechtliche Folgen, Beitrag aus Ecuador, Tagungsbericht der Friedrich-Ebert-Stiftung und FIAN
Deutschland zur gleichnamigen Tagung, Bonn

Clydesdale, F. M. (1997), A proposal for the establishment of
scientific criteria for health claims for functional foods, in:
Nutrition Reviews, 55, 413–422

Collins, J. E. (1997), Impact of changing consumer lifestyles on
the emergence/reemergence of foodborne pathogens, Emer-
ging Infectious Diseases, 3, 471–479

Coop (1998), Coop 1997 – Geschäftsbericht der Coop-Gruppe,
Basel

den Hartog, A. P. (1997), Eating out of Outdoors: Development of
Food Habits outside the Household, in: Katalyse e. V. und
Buntstift e. V. (Hrsg.), Ernährungskultur im Wandel der Zei-
ten, Tagungsreader zur gleichnamigen Tagung am 28.–29. 9.
1996, Evangelische Akademie, Mülheim a. d. Ruhr, Köln und
Göttingen

Dörner, H. (1984), Das grüne Kochbuch, Düsseldorf, 45

Dragoco (1997), Bericht für die geschmackstoffverarbeitende Industrie, Holzminden

Drinkwater, L. E., Wagoner, P., Sarrantonio, M. (1998), Legume-based cropping systems have reduced carbon and nitrogen losses, Nature, 396, 262–265

EcoSolidar online (1999), Biolandbau im Amazonasgebiet – OCMA; http://www.swix.ch/ecosolidar/projekte/ocma.html

EFTA, European Fair Trade Association (Hrsg.) (1998), Fair Trade Jahrbuch 1998–2000, Maastricht

Egeler, V. (1997), Die Bauernmarkthalle in Stuttgart als Pilotprojekt regionaler Vermarktung, in: Akademie für Natur- und Umweltschutz Baden-Württemberg (Hrsg.), Umweltgerecht erzeugte Lebensmittel in der Produktvermarktung, Stuttgart, 80–84

Ehapa-Verlag (1994), Kids: Die Entdecker im Food-Markt. Neues über Eß-, Trink- und Markenpräferenzen und wie sie entstehen, Stuttgart

Elmadfa, I. (1998), Functional food aus sekundären Pflanzenstoffen. Abgrenzung zu Nahrungsanreicherung und Nährstoffergänzungen, Beitrag zur Arbeitstagung „Sekundäre Pflanzenstoffe" der Deutschen Gesellschaft für Ernährung e. V. (DGE) am 20. 10. 1998 in Karlsruhe

Ertelt, R. (1996), Konventionelle Vermarktung von Bioprodukten in Österreich, Ökologie und Landbau, 100, Bad Dürkheim, 28f.

Eurosciences Communication (1998), Mediterrane Ernährungsweise und Olivenöl. Die Rolle der Ernährung bei der Krankheitsvorbeugung

Eurotoques online (1999), Eurotoques-Philosophie; http://home.t-online.de/home/07119018812-3/philo.htm

Ewen, C., Ebinger, F., Gensch, C.-O., Grießhammer, R., Hochfeld, C., Wollny, V. (1997), HoechstNachhaltig. Sustainable Development: Vom Leitbild zum Werkzeug, Freiburg, Darmstadt, Berlin

FAO (Food and Agriculture Organization of the United Nations) (1995), World Agriculture: Towards 2010. An FAO Study, FAO, John Wiley & Sons, Chichester, New York, Brisbane, Toronto, Singapore

FAO (Food and Agriculture Organization of the United Nations) (1996), Report on the State of the World's Plant Genetic Resources for Food and Agriculture. Division of Plant Production and Protection, FAO, Rom

FAZ, Frankfurter Allgemeine Zeitung (1999), Das Geschäft mit „fair gehandelten Waren" wächst weiter, 7. 1. 1999, 14

Feldhege, M. (1999), Chemischer Pflanzenschutz zu teuer – volkswirtschaftlicher Gewinn durch Ökolandbau, Ökologie und Landbau, 109, Bad Dürkheim, 23–26

Ferenschild, S., Hax-Schoppenhorst, T. (1998), Weltkursbuch – Globale Auswirkungen eines „Zukunftsfähigen Deutschlands", Basel

Flitner, M. (1995), Sammler, Räuber und Gelehrte: die politischen Interessen an pflanzengenetischen Ressourcen 1895–1995, Campus Verlag, Frankfurt/M., New York

Future (1/97–1/99), Das Hoechst Magazin, Frankfurt/M.

Gesellschaft für Konsumforschung (1994), Marktforschungs-Studie 1994: Wirtschaft, Handel und Verbraucher, GfK Panel Services GmbH & Co

Goodland, R. (1997), Environmental sustainability in agriculture: diet matters, Ecological Economics, 23, 189 –200

Gorbach, S. L. (1990), Lactic acid bacteria and human health, Annals of Medicine, 22, 37–41

GRAIN (Genetic Resources Action International) (1998), Patenting, Piracy and perverted Promises. Patenting Life: the last Assault on the Commons, GRAIN, Barcelona, 2 und 8–9

Greenpeace (1998), Die Verbraucheraktion EinkaufsNetz von Greenpeace Deutschland – ein kurzer Erfahrungsbericht für andere GP-Büros, Hamburg

Greenpeace Magazin (1999), Lebensmittel von der Stange, Greenpace Magazin, 2/99, Greenpeace Umweltschutzverlag, Hamburg, 16–27

Greenpeace online (1999a), Mehrheit in Europa gegen Genfood; http://www.greenpeace.de/GP_DOK_3P/STRUKTUR/E.HTM, zitiert am 31. 3. 1999

Greenpeace online (1999b), Europa: Supermärkte schmeißen Gen-Produkte aus den Regalen; http://www.greenpeace.de/GP_SYSTEM/HOMPAGE.HTM, zitiert am 17. 3. 1999

Greenpeace online (1999c), England: Immer mehr Firmen entscheiden sich gegen Genfood. http://www.greenpeace.de/GP_DOK_3P/STRUKTUR/E.HTM, zitiert am 28. 4. 1999

Greenpeace Österreich online (1999), Salzburger Initiative Natur statt Gentechnik; http://www.greenpeace.at/vb/gen/gen19.htm, zitiert am 29. 4. 1999

Grimm, H.-U. (1999), Aus Teufels Topf. Die neuen Risiken beim Essen, Stuttgart

Groeneveld, M. (1999), Funktionelle Lebensmittel, Hrsg. aid, Auswertungsdienst für Ernährung, Landwirtschaft und Forsten, Bonn

Groeneveld, M. (1998), Funktionelle Lebensmittel: Definitionen und lebensmittelrechtliche Situation, Ernährungs-Umschau, 45, 156–161

Haccius, M., Lünzer, I. (1998), Ökolandbau in Deutschland, in: Willer, H. (Hrsg.), Ökologischer Landbau in Europa, Deukalion Verlag, Holm, 64–98

Hamm, U. (1997), Perspektiven des Marktes für Lebensmittel aus regionaler und umweltgerechter Erzeugung, in: Akademie für Natur- und Umweltschutz Baden-Württemberg (Hrsg.), Umweltgerecht erzeugte Lebensmittel in der Produktvermarktung, Stuttgart, 23–38

Hamm, U. (1998), Mehr auf Kundenwünsche eingehen. Kooperation zwischen Groß- und Einzelhandel als Pflichtaufgabe, Schrot & Korn special, 11/98, 17–19

Henderson, D. R. (1998), Between the Farm Gate and the Dinner Plate: Motivations for Industrial Change in the Processed Food Sector, in: OECD (Organisation for Economic Cooperation and Development) (Hrsg.), The Future of Food. Long-Term Prospects for the Agro-Food Sector, OECD Publications, Paris

Hercberg, S., Galan, P., Peziosi, P., Roussel, A.-M., Arnaud, J., Richard, M.-J., Malvy, D., Paul-Dauphin, A., Briancon, S., Favier, A. (1998), Background and Rationale Behind the Su. VI. MAX Study, a Prevention Trial Using Nutritional Doses of a Combination of Antioxidant Vitamins and Minerals to Reduce Cardiovascular Diseases and Cancers, International Journal for Vitamin and Nutrition Research, 68, 3–20

Hermanowski, R. (1997), Großverbraucher als Absatzweg für ökologisch erzeugte landwirtschaftliche Produkte, in: Akademie für Natur- und Umweltschutz Baden-Württemberg (Hrsg.), Umweltgerecht erzeugte Lebensmittel in der Produktvermarktung, Stuttgart, 91–108

Hermanowski, R. (1998), Convenience – Fortschritt oder Sündenfall? Bio-Land, 2/98, Göppingen, 12f.

Hillebrecht, K. (1996), Kultur und Kultivieren und was Agrar- und Eßkultur miteinander zu tun haben, Ökologie und Landbau, 100, Bad Dürkheim, 8–11

Hilliam, M. (1996), Functional Foods: The Western Consumer Viewpoint, Nutrition Reviews, 54, 11/II, 189–194

Hofer, K., Stalder, U. (1998), Regionale Produktorganisationen in der Schweiz. Situationsanalyse und Typisierung. Diskussionspapier Nr. 9, Geografisches Institut, Universität Bern

Hundsdorfer, M. (1999), Öko-Shrimps mit Knoblauch, taz vom 9./10. Januar

IGZ, Interessengemeinschaft Zugpferde online (1999), Einsatz von Pferden in der Landwirtschaft; http://home.t-online.de/home/0526110695-001

ISM, Interessengemeinschaft süddeutscher Milcherzeuger, Die Diskussion um die Neuordnung des EU-Milchmarktes und Positionen in Landwirtschaft '98 – Der kritische Agrarbericht, Kassel 1998

IVA (Industrieverband Agrar e. V.) (1998), Jahresbericht 1997/98, IVA, Frankfurt/M.

IVA, Industrieverband Agrar e. V. (1997), Wichtige Zahlen. Düngemittel, Produktion, Markt, Landwirtschaft '97, Frankfurt/M.

IVA, Industrieverband Agrar e. V. (1998), Jahresbericht 1997/98. Frankfurt/M.

Jack, D. B. (1995), Keep taking the tomatoes – the exciting word of nutraceuticals, Molecular Medicine Today, 1, 118–121

Jahreis, G. (1997), Krebshemmende Fettsäuren in Milch und Rindfleisch, Ernährungsumschau, 44, 168–172

Jasper, U. (1997a), Eigenständige Regionalentwicklung. Von den Anfängen bis zur Anerkennung, in: AbL (Hrsg.), Leitfaden zur Regionalentwicklung, AbL Bauernblatt Verlags-GmbH, Rheda-Wiedenbrück, 15–28

Jasper, U. (1997b), Merkmale der Regionalprojekte. Kooperation, Vernetzung und neue Fähigkeiten, in: AbL (Hrsg.), Leitfaden zur Regionalentwicklung, AbL Bauernblatt Verlags-GmbH, Rheda-Wiedenbrück, 29–34

Jasper, U. (1997c), BRUCKER LAND Solidargemeinschaft, in: AbL (Hrsg.), Leitfaden zur Regionalentwicklung, AbL Bauernblatt Verlags-GmbH, Rheda-Wiedenbrück, 43–54

Jasper, U. (1997d), BRUCKER LAND und Supermärkte, in: AbL (Hrsg.), Leitfaden zur Regionalentwicklung, AbL Bauernblatt Verlags-GmbH, Rheda-Wiedenbrück, 316–322

Jasper, U. (1997e), Regionales Produkt Fleisch, in: AbL (Hrsg.), Leitfaden zur Regionalentwicklung, AbL Bauernblatt Verlags-GmbH, Rheda-Wiedenbrück, 184–190

Jasper, U. (1997f), Regionales Produkt Milch, in: AbL (Hrsg.), Leitfaden zur Regionalentwicklung, AbL Bauernblatt Verlags-GmbH, Rheda-Wiedenbrück, 219–222

Jasper, U. (1997g), Upländer Bauernmolkerei. Erzeugergemeinschaft, Bündnis und Schlüsselpersonen, in: AbL (Hrsg.), Leitfaden zur Regionalentwicklung, AbL Bauernblatt Verlags-GmbH, Rheda-Wiedenbrück, 55–64

Jasper, U. (1997h), Upländer Bauernmolkerei. In jedem Liter Milch ein schönes Stück Region, in: AbL (Hrsg.), Leitfaden zur Regionalentwicklung, AbL Bauernblatt Verlags-GmbH, Rheda-Wiedenbrück, 241-246

Jasper, U. (1997i), Regionales Produkt Getreide, in: AbL (Hrsg.), Leitfaden zur Regionalentwicklung, AbL Bauernblatt Verlags-GmbH, Rheda-Wiedenbrück, 251–254

KäseStrasse online (1999), Informationen zur KäseStrasse Bregenzerwald; http://www.kaesestrasse.at/beschr/einfue.htm

Knirsch, J. (1998), Handel und handeln. Die bisherigen Auseinandersetzungen mit dem internationalen Agrarhandel – eine Übersicht, in: AgrarBündnis e. V. (Hrsg.), Landwirtschaft, 98,

Der kritische Agrarbericht, AbL Bauernblatt Verlags-GmbH, Rheda-Wiedenbrück, 79–85

Koscielny, G., Schreiner-Koscielny, J. (1997), Vernetztes RegionalMarketing. Basis für ein erfolgreiches AgrarMarketing, in: AbL (Hrsg.), Leitfaden zur Regionalentwicklung, AbL Bauernblatt Verlags-GmbH, Rheda-Wiedenbrück, 161–177

Krahl, R. online (1998), Bremer Erzeuger Verbraucher Genossenschaft (EVG), http://www1.uni-bremen.de/rolf/evg

Krautstein, H. (1998), Grüntee. Genuß mit Heilwirkung, Schrot & Korn, 9/98, 19–20

Kreuzer, K. (1999a), Der Biomarkt in Deutschland im Jahr 2010, Ökologie & Landbau, 109, Bad Dürkheim, 6–9

Kreuzer, K. (1999b), Grünes Licht für deutsches Öko-Prüfzeichen, Bio-Fach, 18/99, bioPress Verlag, Eschelbronn, 40

Kronenbrauerei Tettnang (o. J.), Du freyst mych!, Tettnang

Krost, H. (1998), Bauernschlau. Lebensmittelzeitung, Spezial, 4/98, Deutscher Fachverlag, Frankfurt/M., 54f.

Kurz, H. (1997), Regionale Speisekarte. „Schmeck den Süden. Baden-Württemberg", in: Akademie für Natur- und Umweltschutz (Hrsg.), Umweltgerecht erzeugte Lebensmittel in der Produktvermarktung, Stuttgart, 181–188

Lahidji, R., Michalski, W., Stevens, B. (1998), The Future of Food: An Overview of Trends and Key Issues, in: OECD (Organisation for Economic Cooperation and Development) (Hrsg.), The Future of Food. Long-Term Prospects for the Agro-Food Sector, OECD Publications, Paris

Lampkin, N. (1998), Ökologischer Landbau und Agrarpolitik in der Europäischen Union und ihren Nachbarstaaten, in: Willer, H. (Hrsg.), Ökologischer Landbau in Europa, Deukalion Verlag, Holm, 13–32

Lamport, C., Lughofer, S. (1995), Keine Angst vor Brüssel – Das EU-Umwelthandbuch, Wien

Losey, E. J. (1999), Transgenic pollen harms monarch larvae, Nature 399

Lotz, S. (1998), Hemmende und fördernde Rahmenbedingungen für Regionalvermarktung. Erfahrungen aus der Praxis, in: Deutscher Verband für Landschaftspflege e. V. (Hrsg.), Tagungsband „Regionale Produktvermarktung für Naturschutz und Landschaftspflege – wie geht das konkret?", Ansbach, 58–62

Max Havelaar (1998), Jahresbericht 1997, Basel

Meier-Ploeger, A., Mey, I., Wörner, F., Merkle, W. (1996), Steigern Convenience-Produkte den Verzehr von ökologischen Lebensmitteln?, Ökologie & Landbau, 100, 24–26

Meyer-Engelke, E. (1998), Beispiele nachhaltiger Regionalentwicklung. Empfehlungen für den ländlichen Raum, Raabe,
Stuttgart

Migros online (1999), Ein neuer Amigo von Max Havelaar,
Brückenbauer, 6, 2. 2. 1999; http://www.brueckenbauer.ch/
INHALT/9906/06minfo1.htm

Misereor, Brot für die Welt (1998), TransFair-Bananen. Materia-
lien für Bildungsarbeit und Aktionen, Aachen

Naumann, R. (1997), Bioaktive Substanzen: Die Gesundmacher
in unserer Nahrung, Reinbek

Neumarkter Lammsbräu (1997), Umweltbericht 1997, Neumarkt

Niggli, U. (1998), Ökologischer Landbau in der Schweiz, in: Willer, H. (Hrsg.), Ökologischer Landbau in Europa, Deukalion
Verlag, Holm, 332–348

Nowak, R. (1994), Beta-Carotene: Helpful or Harmful?, Science,
264, 500–501

OECD (Organisation for Economic Cooperation and Development) (1997), Globalisation and Environment, Preliminary
Perspectives, OECD Publications, Paris

Ökolaube online (1999), Aktionsjahr '99 in der Ökolaube,
http://snb.blinx.de/oekolaube/aktionsjahr.html

Ökologie und Landbau (1999), Arbeitskreis Ökologischer Lebensmittelhersteller, Ökologie & Landbau, 109, Bad Dürkheim, 65

Oltersdorf, U., Weingärtner, L. (1996), Handbuch der Welternäh-
rung. Die zwei Gesichter der globalen Nahrungssituation,
Deutsche Welthungerhilfe, Verlag J. H. W. Dietz Nachfolger,
Bonn

Omenn, G. S., Goodman, G. E., Thornquist, M. D., Balmes, J., Cul-
len, M. R., Glass, A., Keogh, J. P., Meyskens, F. L. J., Valanis,
B., Williams, J. H. J., Barnhart, S., Cherniack, M. G., Brodkin,
C. A., Hammar, S. (1996), Risk factors for lung cancer and for
intervention effects in CARET, the Beta-Carotene and Retinol
Efficacy Trial, Journal of the National Cancer Institute, 88,
1550–1559

Oplinger, E. S., Martinka, M. J., Schmitz, K. A., Performance of
transgenetic Soybeans – Northern US, Dept. of Agronomy,
UW-Madison

Oppermann, R., Erzgraber, K., Kleß, R. (Institut für Landschaftsökologie und Naturschutz, Singen) (1998), NABU-Studie zum
Ökolandbau. 10 % Öko-Anbaufläche in 5 Jahren. Ein Szenario des NABU, Naturschutzbund Deutschland e. V., Bonn

Patterson, R. E., White, E., Kristal, A. R., Neuhouser, M. L., Pot-
ter, J. D. (1997), Vitamin supplements and cancer risk: the
epidemiologic evidence, Cancer Causes and Control 8,
786–802

Pollmer, U., Hoicke, C., Grimm, H.-U. (1998), Vorsicht Geschmack. Was ist drin in Lebensmitteln, S. Hirzel Verlag, Stuttgart und Leipzig

Prasad, K. N., Cole, W., Hovland, P. (1998), Cancer prevention studies: past, present, and future directions, Nutrition, 14, 197–210

Prein, M., Little, D., Chapman, G., Horstkotte-Wesseler, G. (1998), Rice-Fish Culture, International Development Research Centre (IDRC), Ottawa, Canada

Pszczola, D. E. (1998), The ABCs of Nutraceutical Ingredients, Food Technology, 52, 30–37

RAFI, Rural Advancement Fund International im Internet (1999); http:/www.rafi.org

Reichert, T. (1999), Das Agrarabkommen der WTO und seine Auswirkungen auf die Ernährungssouveränität, in: Landwirtschaft 99 – Der Kritische Agrarbericht, Kassel

Reinecke, I. (1998), Vom Feld auf die Müllkippe. Abfallter – Magazin für Müllvermeidung, Okt. 98, Graz, 4–9

Reinecke, I. (1999), Bioladen contra Supermarkt, natur & kosmos, März 1999, 42–46

Reinecke, I., Thorbrietz, P. (1997), Lügen, Lobbies, Lebensmittel. Wer bestimmt, was Sie essen müssen, Verlag Antje Kunstmann, München

Riedlberger, H.-P. (1997), Direktvermarktung in Baden-Württemberg, in: Akademie für Natur- und Umweltschutz (Hrsg.), Umweltgerecht erzeugte Lebensmittel in der Produktvermarktung, Stuttgart, 69ff.

Roehl, R. (1997), Öko-Lebensmittel in Großküchen. Vom exotischen Nischendasein zur Normalität, in: Akademie für Natur- und Umweltschutz Baden-Württemberg (Hrsg.), Umweltgerecht erzeugte Lebensmittel in der Produktvermarktung, Stuttgart, 109–112

Ruckes, E. (1997), Shrimp-Aquakulturen – ökologische, soziale und menschenrechtliche Folgen, Beitrag der FAO, Abteilung Fischerei-Industrie, Tagungsbericht der Friedrich-Ebert-Stiftung und FIAN Deutschland zur gleichnamigen Tagung, Bonn

Scheinbach, S. (1998), Probiotics – functionality and commercial status [review], Biotechnology Advances, 16, 581–608

Schleicher-Tappeser, R., Lukesch, R., Strati, F., Sweeney, G. P., Thierstein, A. (1998), Instruments for Sustainable Regional Development (INSURED), Final Report, EURES, Institut für Regionale Studien in Europa, Freiburg

Schneck, J. (1996), Den Kindern gehört die Zukunft. Ökomarkt startet Schulprojekt „Ökobegleiter", Ökomarkt Magazin, 4/96, Hamburg, 4–8

Schöps, C. (1997), Verbotene Früchte. Greenpeace Magazin, 6/97, Greenpeace Umweltschutzverlag, Hamburg, 52–60

Slow Food online (1999), Die Retter des guten Geschmacks; http://www.slowfood.de/bewegung/presse/sz1.html, zitiert am 26. 3. 1999

SÖL, Stiftung Ökologie und Landbau online (1999), Ökologischer Landbau in Europa 1999 – vorläufig, Stand 17. 3. 1999; http://www.soel.de/infos/statistik/europa.htm

Soltwedel-Schäfer, I. (1997), BSE – Das Risiko bleibt, Europafraktion Die Grünen

SPAR online (1999), Bio-Lebensmittel; http://www.spar.at/lebensmittel/biolebensmittel/index.html

Spitzmüller, E.-M., Pflug-Schönfelder, K., Leitzmann, C. (1993), Ernährungsökologie: Essen zwischen Genuß und Verantwortung, Haug, Heidelberg

StBA, Statistisches Bundesamt (Hrsg.) (1997a), Wirtschaftsrechnungen und Versorgung, Vorbemerkung, in: Statistisches Jahrbuch 1997, Wiesbaden, 563

StBA, Statistisches Bundesamt (Hrsg.) (1997b), Ausgaben ausgewählter privater Haushalte für Nahrungsmittel, Getränke und Tabakwaren, in: Statistisches Jahrbuch 1997, Wiesbaden, 570

Streiff, P. (1999), Fairer Handel. Von der gespendeten Baumschere zum fairen Öko-Kaffee, ECOregio, April 1999, ECOregio-Verlags-GmbHCo.KG, Stuttgart, 14ff.

SV-Service (1998), Umweltbericht des SV-Service 1997, Zürich

Tagwerk (1999), 17. bundesweites Jahrestreffen der Erzeuger-Verbraucher-Gemeinschaften (EVGs), Tagwerk Zeitung, 1/99, Dorfen, 13

Tagwerk (o. J.), Wir über uns. Regional und ökologisch, Erding

Tansey, G., Worsley, T. (1995), The Food System. A Guide, Earthscan Publications Limited, London

Tappeser, B., Baier, A., Ebinger, F., Jäger, M. (1999), Globalisierung in der Speisekammer, Auf der Suche nach einer nachhaltigen Ernährung, Öko-Institute, Freiburg

Tat-Orte online (1999), Wohnungs- und Siedlungsgenossenschaft Ökodorf e. G., Groß Chüden; http://www.difu.de/tatorte/chueden.text.shtml

Taubes, G. (1998), As Obesity Rates Rise, Experts Struggle to Explain Why, Science, 280, 1367–1368

Taylor, S. L., Dormedy E. S. (1998), The role of flavoring substances in food allergy and intolerance, Advances in Food and Nutrition Research, 42, 1–44

Tegut (1999), tegut … gute Lebensmittelreise zu den Freiland-Hühnern nach Twistringen, Kundenzeitschrift Marktplatz, Februar '99, Fulda, 15

Terre des hommes (1999), Iniativen für fairen Handel im Internet; http://www.oneworldweb.de/tdh/themen/fair.html

Thrupp, L. A. (1998), Cultivating Diversity. Agrobiodiversity and Food Security. World Resources Institute, Washington D. C.

Tilman, D. (1998), The greening of the green revolution, Nature, 396, 211f.

TransFair (1998), Jahresbericht 1997, Köln

Umweltbundesamt (1998), Nachhaltiges Deutschland. Wege zu einer dauerhaft umweltgerechten Entwicklung, 2. durchges. Aufl., Erich Schmidt Verlag, Berlin

Unabhängige Bauernstimme (1999), Genmais. Das Risiko tragen die Bauern, Unabhängige Bauernstimme, 4/99, Arbeitsgemeinschaft bäuerliche Landwirtschaft – Bauernblatt, Rheda-Wiedenbrück, 5

UNICEF (United Nations Children's Fund) (1998), The state of the world's children, Oxford University Press, Oxfordshire

USDA (United States Department of Agriculture) (1998), Agriculture Fact Book 1998

Verein Natur- und Lebensraum Rhön (Hrsg.) (1996), Heimkehrer in die Rhön. Neue Zukunft für eine alte Haustierrasse, 4. Aufl., Ehrenberg

Vogl, C., Hess, J., Loziczky, T. (1998), Biologische Landwirtschaft in Österreich, in: Willer, H. (Hrsg.), Ökologischer Landbau in Europa, Deukalion Verlag, Holm, 280–300

VUG, Vereinigung „Umweltbewusste Gastronomie" (Hrsg.) (1998), Natur auf dem Teller, Arlesheim

Walter, G. (1997), Zielsetzung und Praxis der regionalen Erzeugergemeinschaft Eukon, in: Akademie für Natur- und Umweltschutz (Hrsg.), Umweltgerecht erzeugte Lebensmittel in der Produktvermarktung, Stuttgart, 85–90

Wenig, W., Chen, J. (1996), The Eastern Perspective on Functional Foods Based on Traditional Chinese Medicine, Nutrition Reviews, 54, 11/II, 11–16

Wickelgren, I. (1998), Obesity: How Big a Problem?, Science 280, 1364–1367

Wiegmann, K. (1998), Orientierende Produktlinienanalyse Brot, unveröffentlichte Studienarbeit, Braunschweig

Willer, H. (Hrsg.) (1998), Ökologischer Landbau in Europa, Holm

Wilson, E. O. (1992), The Diversity of Life, W. W. Norton & Company, New York, London

Windfuhr, M. (1999), Rahmenbedingungen des Weltagrarhandels im Jahresüberblick. Ernährungssouveränität: neue konzeptionelle Überlegungen zu Welternährungsfragen, in: AgrarBündnis e. V. (Hrsg.), Landwirtschaft 99, Der kritische Agrarbericht, AbL Bauernblatt Verlags-GmbH, Rheda-Wiedenbrück, 71–77

Wirthgen, B., Kuhnert, H. (1997), Direkt- und Regionalvermarktung, in: Akademie für Natur- und Umweltschutz (Hrsg.), Umweltgerecht erzeugte Lebensmittel in der Produktvermarktung, Stuttgart, 49–68

Worldwatch Institute (1997), Zur Lage der Welt – 1997, Fischer Taschenbuch Verlag GmbH, Frankfurt/M.

Worldwatch Institute (1998), Zur Lage der Welt – 1998, Fischer Taschenbuch Verlag GmbH, Frankfurt/M.

Worthington, V. (1998), Effect of agricultural methods on nutritional quality: a comparison of organic with conventional crops, Alternative Therapies, 4, 58–69

Wüstenhagen, R. (1997), Ökologie im Catering-Markt Schweiz. Branchenanalyse und Beurteilung ökologischer Wettbewerbsstrategien in der Gemeinschaftsgastronomie, IWÖ-Diskussionsbeitrag, Nr. 45, St. Gallen

Wüstenhagen, R. (1998), Greening Goliaths versus Multiplying Davids. Pfade einer Coevolution ökologischer Massenmärkte und nachhaltiger Nischen, IWÖ-Diskussionsbeitrag, Nr. 61, St. Gallen

Index